제 7 판 Introduction of Mechatronics

메카트로닉스 개론

진상호·박정규 공저

머리말

메카트로닉스(mechanics)란 mechanics와 electronics의 합성어로 1976경에 일본에서 기계기술과 전자기술을 이용한 시스템적인 기술로 태어난 새로운 학문이다. 일반적인 기계 시스템을 고속, 고정밀로 제어하기 위해 전자 및 정보기술 등을 이용한, 새로운 기능이 부여된 지능적인 기계시스템으로 생각하면 된다. 예를 들면 산업용 로봇, CNC 공작기계, 무인화 공장, 전자제어 엔진, 자동카메라 등은 메카트로닉스의 대표적인 제품이라 할 수 있다.

메카트로닉스의 기본적인 기술은 기계공학, 전자공학, 전기공학, 정보공학, 제어공학 등이 관련되어 있는 종합적인 기술로 그 범위가 상당히 넓다. 필자의 한 사람인 저도 국내에서 기계공학을 배워 현장에서 7년 정도 자동화시스템의 기계부분을 담당하였으나, 메카트로닉스의 기술을 배우기 위해 일본으로 유학하여 부족한 전자, 제어 등을 공부하였음에도 아직 미흡한 점이 있을 정도로 그 범위가 매우 넓다. 그러나, 메카트로닉스 기술은 21세기의 핵심기술로 공학에서는 필수적으로 배워야 할 학문으로 생각된다. 따라서, 필자들이 다년간 강의 및 현장실무의 경험을 바탕으로 공학도들이 기본적인 메카트로닉스를 쉽게 이해할 수 있도록 서술한 것이 이 책의 특징이라 할 수 있다.

이 책은 메카트로닉스의 기초적인 개념을 쉽게 서술하여 메카트로닉스를 공부하는 학생이나 산업현장에서 근무하고 있는 기술자들이 메카트로닉스의 개념을 이해하는 데 도움이 되도록 집필하였다. 그 구성은 다음과 같다.

제1장 메카트로닉스의 개요
메카트로닉스의 정의와 특징, 기본 구성 등을 설명하고 있다.

제2장 전기・전자 회로의 기본
이 장에서는 메카트로닉스의 구동에 필수적인 제어회로 및 인터페이스 등을 이해하고 회로의 설계·제작을 돕기 위해 실무적인 아날로그 회로 및 디지털 회로를 설명하고 있다.

제3장 액추에이터
메카트로닉스의 구동부분에 사용되고 있는 액추에이터의 종류 및 특징 등을 설명하고 있으며, 시스템의 특징과 제어방법을 고려하여 액추에이터를 우선적으로 고려하여 메카트로닉스 시스템을 설계·제작하여야 한다.

제4장 센서

시스템의 정밀성, 안전성 등은 센서의 종류와 사용법에 따라서 좌우된다. 그리고 센서의 작동 및 정확한 사용을 위해서는 2장의 전기·전자의 이해가 필수적이라 할 수 있다. 따라서 2장을 복습한 후 센서를 배우는 것이 이해가 빠르리라 믿는다.

제5장 기계 메카니즘의 요소

이 장은 메카트로닉스 시스템의 메카니즘을 이해하고 부품요소들의 종류와 특징을 이해하여 메카니즘 부분의 설계·제작에 도움이 될 것이다.

제6장 기계 메카니즘의 설계

시스템의 메카니즘 설계·제작시 선정하여야 할 주요한 부품의 설계법 등을 소개하고 있다.

이상과 같이 메카트로닉스의 개념을 이해하고 기본적인 지식을 배우기 위해 가능한 한 쉽게 기술하도록 노력하였으나, 다소 난이한 부분도 있으리라 사료된다. 또한 추가적으로 기술할 부분도 있으리라 생각하며, 빠른 시일 내에 수정 보완을 하도록 하겠다.

끝으로, 본서가 나올 수 있도록 수고를 하여 주신 복두출판사의 사장님 이하 여러분께 깊은 감사를 표하는 바이다.

저자 씀

CONTENTS

CHAPTER 1 메카트로닉스의 개요 · 7

1.1 메카트로닉스의 정의 ‖ 8
1.2 메카트로닉스의 탄생배경 ‖ 9
1.3 메카트로닉스의 특징과 효과 ‖ 10
1.4 메카트로닉스의 구성요소 ‖ 11

CHAPTER 2 전기·전자 회로의 기본 · 19

2.1 아날로그 회로 ‖ 20
2.2 디지털회로 ‖ 43

CHAPTER 3 액추에이터 · 75

3.1 액추에이터의 정의 ‖ 76
3.2 액추에이터의 제어구성 ‖ 77
3.3 액추에이터의 종류 ‖ 79

CHAPTER 4 센서 • 117

4.1 센서의 기초 ▌ 118
4.2 기계량을 검출하는 센서 ▌ 125
4.3 물체를 검출하는 센서 ▌ 135
4.4 그 밖의 센서 ▌ 139

CHAPTER 5 기계 메커니즘의 요소 • 153

5.1 부품의 체결 ▌ 155
5.2 동력의 전달 ▌ 162
5.3 베어링 ▌ 173
5.4 축과 축이음 ▌ 181
5.5 기계 제작 순서 ▌ 185

CHAPTER 6 기계 메커니즘의 설계 • 191

6.1 메커니즘 설계의 개요 ▌ 192
6.2 메커니즘 기초 계산 ▌ 206
6.3 기계요소의 선정 ▌ 224

찾아보기 ▌ 239

CHAPTER 1

메카트로닉스의 개요

1.1 메카트로닉스의 정의
1.2 메카트로닉스의 탄생배경
1.3 메카트로닉스의 특징과 효과
1.4 메카트로닉스의 구성요소

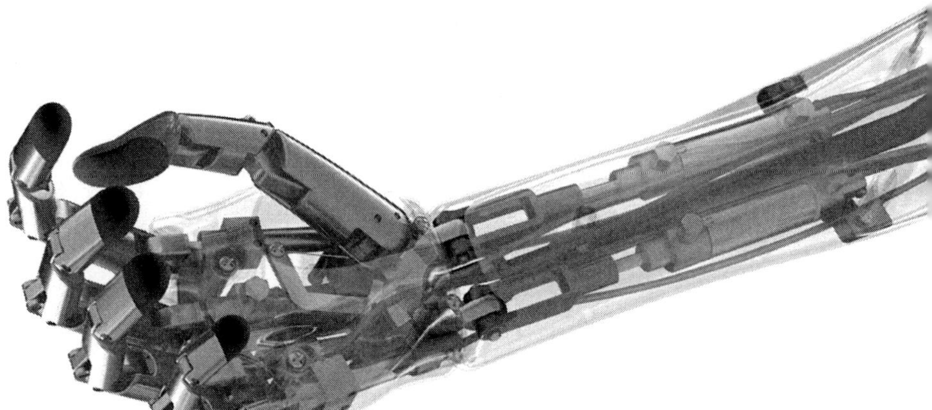

최근에 메카트로닉스 또는 전자기계라는 말이 신문, 잡지, 방송 등에서 많이 사용되고 있다. 메카트로닉스와 전자기계란 같은 의미의 말이다. 이 장에서는 기계와 전자의 합성어인 메카트로닉스의 정의와 탄생배경, 메카트로닉스의 특징과 효과 또한 그 구성요소에 대하여 알기 쉽게 설명한다.

1.1 메카트로닉스의 정의

1975년경 일본에서 "MECHATRONICS"라는 말이 만들어져 사용되고 있다. 이것은 **메카닉스**(mechanics)와 **일렉트로닉스**(electronics)가 합성된 것이지만, 단순한 기계기술과 전자기술이 합성되어서는 메카트로닉스라고 하지 않는다. 기계 시스템의 메카부분을 컴퓨터를 사용하여 전기・전자에 의해 제어하는 시스템은 이전부터 사용되고 있었으며, 이것을 일반적으로 메카트로닉스라고 부르지는 않는다. 메카트로닉스의 개념은 상당히 다양하며, 여러 가지 측면으로 생각할 수 있다. 따라서 몇 가지 측면에서 **메카트로닉스**의 정의에 대하여 알아보기로 한다.

첫째, 기계시스템과 컴퓨터의 공간적인 거리측면에서 메카트로닉스를 정의하면, 컴퓨터 제어시스템의 전형적인 기계시스템은 철강업의 압연기 및 연속주조시스템이 있지만, 이것을 **메카트로닉스시스템**이라고 하지는 않는다. 그러나 NC(numerical control) 및 CNC(computer numerical control) 공작기계는 일반적으로 메카트로닉스시스템이라고 한다. 이들은 컴퓨터를 사용하여 정보를 처리하는 시스템으로서는 동일하지만, 컴퓨터와 기계의 공간상에는 큰 차이가 있다. NC 및 CNC 공작기계의 경우 컴퓨터를 포함한 제어장치는 기계의 바로 옆 또는 기계 안에 있다. 즉, 메카닉스와 일렉트로닉스가 물리적으로도 융합되어 있다는 느낌이 크다. 따라서 두 기술이 합해져 있다기보다는 융합되어 있다고 할 수 있다.

둘째, 정보의 취급 측면에서 메카트로닉스를 정의하면, 정보를 만들어내는 것은 일렉트로닉스이며, 그 정보를 이용하여 실제의 작용을 실현하는 것은 메카닉스이다. 만들어진 정보가 오픈 루프(open loop)로 단방향으로 정보를 전달할 경우, 일렉트로닉스와 메카닉스가 융합되었다고는 생각하지 않는다. 따라서 메카닉스쪽에서도 정보를 일렉트로닉스 방향으로 줄 수 있는 양방향의 정보취급이 가능하다는 점에서 서로 융합되어 있다고 볼 수 있으므로 메카트로닉스시스템이라고 부르는 경향이 많다.

셋째, 실현된 제품에 따라 메카트로닉스를 정의하면, 과거에는 여러 가지 의미로 실현되지 않았던 고도의 기능을 갖춘 기계가 개발되고 있다. 그 기능의 하나는 프로그램의 영향이다. 즉 장치를 **프로그래머블**(Programmable)하여 다양한 목적에 대응할 수 있는 자동화를 계획할 수 있다. 쉬운 예로, NC 및 CNC 공작기계를 들 수 있다. 이들은 프로그램에 의해 수치정보 및 시퀀스정보가 주어져 그 프로그램에 의해 동작이 실현되다.

적응제어(adaptive control)는 공작기계에도 많이 응용되고 있다. 절삭속도의 제어, 절삭깊이의 제어 등은 컴퓨터에서 출력하는 최적 조건에 의해 결정된다. 자동차 엔진의 연료분사 및 점화제어 등도 이에 속한다. 이상에서 설명한 프로그램의 성질은 컴퓨터를 이용한 데이터(data) 처리기능에 의해 실현이 가능하게 되었다. 메카트로닉스 기술은 기계시스템에 지능을 부여하였다고 할 수 있다.

이상의 여러 가지 측면에서 메카트로닉스 기술을 살펴보았다. 메카트로닉스 기술은 정보처리기능이 메카닉스와 융합하여 태어난 새로운 기술이라 할 수 있다. 따라서 이 기술은 컴퓨터 기술의 발전과 함께 더욱 더 발전하여 공업기술의 발전에 큰 기여를 할 것이다. 메카트로닉스를 간단히 정리하면, **기계기술・전자기술・정보기술**을 융합한 기술이라 할 수 있다. 메카트로닉스의 대표적인 예로 산업용 로봇을 인용하여 정리하면 다음과 같다. 산업용 로봇(robot)은 작업자가 부여하는 작업 명령을 정확하게 해석하고, 주위의 상황을 파악하여(**정보처리 기능**), 인간의 팔과 손같이 교묘하고 정밀하게 움직여(**운동기능**), 용접, 도장, 부품조립 등의 주어진 작업을 수행한다(**목적기능**).

1.2 메카트로닉스의 탄생배경

메카트로닉스 탄생에 큰 영향을 미친 것은, 1971년에 4비트(bit)의 소자로 출현하여 급속한 성능향상과 저가격화가 실현된 마이크로프로세스(microprocessor)의 등장이다. 대형컴퓨터를 사용한 대형플랜트의 제어는 이전에도 있었지만, 마이크로프로세스의 출현에 의해 일반적인 기계에도 정보처리기능을 갖춘 지능적인 제어가 가능하게 되었다. 또 하나의 요인으로, NASA의 우주개발의 부산물인 희토류 영구자석을 사용한 소형 고출력 토크(torque) 모터(motor)의 등장이며, 이것을 컴퓨터의 지령으로 움직일 수 있는 액추에이터(actuator)의 개발이 가능하였기 때문이다. 또한, 반도체 제조에 의한 미세가공기술, 자기 디스크 장치 및 VTR 등의 전자기계 부품의 초정밀가공기술 등 기계기술의 진보가 메카트로닉스의 탄생에 공헌했다.

메카트로닉스가 탄생한 데는 다음과 같은 기술적 요인이 있었다.

- LSI(large scale integrated)에 의한 마이크로프로세서가 등장하여 소형, 경량, 소전력으로 대량의 정보를 시간과 장소에 관계없이 자유롭게 취급할 수 있게 되었다.
- 센서(sensor), 특히 반도체센서가 진보하여 물리적, 화학적 현상의 정보를 쉽게 처리할 수 있었다.

▮ 전력제어용 반도체소자 및 액추에이터가 진보하여 에너지 변환 및 제어를 쉽게 할 수 있었다.

1.3 메카트로닉스의 특징과 효과

메카트로닉스제품의 특징과 효과를 형태적인 면과 기능적인 면으로 생각하여 보자

(1) 유연성의 향상

메카트로닉스의 최대효과는 기계에 신기능을 추가시켜 유연성을 향상시킨 것이다. 이들은 마이크로프로세서의 동작에 의한 것이라 할 수 있다. 예를 들면, 산업용 로봇에서 작업 종류에 따라 프로그램을 변경하면 한 대의 로봇이 인간의 팔 대신 다양한 일을 간단하게 할 수 있다. 이러한 것은 최근의 다품종 소량생산을 가능하게 한 주요 요인이다.

(2) 비접촉화, 정지기기화와 고신뢰성

종래의 DC모터는 접촉마찰에 의한 진동, 소음, 마모고장 등이 발생하였다. 이 때문에 모터의 브러시를 반도체화한 제품, 베어링부분을 자기부상시켜 비접촉 회전시킨 고신뢰성의 제품이 등장하였다. 또한, 가능한 가동부를 전자화시켜, 가동부가 적게 되어 정지기기화가 실현되었다. 이와 같은 비접촉화와 정지기기화는 장치의 고신뢰성에 크게 기여하고 있다.

(3) 소형 경량화와 고신뢰성

메카트로닉스는 일렉트로닉스와 기구의 융합이지만, 일부분에 해당하는 일렉트로닉스의 전자회로가 반도체회로의 IC화 등에 의해 메카트로닉스 장치의 소형 경량화에 기여하고, 또한 그것이 부품수의 감소와 연관되어 결국은 신뢰성 향상과도 관계가 있다. 그 예로 모터와 부하장치 사이에 기어, 나사, 볼 스크루 등의 동력전달요소가 들어 있어, 제어할 때 여러 가지 문제가 발생하였다. 이를 개선하기 위해 최근에 직선형(linear) 모터가 개발되어 문제점 해결에 도움이 되며 부품수도 감소되었다.

(4) 고정도화와 고속화

IC 및 LSI가 진보하여 초LSI 시대가 됨에 따라, 초정밀가공 기술이 요구되고 있다. 표면의 연마정도는 정밀가공이 10[μ](micron), 고정밀 가공은 1.0[μ], 초정밀 가공은 0.1[μ](submicron)

으로 요구가 높으며, 이것들을 메카트로닉스 기술로 해결하여, 점차 나노미터(nanometer)급의 가공기술도 나타나고 있다. 제어지령에 대하여 보다 빠른 응답 시간이 요구되고 있다. 동력용으로는 1[s] 정도의 응답으로 충분하였지만, 메카트로닉스에서는 1[ms]의 응답이 실현되고 있다.

1.4 메카트로닉스의 구성요소

기계는 본래 인간능력의 보조수단의 목적으로 만들어졌다. 처음에는 인간의 손과 발을 사용하는 도구였지만, 수차, 마차, 기선과 같이 힘과 속도 면에서 인간의 능력을 뛰어 넘는 기계가 나오게 되었다. 특히, 전동 모터 및 컴퓨터의 발달로 인하여 로봇과 같이 인간의 두뇌 및 오감의 역할까지 갖춘 지능기계를 만들려고 노력하고 있다. 이것은 메카트로닉스의 목표이기 때문에, 그 구성요소도 인간에 가장 가까운 모델에 접근하면 된다. 인간의 구조는 상당히 복잡하지만, 공학적인 운동기계로 생각하면 그림 1.1의 ( ) 안과 같이 오감, 두뇌, 근육, 수족의 골격, 내장의 5요소로 구성되어 있다고 할 수 있다.

인간의 동작은 오감에 의해 외부로부터 각종 정보를 입수한다. 뇌에서는 모든 정보를 알아서 판단하여 근육에 지령을 보낸다. 근육은 지령에 의해 신축하며, 손과 발의 골격은 운동을 발생하여 외부에 행동으로 나타낸다. 인간의 내장은 각종 음식물로부터 운동에 필요한 에너지를 축적하여 근육에 공급한다.

메카트로닉스의 중요 5대 요소는 그림 1.1과 같이 센서가 계측하여 얻어진 데이터를 컴퓨터가 계산, 판단, 지령하여 액추에이터의 구동으로 기구(mechanism)가 동작하게 되며, 전원은 에너지 공급을 분담한다. 이 5대 요소에는 전기공학, 전자공학, 정보공학, 기계공학의 기술이 관련되어 있지만 전체를 유기적인 시스템으로 형성하는 데는 무엇보다도 제어공학의 기술과 관련이 깊다고 할 수 있다. 그림 1.2는 메카트로닉스의 기술에 관련한 관련학문과 기술을 나타낸다.

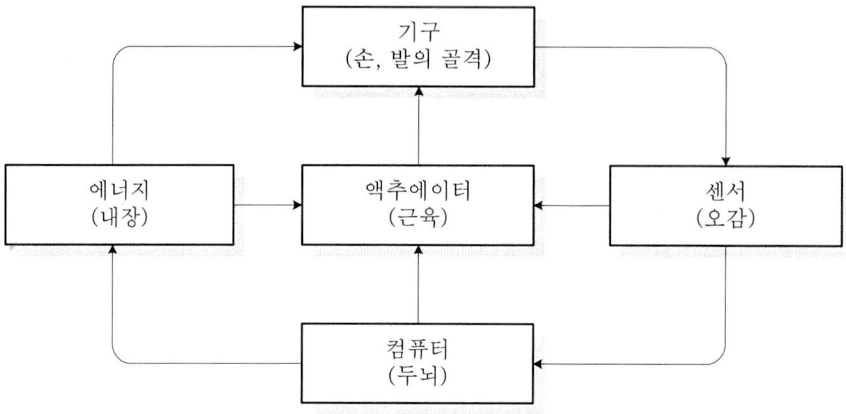

그림 1.1 메카트로닉스의 구성

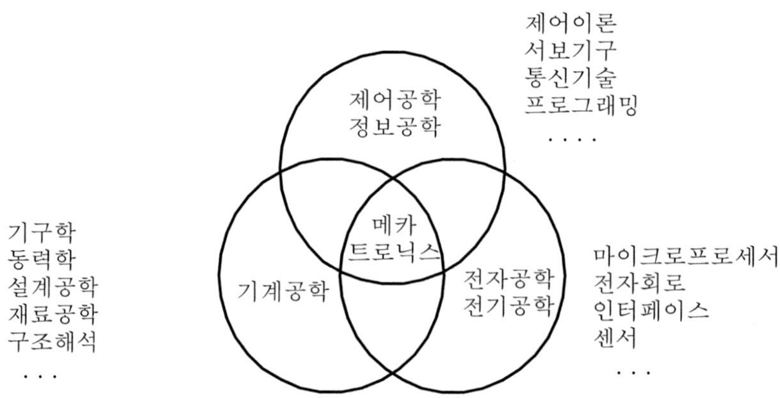

그림 1.2 메카트로닉스의 관련 학문과 기술

메카트로닉스의 5대 요소의 개념은 다음과 같다.

(1) 기구

기구란 몇 개의 물체를 조합하여 기계를 구성하고, 그 중 어떤 물체에 힘을 가하여 운동을 일으키면 다른 물체도 그에 따라 일정한 운동을 하는 운동계를 말한다. 2개의 물체가 상호접촉하면서 운동할 때, 물체는 상호페어(pair)되어 있다고 한다. 그 접촉 상태가 점과 선일 경우 선·점페어, 면과 면일 경우 면페어라 한다. 로봇공학에서는 페어를 구성하는 부분을 **관절**(joint)이라 하고, 면페어에는 회전페어, 미끄럼페어 등이 있다. 그림 1.3은 1자유도의 관절구조를 나타낸다. 기계는 **직선운동**(신축운동)과 **회전운동**(선회운동)이 기본의 관절구조로 되어 있다.

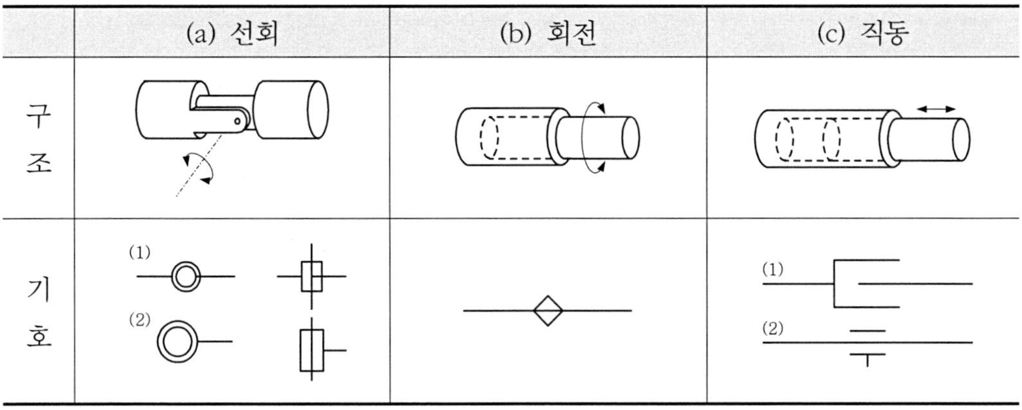

그림 1.3 1자유도의 관절구조와 기호

자유도의 증가는 복잡한 물체를 상호페어가 되도록 연결한다. 최종요소(element)가 최초요소와 페어되어 서로 상대적인 운동을 할 수 있도록 결합되어 있거나 배열되어 있는 것을 **연쇄**(kinematic chain)라 하며, 연쇄를 구성하고 있는 하나의 요소를 **링크**(link) 또는 **절**이라 한다. 종래의 링크 및 캠기구 등은 기계요소를 조합하여 복잡한 운동을 하였지만, 이것들은 한 번 만들어진 운동은 변경이 되지 않는다. 그래서, 다관절 로봇과 같은 다자유도계를 구성하여 운동궤도를 제어하는 메카트로닉스적인 기계가 만들어지게 되었다. 그림 1.4는 로봇 기구와 특징을 나타낸다.

종류	운동기능의 예	작동영역	운동의 고속성	강성
직각좌표 로봇	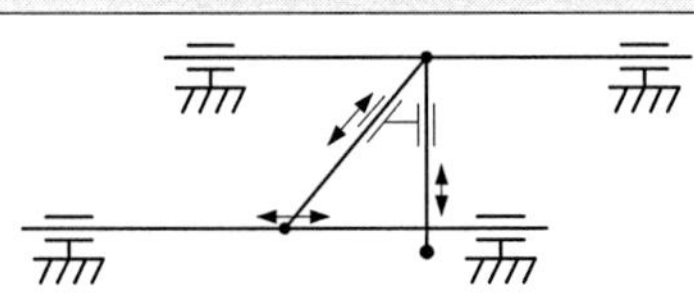	작다	늦다	높다
원통좌표 로봇	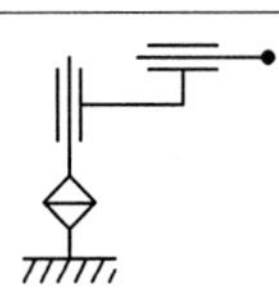	중간	중간	중간
극좌표 로봇	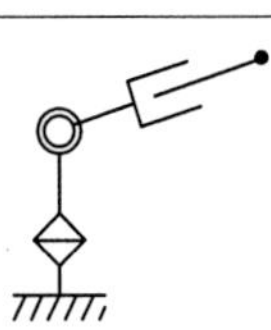	중간	중간	중간

다관절 로봇	수평	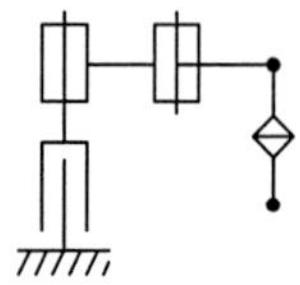	크다	중간	중간
	수직	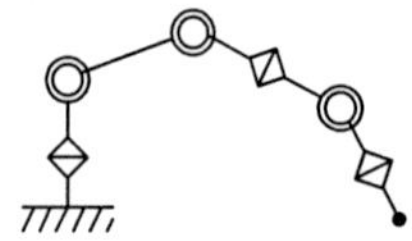	크다	빠르다	낮다

그림 1.4 로봇기구와 특징

(2) 센서

기구의 운동상태(위치・속도・가속도 등)를 전기량으로 변환하여 정보처리부로 넘겨주는 부분이 센서이다. 종래에는 검출기 또는 변환기라고 하였는데 이것을 동물 및 인간의 "감각"에 비교하여 **센싱**(sensing)이라 하고, 이것에 사용하는 소자를 센서라 한다. 센서는 기구 자체의 운동상태를 계측하는 **내계센서**와 기구의 주변환경을 계측하는 **외계센서**로 구분된다. 사람은 눈을 감아도 자기 손의 위치, 자세, 손가락의 상태 등을 알 수 있다. 내계센서는 이에 해당하는 것으로 다관절의 위치, 속도, 가속도 등의 메카트로닉스계의 내부상태를 항상 기계 자체가 파악하고 있다. 위치, 각도에는 포텐쇼미터(potentimeter), 리졸버(resolver), 인코더(encoder) 등이 사용되고 있으며, 속도, 가속도에는 직류, 교류 타코미터(tachometer)가 사용된다. 가속도, 각 가속도의 센서로는 스트레인 게이지(strain gage), 압전센서(piezoelectric) 등이 많이 사용되고 있다. 외계센서는 예를 들면 자동차가 달릴 때 신호 및 장애물의 관측을 인간을 대신하여 행하는 센서로, 기계량 이외에 시각, 청각, 촉각 등의 기술이 사용되고 있다.

그림 1.5는 내계센서와 외계센서를 설치한 로봇의 구성을 나타낸다. 외계센서로부터 입력된 신호는 단순한 물리량이 아니고, 형상, 색깔, 기호, 경도, 거칠기, 음성 등의 지식정보를 대상으로 하기 때문에, 컴퓨터에 의한 정보처리, 기억, 판단 등의 공정을 거쳐 지령신호로 변화한다. 따라서 이것을 **지능센서**라 한다.

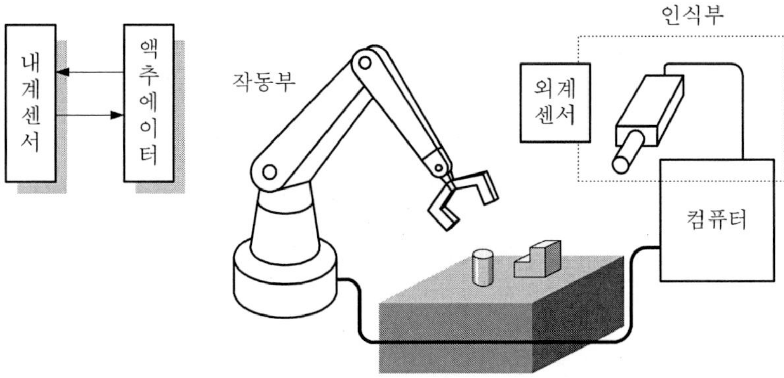

그림 1.5 로봇용 센서

(3) 마이크로컴퓨터

마이크로컴퓨터는 메카트로닉스계의 제어정보 및 센싱정보처리를 한다. 액추에이터에 동작 지령신호를 보내는 부분으로, 메카트로닉스에서는 없어서는 안 될 중요한 요소이다. 마이크로 컴퓨터의 하드웨어는 마이크로프로세서(micro processor), 주메모리, 보조메모리, 입·출력장치, 조작패널 등으로 구성되어 있다. 그림 1.6은 마이크로컴퓨터의 구성을 나타낸다.

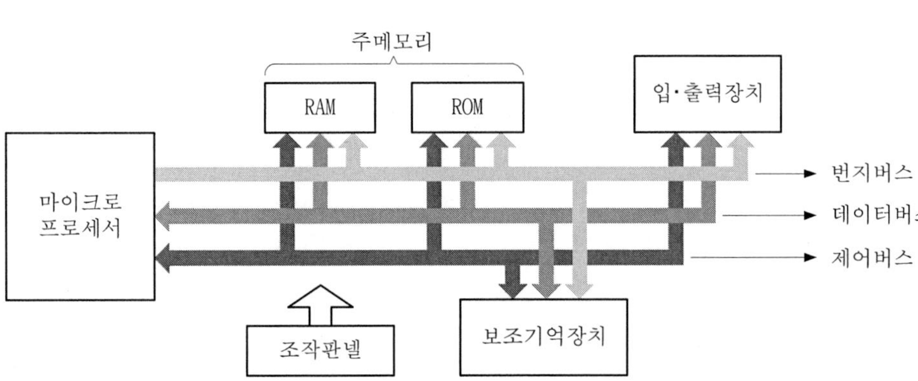

그림 1.6 마이크로컴퓨터의 구성

마이크로프로세서에는 4, 8, 16, 32비트(bit)형 등이 있다. 지금까지는 8비트형의 마이크로프로세서가 많이 사용되었으나, 점차적으로 고속·고급적인 제어장치가 많이 사용되어 비트수가 높은 형으로 바뀌고 있다.

메모리(memory) 소자는 대부분 반도체 소자로, 그 용량도 매년 증대하고 있다. 메모리에는 읽기전용의 ROM(read only memory)과 쓰고 읽기가 자유로운 RAM (random access memory)이 있다. 기억밀도가 크고 고속이며, 소비전력이 작은 다이나믹 RAM의 이용이 늘고 있다.

메카트로닉스의 제어시스템은 온라인(on line)으로 리얼타임(real time)의 시스템이 많다. 그리고 제어시스템으로 센서 및 액추에이터에 접촉할 때는 아날로그신호 및 디지털신호의 양방향이 사용된다. 그림 1.7은 마이크로컴퓨터에 의한 기계제어시스템을 나타낸다.

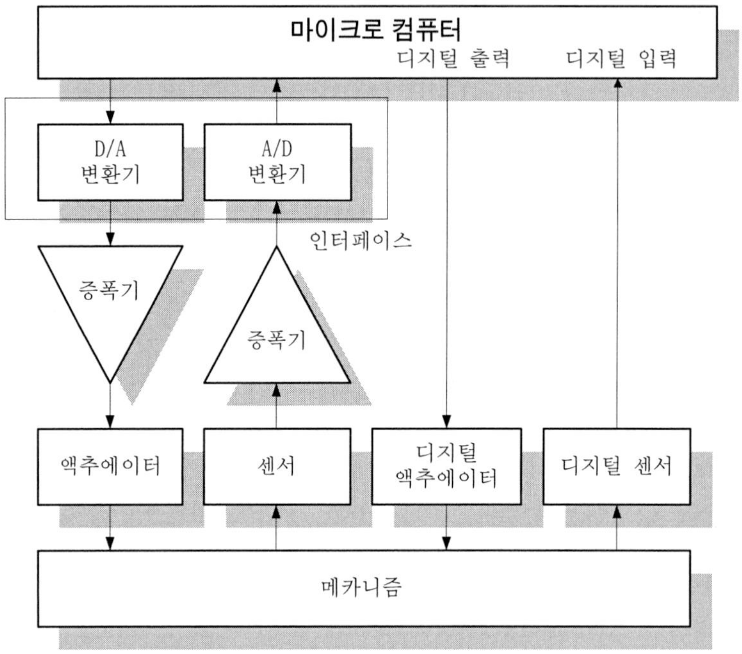

그림 1.7 메카트로닉스의 제어시스템

메카트로닉스제품의 기본적인 제어방법은 **피드백**(feed back) 제어의 시스템이 많다. 제어 알고리즘(algorithm)에는 아날로그제어와 디지털제어를 포함한 목적에 맞는 고기능화된 적응제어 및 학습제어 등을 이용한 제어법도 등장하고 있다. 리얼타임 제어시스템에서는 기계어 및 어셈블리언어로 프로그램을 작성하는 경우가 많으며, DSP(digital signal processor)를 사용한다. 더욱이 고기능의 동작을 지령하기 위해 BASIC, C언어 또는 로봇언어 등의 전용언어가 사용되고 있다.

(4) 액추에이터

액추에이터(actuator)는 지령신호에 의해 기구에 힘을 가하여 작동을 시키는 장치로 마이크로컴퓨터와 기구에 접점되어 있다. 액추에이터에는 기계식과 전기식이 있으며, 기계식에는 공압 및 유압을 이용하므로 실린더 및 모터가 있다. 전기식에는 전자석 및 전동모터가 주로 사용되고 있다. 이것들은 입력 에너지를 기계에너지로 변화시키는 에너지 변환장치이므로,

그 변환 효율을 무시할 수 없다. 따라서 제어성능(고속응답 및 가역성 등)이 중요한 평가항목이 된다. 그러므로 전력용으로는 얻을 수 없는 각종 특수구조의 액추에이터가 메카트로닉스용으로 개발되고 있다. 그리고, 입력 에너지의 제어도 중요한 기술로, 유공압제어에는 서보 밸브, 전류의 제어에는 자력을 응용한 전자 스위치, 반도체 제어소자 등이 사용된다. 특히, 반도체 제어소자는 증폭도가 높고, 응답성이 빠르며 가동부가 없어 수명이 반영구적이다.

(5) 동력원

동력원을 가장 필요로 하는 요소는 액추에이터이며, 기계식에서는 압축기(compressor) 및 유압펌프에서 압력원을 만들지만, 이들은 모두 전동모터로 구동된다. 전기식 액추에이터는 전원이 동력원이 된다. 컴퓨터, 센서 요소도 전원으로 동작하고 있다. 전원은 교류를 사용전원으로 많이 사용하고 있지만, 제어기능의 향상을 위해 직류전원을 사용하는 경우도 많다. 이 때문에, 교류전원을 정류시켜 직류전원으로 변환시키는 컨버터(converter)가 많이 사용된다. 그리고, 임의의 주파수 교류전원이 발생하는 인버터(inverter) 및 펄스(pulse) 전원도 많이 사용되고 있다. 반도체소자의 발달로 직류 전압의 조정 및 교류주파수의 변환도 간단하게 되었으며, 제어에 적정한 전원이 메카트로닉스시스템의 전원으로 사용되고 있다.

CHAPTER 2

전기 · 전자 회로의 기본

2.1 아날로그회로
2.2 디지털회로

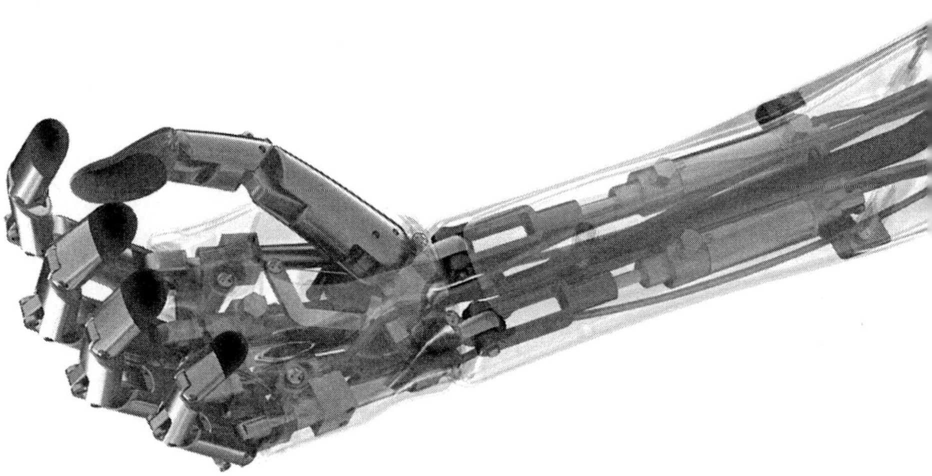

마이크로프로세서를 이용하여 액추에이터를 제어하기 위해 인터페이스 회로를 설계해야 하는 경우가 많다. 또한 제어를 하기 위해 회로를 구성해야 할 경우도 있다. 이 장에서는 메카트로닉스에서 중요한 부분인 전기·전자의 기본에 대하여 설명한다. 액추에이터를 제어하는 마이크로프로세서는 전기·전자로 구성되어 있으며, 특히 인간의 뇌에 해당하는 마이크로프로세서의 중요성을 고려할 때 아주 중요한 부분이라 할 수 있다. 여기서는 아날로그회로와 디지털회로로 구분하여 설명한다. 먼저, 아날로그회로에서는 기본소자를 간단히 설명하고, 실제로 사용 가능한 회로 등을 이용하여 설명한다. 디지털회로에서는 마이크로프로세서를 이용하여 액추에이터를 제어할 때 필요로 하는 인터페이스 등에 필요한 소자들을 중심으로 설명한다.

2.1 아날로그 회로

2.1.1 옴의 법칙

전자회로 및 컴퓨터, 메카트로닉스의 컨트롤러(Controller) 등을 동작시키기 위해 사용되는 전기는 직류이며, 발전소에서 전기를 발전하여 일반가정 및 공장에 송전되는 전기는 교류이다. 따라서 메카트로닉스의 컨트롤러를 동작시키기 위해 일반적으로 교류전원에서 직류전원으로 변화시켜 직류전원을 공급하고 있다. 직류전원에서는 그 전압의 크기와 전류를 어느 정도까지 얻을 수 있을지가 매우 중요하다. 그림 2.1은 직류와 교류전원을 나타낸다.

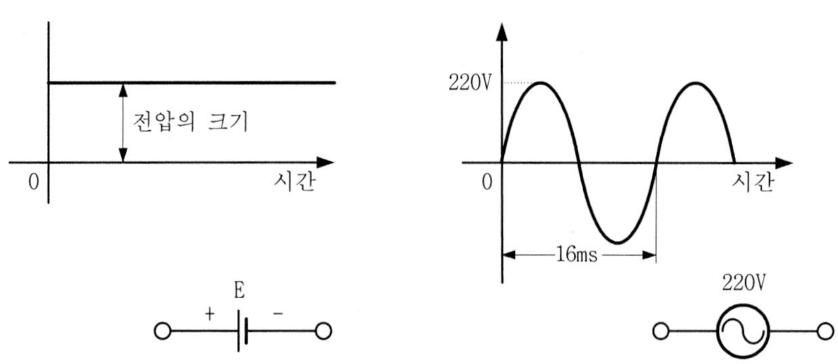

그림 2.1 직류와 교류

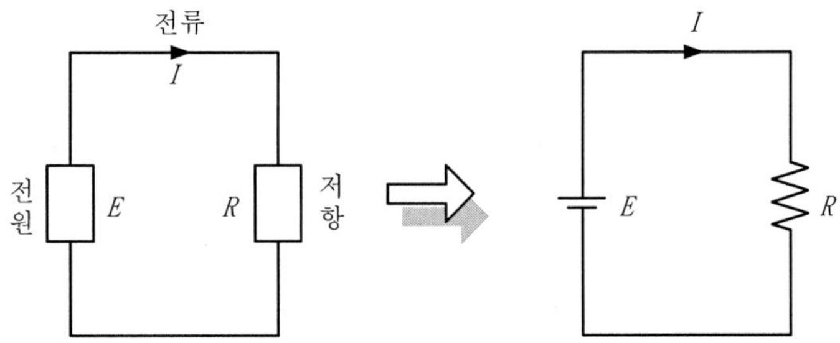

그림 2.2 저항 회로

직류 전원 E와 저항기 R을 그림 2.2와 같이 접속하였을 때, 저항 R에 흐르는 전류 I는 다음과 같다.

$$I[\mathrm{A}] = \frac{E[\mathrm{V}]}{R[\Omega]}$$

이것을 **옴의 법칙**(Ohm's law)이라 하며, 전기공학에서 가장 기본적인 식이다. 이 식에서 알 수 있듯이, 전원에 저항값이 작은 것을 접속하면 큰 전류가 흐른다. 메카트로닉스의 제어용으로 많이 사용되고 있는 마이크로컴퓨터에는 대부분 +5[V]용 직류 전원이 사용되고 있다. 전류는 1[A]에서 20[A] 정도의 것이 사용된다. 그리고 저항기에 소비되는 전력 P[W]는 $P = I^2R = EI$로 계산된다.

2.1.2 저항기의 사용 방법

저항기는 전자회로, 컨트롤회로 등에 없어서는 안 될 중요한 소자이다. 위의 옴의 법칙에 의해 전류의 양을 컨트롤하기 때문이다. 저항기의 종류는 다양하며, 다음과 같이 분류할 수 있다.

- 저항기
  - 고정저항기
    - 권선저항기
    - 금속피막저항기
    - 탄소피막저항기
    - 솔리드저항기
  - 가변저항기

권선저항기는 온도특성이 좋으며, 대전력용으로 많이 사용된다. **금속피막저항기**는 온도변화에 대한 저항값의 변화가 작기 때문에, 정밀한 제어를 필요로 하는 전자회로에 많이 사용되고 있다. 탄소피막저항기는 카본저항기라고도 하며, 가격이 싸고 사용하기 편리하여 저항기중에서 가장 많이 사용되고 있다. 솔리드저항기는 가전제품 등에 많이 사용된다.

(1) 탄소피막저항기

전자회로에 가장 많이 사용되고 있는 고정저항기는 탄소피막저항기이다. 이들의 저항값을 컬러코드를 나타내고 있다. 그림 2.3은 저항기의 외형 및 전기 회로도의 기호를 나타내며 표 2.1은 컬러코드의 값을 나타낸다. 컬러코드 값을 가지고 저항값을 구하는 식은 다음과 같다.

제1색 · 제2색×10제3색(승수)±제4색[Ω]

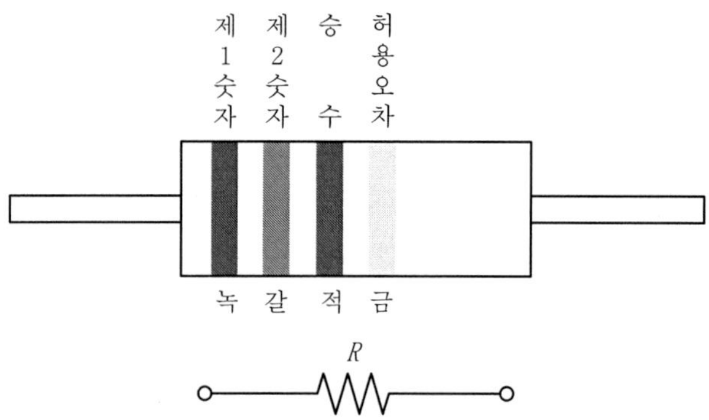

그림 2.3 저항기의 외형 및 기호

표 2.1 저항기의 컬러 코드값과 공차

색	제1색띠	제2색띠	제3색띠	제4색띠
	제1숫자	제2숫자	승수	허용차 %
검정색	0	0	10^0	-
갈색	1	1	10^1	±1
적색	2	2	10^2	±2
등색	3	3	10^3	
황색	4	4	10^4	-
녹색	5	5	10^5	
청색	6	6	10^6	
자색	7	7	10^7	
회색	8	8	10^8	-
흰색	9	9	10^9	
금색			10^{-1}	±5
은색	-	-	10^{-2}	±10
무색			-	±20

예를 들어 그림 2.3의 저항값을 구해보자. 색띠가 모여 있는 쪽이 첫 번째 색띠가 된다 따라서 제1색띠가 녹색이므로 첫 번째 숫자는 5, 제2색띠가 갈색이므로 1, 제3색띠는 적색으로 2, 제4색띠는 금색으로 ±5%가 된다. 그래서 저항값은 $51\times10^2=5.1[k\Omega]$, 허용오차는 ±5%가 된다. 일반적으로 저항값이 10[Ω] 정도에서 2[MΩ] 정도까지, 소비전력이 1/8[W] 정도에서 2[W] 정도까지가 제조·판매되고 있다. 일반적인 전자회로 및 마이크로컴퓨터회로에 많이 사용되고 있는 저항은 1/4[W]이다. 이것은 5[V]의 전압이 인가되어 50[mA]의 전류가 흐를 때 소비되는 전력이다. 이 때, 저항값은 100[Ω]이다. 역으로 말하면, 100[Ω]의 저항은 5[V]의 전압이 인가되면 1/4[W] 전력이 소비된다.

(2) 가변저항기

가변저항기는 그림 2.4와 같이 연속한 저항체에 주형체의 동자를 접촉시키면서 움직여 희망하는 저항값을 얻도록 만든 것이다. 따라서 가변저항기에는 3개의 접속 단자가 있다. 단자 1, 3 사이가 가변저항기의 전체용량값이며, 단자 1, 2 사이에 가변저항값이 얻어진다. 그러므로 주형체의 동자를 움직여서 전체용량값에 0[Ω]까지 변화가 가능하다.

여기서 주의할 점은 주형체의 동자가 회전각에 대하여 저항값이 직선적으로 변화하지 않는 가변저항도 있다는 것이다. 일반적으로, 전자회로 및 마이크로컴퓨터 회로에 사용되고 있는 가변저항을 반고정저항기라 한다. 이것은 기판에서 사용이 가능하도록 소형화되어 있으며, 저항을 가변시켜 조정한 후, 이것을 접착제 등으로 고정시켜 사용하는 방법이 일반적이다.

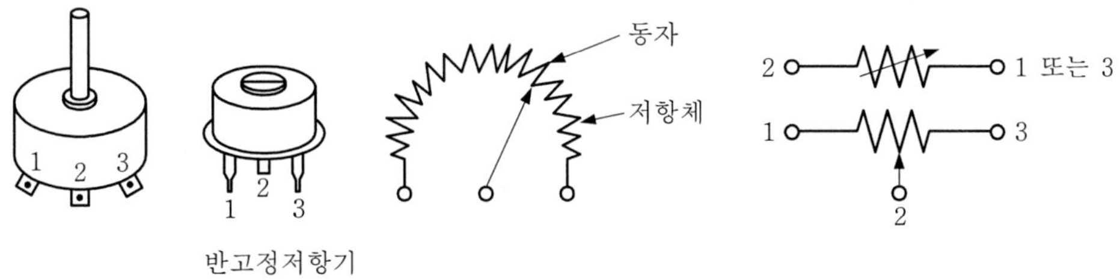

그림 2.4 가변 저항기와 회로도 기호

(3) 저항기의 사용 방법

저항기를 사용할 때 중요한 것은 몇 옴, 몇 와트(소비전력)의 저항을 사용할 것인가 하는 것이다. 몇 옴의 저항을 사용할 것인가는 다음의 조건으로 결정한다.

- 어느 정도의 전류를 흐르게 할까(옴의 법칙).
- 저항 분압에 의해 임의의 전압을 만든다.

예를 들면, 그림 2.5(a) 회로에서 E'는 다음과 같은 전압을 얻을 수 있다.

$$E' = \frac{R_2}{R_1 + R_2} E[\mathrm{V}]$$

즉, 미세한 조정을 하고 싶을 때, 가변 저항기를 그림 2.5(b)와 같이 넣어 조정한다.

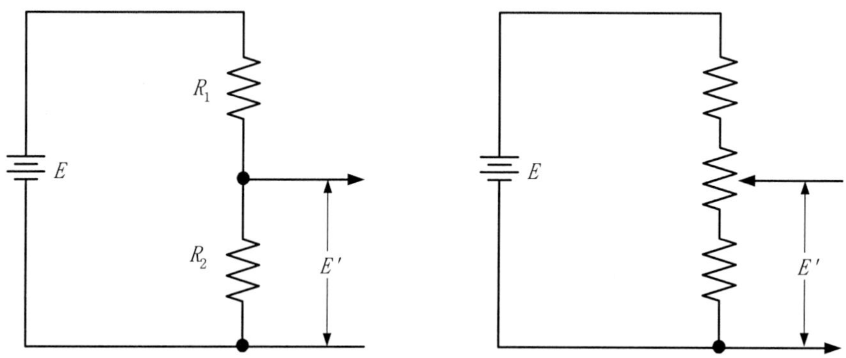

(a) 저항기에 의한 분열　　(b) 가변저항기에 의한 미세조정

그림 2.5 저항에 의한 분압

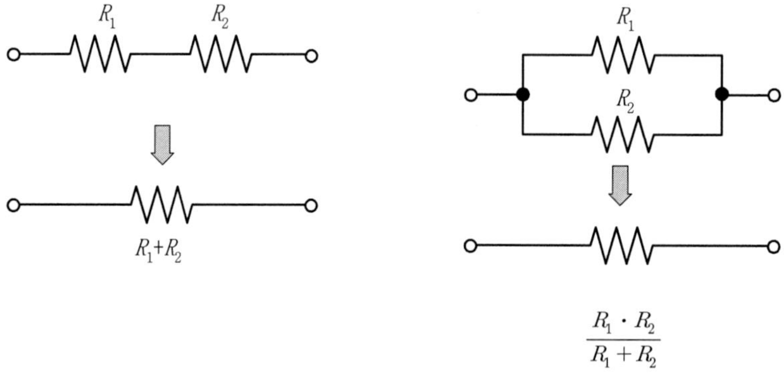

(a) 직렬　　(b) 병렬

그림 2.6 저항의 접속

그림 2.6(a)와 같이 저항기를 직렬로 연결하면 합성 저항값 R은 각각의 저항값의 합 $(R_1 + R_2)$이 되며, 그림 2.6(b)와 같이 병렬로 연결하면 합성 저항값 R은 각 저항값의 역비합의 역비$\left(\frac{R_1 \cdot R_2}{R_1 + R_2}\right)$가 된다.

저항기는 10[Ω]에서 2[MΩ] 정도까지가 일반적으로 생산되고 있다. 시판되고 있는 저항기의 저항값은 어느 정도 간격으로 나눠져 있다. 따라서 꼭 필요로 하는 저항값이 없을 경우에는 저항기를 직렬 또는 병렬로 접속하여 필요로 하는 저항값을 만들 수가 있다. 저항기의 와트는 일반적으로 마이크로컴퓨터 등의 기판회로에 사용할 때에는 별로 문제되지 않지만, 인터페이스회로 및 모터의 구동회로용으로 트랜지스터 증폭용회로에 사용할 때는 대전력용으로 와트수가 큰 것을 사용해야 한다.

2.1.3 캐패시터의 종류와 사용법

캐패시터(capacity)는 전자회로 중에서도 특히 펄스회로용, 전원노이즈의 바이패스(by pass)용으로 많이 사용되고 있다. 캐패시터도 여러 종류가 있으며 그 종류는 다음과 같다.

- 캐패시터
  - 무극성
    - 세라믹캐패시터
    - 폴리에스텔필름캐패시터(마일러캐패시터)
    - 폴리스티롤필름캐패시터
  - 유극성
    - 전해캐패시터
    - 탄탈루캐패시터

여기서, 무극성은 **논폴라**(nonpolar)라고도 하며, 이것은 +, −의 극성을 의식하지 않고 사용할 수 있다. 유극성은 +, −의 극성에 주의하여 캐패시터에 걸리는 전압의 극성에 맞추어 사용해야 한다. 따라서 유극성의 캐패시터는 어떤 단자가 +, −인지 나타내는 마크가 있다. 일반적으로 캐패시터의 표현에는 -극성을 나타낸다. **세라믹캐패시터**는 자기(porcelain) 캐패시터로 전자회로용에 많이 사용되고 있다. **마일러캐패시터**는 캐패시터로서의 성능이 비교적 우수하여 다방면으로 사용되고 있다. **폴리스티롤필름캐패시터**는 성능이 매우 우수하여 통신용 또는 아날로그 전자계산기, 직류증폭기용 등에 많이 사용되고 있다.

메카트로닉스의 전자회로 및 마이컴(micro computer)회로에 많이 사용되고 있는 캐패시터는 세라믹캐패시터, 마일러캐패시터이다. 이들의 용량은 몇 가지의 방법으로 표현된다. 예를 들면, 그림 2.7에서 세라믹 캐패시터의 좌측에 나타낸 숫자 22는 글 자체가 용량을 나타낸다. 단위는 PF(10^{-12}[F])(피코패럿)이다. 우측의 681K는 저항과 같은 요령으로 읽는다. 여기서 681K는 $68\times10^{1}=680$[PF]이다. 기호 K는 용량의 허용값을 나타낸다. 표 2.2에서 기호 K는 허용값이 ±10%이다. 전해캐패시터는 외형이 전반적으로 크기 때문에, 그림 2.7과 같이 용량의 크기, 허용 전압이 직접 인쇄되어 있다. 그림 2.7은 회로 기호를 나타낸다.

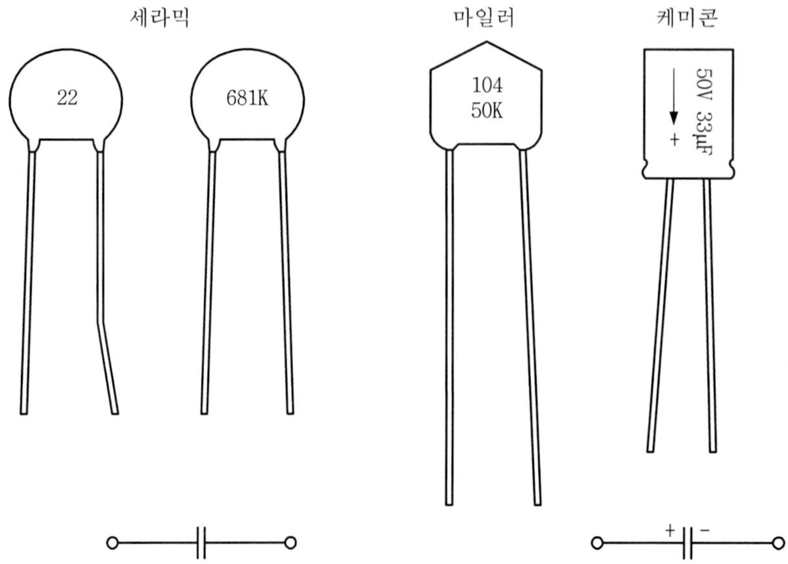

그림 2.7 캐패시터의 종류 및 회로도 기호

캐패시터를 사용할 때 주의해야 할 점은, 주로 용량과 내전압이지만 주파수 특성, 극성(유극성) 등에도 주의할 필요가 있다. 용량은 다음과 같이 결정된다.

- 어느 정도의 펄스를 발생시킬 것인가?
- 신호의 리플(ripple)제거 및 노이즈(noise)제거에 적당한가?

그리고 용량에 관하여 직렬 및 병렬로 접속하였을 경우, 그림 2.8과 같다.

표 2.2 캐패시터의 용량 허용값 기호

기호	D	F	G	H	J	K	L	M
허용차 ±%	0.5	1	2	3	5	10	15	20

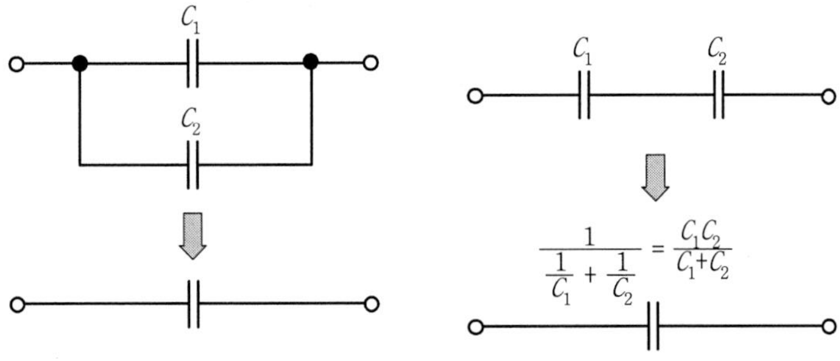

(a) 병렬　　　　　　　　(b) 직렬

그림 2.8 캐패시터의 접속

내전압은 통상적으로 내압이라고 불리며, 이것은 몇 볼트(Volt)까지 전압을 걸어도 이상이 없는지를 나타내는 값이다. 즉, 내압 이상의 전압을 캐패시터에 걸면 안 된다. 일반적으로 메카트로닉스의 제어 전자회로, 마이컴의 회로 등에는 내전압이 50[V] 정도이면 충분하다. 주파수 특성에 관하여서는 세라믹 캐패시터와 폴리스티롤 필름 캐패시터가 우수하다. 이들은 고주파용으로도 많이 사용되고 있다.

2.1.4 유도기

일반적으로 코일(coil)이라고 하며, 용량의 단위는 헨리[H]이다. 유도기는 공심과 자심들로 분류되며, 고정형과 가변형이 있다. 코일양단의 전압은 $E(t) = L(di(t)/dt)$로 나타낸다. 여기서 L은 자기 인덕턴스(inductance)이며, $i(t)$는 코일에 흐르는 전류이다. 공심코일에는 솔레노이드(solenid)형, 트로이덜(troidal)형이 있으며, 감는 재료는 특수유리, 스테아타이트, 폴리스티롤 등이 사용된다. 코일은 자심(금속, 페라이트, 압분)에 따라 E형, L형, 항아리형, 컵형, 드럼형 및 막대형 등이 있으며, 용도는 다음과 같다.

- 교류 또는 직류를 흘리며 전자석을 이용한 것 : 마그네트코일, 편향코일
- 교류에 대한 임피던스(impedance)로서 낮은 자력을 이용한 것 : 평활초크, 고주파초크
- 캐패시터와 조합하여 복합회로의 특성을 이용한 것 : 필터코일, 장하코일, 동조코일, 발진코일
- 미분효과를 이용한 것 : 픽업코일, 커플링코일

2.1.5 다이오드

다이오드(diode)는 순방향으로 전압을 걸면 전류가 흐르지만, 역방향으로는 전압을 걸어도 전류가 거의 흐르지 않는 반도체소자이다. 즉, 그림 2.9(a)와 같이 순방향으로 전압을 걸면,

그림 2.9(b)와 같은 전류가 흐르는 특성을 가지고 있다.

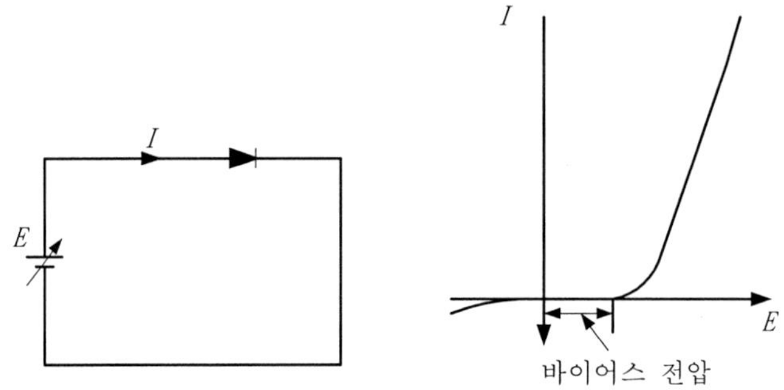

(a) 순방향으로 전압 연결 (b) 다이오드의 특성

그림 2.9 다이오드의 특성 설명

이와 같은 다이오드의 특성을 이용하여, 교류를 직류로 교환하는 정류회로 및 변화된 파형에서 원래의 신호를 빼내는 복조회로, 논리회로 등에 널리 사용하고 있다. 다이오드에는 일반적으로 게르마늄(germanium)다이오드와 실리콘(silicon)다이오드가 있으며, 주로 실리콘다이오드가 많이 사용되고 있다. 이들은 바이어스(bias) 전압의 크기는 서로 다르며, 게르마늄은 약 3[V], 실리콘은 0.6[V] 정도이다. 그림 2.10은 다이오드의 회로도를 나타낸다.

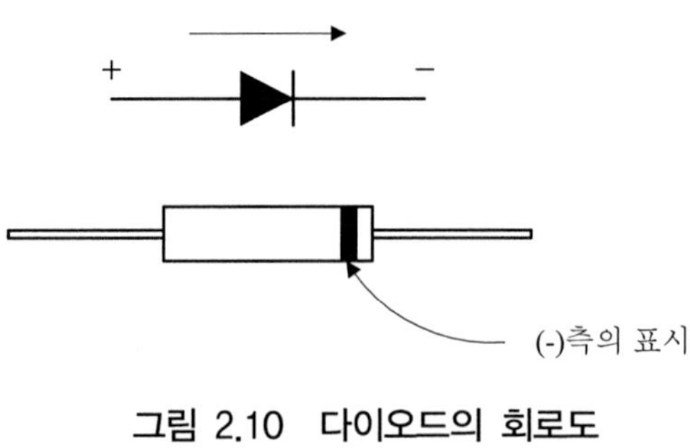

그림 2.10 다이오드의 회로도

(1) 다이오드의 정류작용과 스위치작용

다이오드는 그림 2.9와 같은 특성을 가지고 있으며, 이것을 이용한 동작으로 **정류작용**과 **스위칭작용**이 있다. 그림 2.11은 이들의 작용을 나타내는 회로이다. 여기서 (a)는 정류작용을 나타내는 예로 정현파를 입력하면 정(+)의 반파만 통과하고, 부(−)의 반파는 통과하지 못한다. (b)는 스위칭작용을 나타내며, 정의 전압에 대해서는 스위치가 ON, 0 [V]의 전압에 대해서는 OFF가 된다.

다이오드를 사용할 때 주의할 점은 전류용량과 내전압이 있다는 것이다. 그리고 정류용으로 사용할 것인지, 스위치용으로 사용할 것인지에 따라 다이오드를 선택할 필요가 있다.

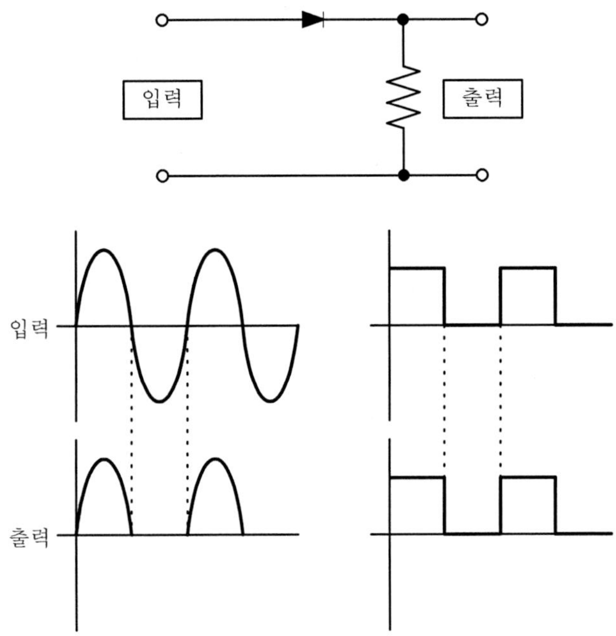

그림 2.11 다이오드의 정류작용과 스위칭작용

(2) 발광다이오드

발광다이오드 LED(light emmiting dioge)는 작은 전류(약 20[mA])를 흐르게 하면 빛을 발생하는 다이오드이다. 표시용 다이오드로 많이 사용되고 있다. 발광색은 빨강, 초록, 황색 등이 있다. LED는 그림 2.12와 같이 여러 형태로 되어 있으며, 회로도 기호는 그림과 같다. 사용상 주의점은 다음과 같다.

- 순방향전류를 어느 정도로 흐르게 하면 좋을지를 결정한다.
- +, −의 극성이 틀리지 않도록 한다(일반적으로 다리가 긴 것이 +이다).
- 일반 IC 및 LSI 등으로 직접 LED를 점등시키기에는 전류가 부족할 경우가 있다.

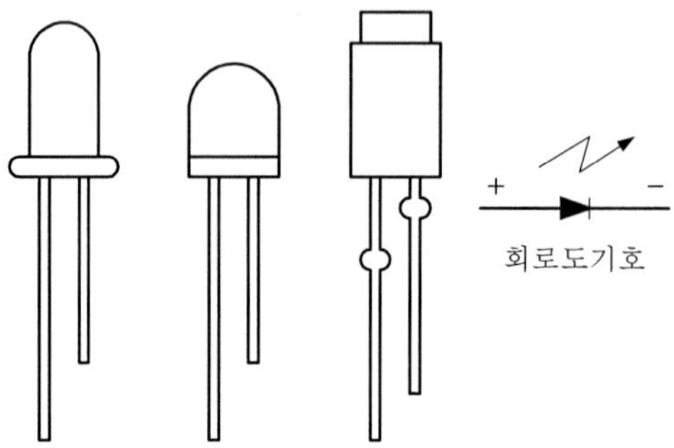

그림 2.12 발광 다이오드

2.1.6 트랜지스터

전자회로에서 주역을 담당했던 **트랜지스터**(transistor)는 최근 IC(집적회로)의 발전으로 종래에 트랜지스터로 조립 구성되었던 회로가 IC화됨에 따라 이전보다는 많이 사용되고 있지는 않지만 그 역할은 지금도 매우 중요시되고 있다. 트랜지스터는 용도에 따라 다음과 같이 분류할 수 있다.

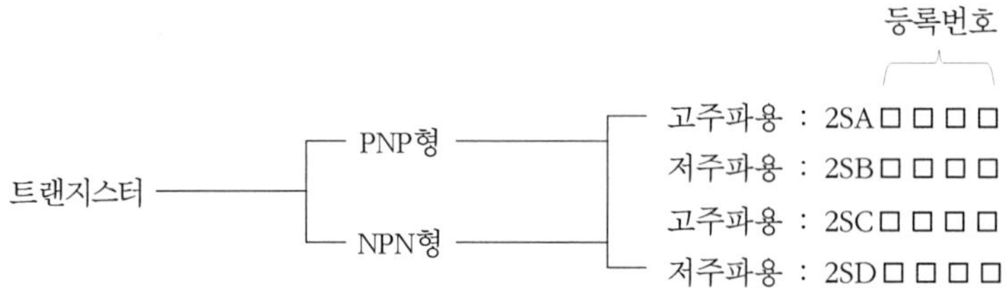

그림 2.13은 각종 트랜지스터의 외형을 나타낸다. 형태는 다양하지만 모두 3개의 단자를 가지고 있다. 각 단자는 **베이스**(base : B), **이미터**(emitter : E), **컬렉터**(collector : C)로 구성되어 있다. 형에 따라 각 단자의 배치가 다르다는 것에 주의해야 한다.

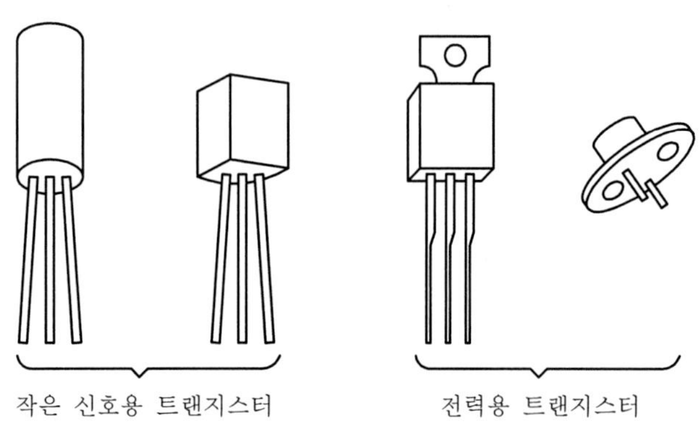

그림 2.13 트랜지스터의 종류

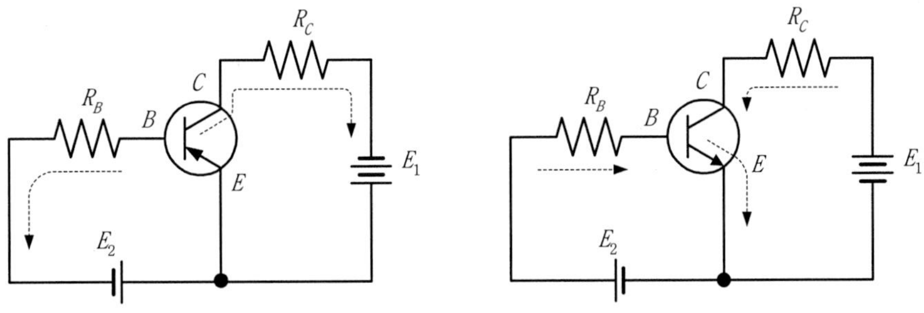

(a) PNP형　　　　(b) NPN형

그림 2.14 트랜지스터의 기호 및 사용방법

트랜지스터의 회로기호 및 사용방법을 그림 2.14에 나타낸다. 그림에서 알 수 있듯이, PNP형과 NPN형은 전압이 걸리는 방향이 반대로 되어 있다. 일반적으로 NPN형이 많이 사용되고 있다. 그림 2.15는 트랜지스터의 정특성(직류특성)을 측정하기 위한 회로도와 측정한 결과를 나타낸다. 여기서 동작을 간단히 설명하면, 베이스 전류(I_B)를 베이스에서 이미터에 흘러 보내면, 베이스 전류는 트랜지스터의 종류에 따라 다르지만, 10~10,000배 정도 증폭되어 컬렉터에서 이미터로 컬렉터 전류(I_C)가 흐른다. 이와 같은 것이 트랜지스터의 증폭 작용에 따른 $I_C/I_B = \beta(h_{FE})$를 **전류 증폭률**이라 한다. 이를 이용한 전자회로가 많이 사용되고 있다.

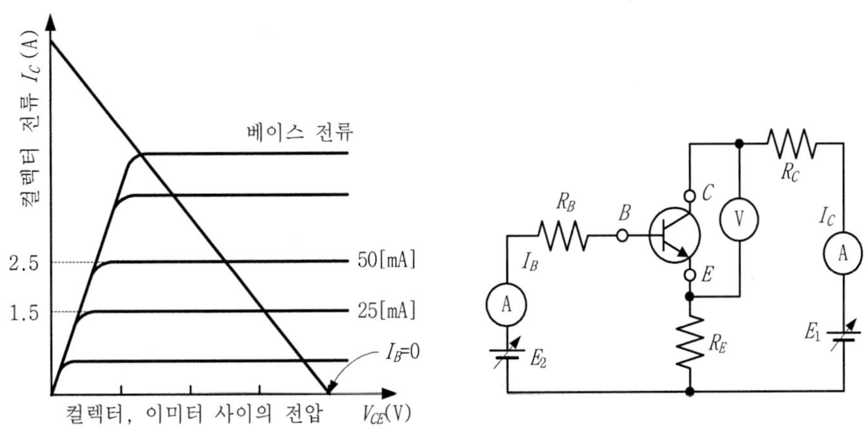

(a) 정특성　　　　(b) 정특성 측정회로

그림 2.15 트랜지스터의 정특성

그림 2.16은 트랜지스터를 이용한 직류모터의 구동회로이다. 동작은 제어입력신호(전압)의 크기에 따라 베이스 전류 I_B가 변화한다. 따라서 I_B의 변화에 따라 컬렉터 전류 I_C가 변화하여 직류모터의 회전속도를 변화시킬 수 있는 전기신호를 얻을 수 있다. 예를 들어, 모터 구동용에

사용한 트랜지스터의 전류 증폭률 h_{FE}가 100이면 I_B가 25[mA]에서 50[mA]까지 변화하게 되며, I_C는 2.5[A]에서 5.0[A]까지 변화하게 된다.

그림 2.16에서 입력신호를 디지털값 $L(0)$, $H(1)$의 2개의 값으로 한정하여 입력하게 되면 컬렉터 전류도 이것에 대하여, 전류가 흐르지 않음 $L(0)$, 흐름 $H(0)$의 값으로 된다. 이는 트랜지스터를 스위치소자로 이용할 수 있다는 것을 나타낸다. 트랜지스터를 이용한 디지털회로는 이 특성을 이용하고 있다.

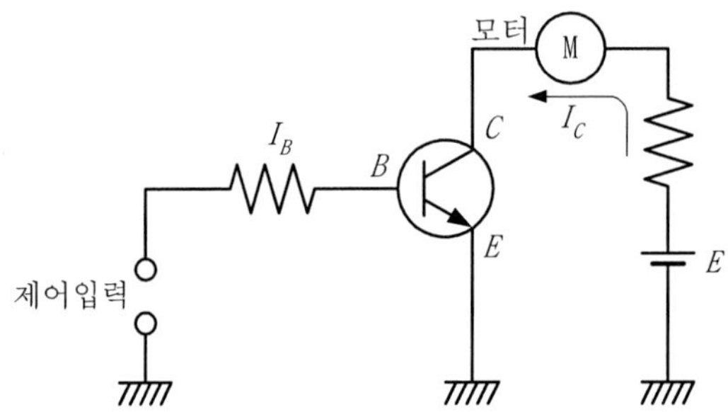

그림 2.16 직류 모터의 구동 회로

(1) 트랜지스터의 사용 방법

22[V]의 0.8[A]를 소비하는 직류 솔레노이드를 구동시키기 위한 트랜지스터 회로를 예를 통하여 살펴본다. 먼저, 구동 회로도를 설계하기 전에 생각하지 않으면 안될 점은 다음과 같다.

- 어떠한 구동회로를 구성하면 좋을까?
- 어떠한 형식의 트랜지스터를 사용하면 좋을까?

구성회로는 그림 2.17과 같이 아주 간단하게 설계한다. 이 회로도에서 다이오드는 솔레노이드의 코일에서 발생하는 고전압(서지(surge)전압)을 흡수하기 위한 보호회로이다. 이것을 **플라이휠(flywheel) 다이오드**라 한다. 어떤 트랜지스터를 사용할 것인가를 결정할 때 주의해야 하는 것들을 표 2.3에 나타내었다. 여기서 가장 주의해야 할 것은 최대정격이다. 최대정격에는 최대 컬렉터 전압, 최대 컬렉터 전류, 최대 컬렉터 손실 등이 있다. 이 중에 1개라도 오버(over)해 버리면 트랜지스터는 파괴된다.

최대 컬렉터 전압은 트랜지스터의 각 단자간에 흘러도 좋은 전압의 상한값으로 V_{CBO}(이미터를 개방하였을 때 컬렉터-베이스 사이의 접압)와 V_{CEO}(베이스를 개방하였을 때 컬렉터-이미터 사이의 전압) 그리고 V_{BEO}(컬렉터를 개방하였을 때 베이스-이미터 사이의 전압) 등을 나타낸다.

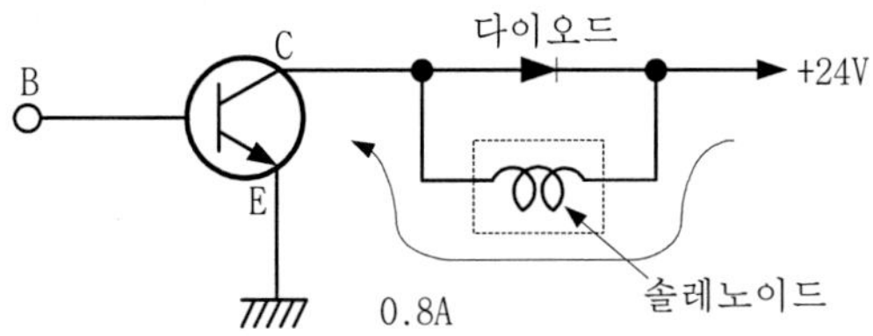

그림 2.17 솔레노이드의 구동회로

표 2.3 2SD235의 최대 정격

항 목		기호	최대정격	단위
컬렉터·베이스 사이의 전압		V_{CEO}	50	V
컬렉터·이미터 사이의 전압		V_{CEO}	40	V
이미터·베이스 사이의 전압		V_{EBO}	10	V
컬렉터 전류		I_C	3	A
이미터 전류		I_E	−3	A
컬렉터 손실	$T_a = 25℃$	P_C	1.5	W
	$T_c = 25℃$		25	
접합부 온도		T_j	150	℃
보존 온도		T_{stg}	−55~175	℃

최대 컬렉터전류는 컬렉터에 흘러도 좋은 전류의 상한값으로 I_C로 나타낸다. 최대 컬렉터손실은 $V_{CE} \times I_C$('컬렉터−이미터 사이의 전압×컬렉터 전류'를 컬렉터손실이라 한다.)의 상한으로 P_C로 표시한다.

실제로 트랜지스터를 선택할 경우, 안전계수를 감안하여 트랜지스터에 걸리는 전압, 흐르는 전류의 2~3배 정도의 최대 정격의 것을 설정하는 것이 좋다. 예를 들어, 표 2.3의 트랜지스터라면 그림 2.17의 회로의 24[V], 0.8[A]에 대하여 최대 정격이 대부분 만족하지만, 약간의 주의가 필요한 부분이 있다. 다름 아닌 베이스 전류이다. 컬렉터에 흐르는 전류의 최대값이 0.8[A]라면, 베이스 전류는 그것의 $1/\beta$, 즉 2SD235의 전류 증폭률 β를 40이라 하면 20[mA] 이상 흘릴 능력이 없으면 곤란하다. 이 경우도 2배 이상의 여유가 필요하므로, 40[mA] 정도의 베이스 전류가 필요하다. 따라서 필요에 따라 또 다른 1단의 트랜지스터로 증폭을 하든지, 아니면 그림 2.18과 같은 트랜지스터를 달링턴(darlington)으로 접속하여 사용한다. 이 경우 각 트랜지스터의 전류 증폭률을 β_1, β_2라고 하면, 전체의 증폭률 β는 $\beta_2 = (\beta_1 + 1) + \beta_1$로 된다. 여기서, 만약 $\beta_1 = 100$, $\beta_2 = 40$이라면 $\beta = 40(100 + 1) + 100 \cong 4{,}000$이 된다. 이 경우의 베이스 전류는 0.2[mA] 정도이므로 좋은 설계라 할 수 있다.

IC 및 PC(퍼스널 컴퓨터)의 출력에 트랜지스터 증폭회로를 접속시켜 솔레노이드 및 스테핑 모터 등을 구동시킬 때 트랜지스터의 선정 방법(특히 전류 증폭률)이 나쁘면, IC 및 PC의 출력은 정확한 신호가 출력시키고 있지만, 베이스 전류가 너무 작기 때문에 구동이 되지 않는 경우가 많다.

또 전류 증폭률이 너무 작으면, 솔레노이드 및 모터에 정격의 부하전류가 흐르지 않아 구동되지 않는 경우도 있다.

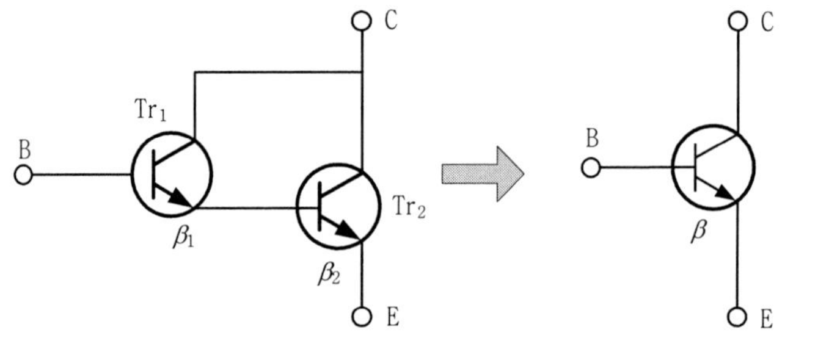

$$\beta = \beta_2(\beta_1 + 1) + \beta_1$$

그림 2.18 달링턴 접속

2.1.7 Op앰프

Op앰프(operation amplifer)란 아날로그 IC의 중심이 되는 **증폭기**이다. 과거에는 진공관을 사용한 Op앰프가 만들어졌지만, 현재에는 트랜지스터 및 FET(field-effect transistor ; 전계효과 트랜지스터)를 IC화하여 만들어지고 있다. Op앰프는 트랜지스터에 비하여 증폭도, 입력 임피던스가 상당히 크고 출력 임피던스가 작은 특징을 가지고 있다. 그리고 회로 설계도 매우 간단하여 초심자라도 증폭도를 간단히 설계할 수 있다.

(1) Op앰프의 특징

Op앰프란 증폭도와 입력 임피던스가 무한대(∞)이며, 출력임피던스가 매우 작은 증폭기를 말한다. 이것은 직류에서 고주파까지 넓은 주파수 범위에서 사용할 수 있으며, 직선성과 게인(gain)에 있어서도 높은 정도를 얻을 수 있다. 따라서, 메카트로닉스의 제어, 계측기, 통신기기 등의 주요 회로로 많이 사용되고 있다. 그림 2.19는 Op앰프의 기호 및 IC의 상면도를 나타낸다.

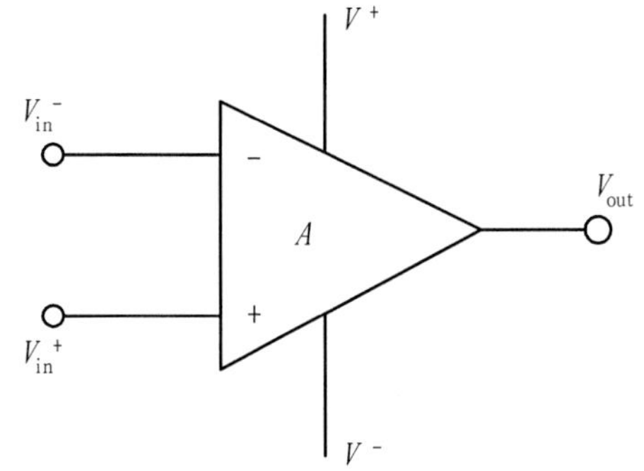

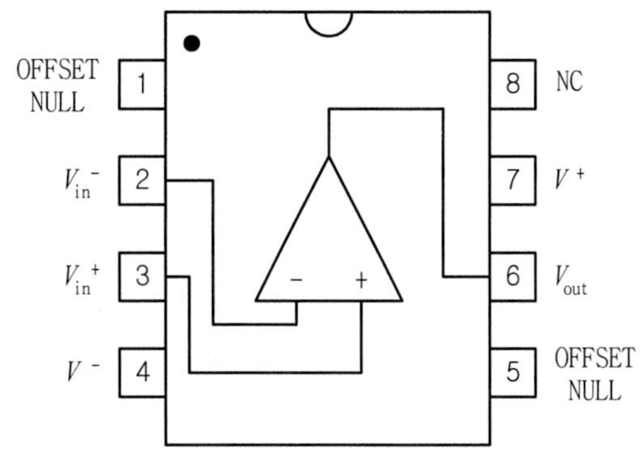

그림 2.19 Op앰프의 기호 및 IC의 상면도

Op앰프는 (−)입력단자와 (+)입력단자의 전위차가 0[V]이라는 특징이 있다. 그리고 입력 임피던스는 ∞이므로 (−)입력단자에서 (+)입력단자 또는 (+)입력단자에서 (−)단자 어느 쪽에도 전류는 흐르지 않는다. 이상적인 Op앰프의 기본 동작을 고려할 때, 다음과 같은 특징을 정리할 수 있다.

- 전압 정리 : Op앰프의 두 입력단자의 전압은 같다.
- 전류 정리 : Op앰프의 두 입력단자의 전류가 흐르지 않다.

(2) Op앰프를 이용한 기본 회로

① 반전 증폭기

그림 2.20은 기본적인 **반전 증폭기**회로이다. 여기서 입력저항 R_i와 피드백 저항 R_f가 동등하다고 가정하면, 증폭도는 1이다. 그러나 입력단자에 입력된 입력파형과 출력단자의 출력파형은 부호가 서로 반대가 된다.

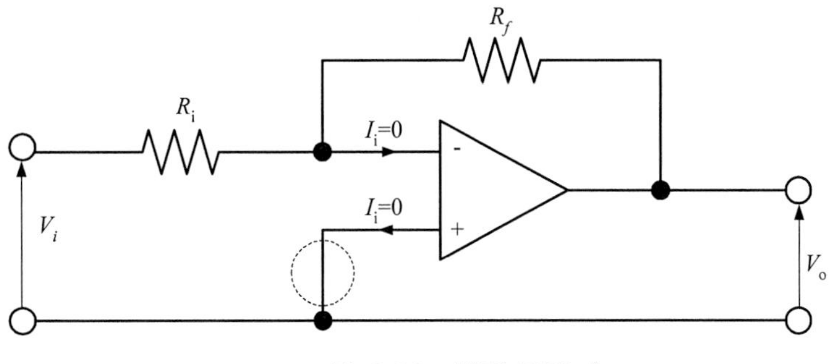

그림 2.20 반전 증폭기

즉, $R_i = R_f$ 이면 출력전압 V_o는

$$V_o = -V_i \tag{2.1}$$

가 된다. 일반적으로, 반전 증폭기 회로는 입력저항 R_i와 피드백 저항 R_f의 관계가 $R_i \ll R_f$로 되는 것이 많다. 따라서 $R_i \ll R_f$이면 출력전압 V_o는

$$V_o = -\frac{R_f}{R_i} V_i \tag{2.2}$$

의 관계가 성립된다. 그리고 회로를 설계할 때는 보통 그림 2.20의 점선원 부분에 $(R_i \cdot R_f)/(R_i + R_f)$의 값 R_i와 R_f의 병렬합성저항의 값과 동등한 값의 저항을 접속한다. 이것은 출력 오프셋(offset)전압을 작게 하는 효과가 있다.

반전 증폭기의 구체적인 예를 들어보자 $R_f = 10[\mathrm{k\Omega}]$, $R_i = 1[\mathrm{k\Omega}]$이라고 하면 출력전압 V_o는 다음과 같다.

$$V_o = -\frac{10[\mathrm{k\Omega}]}{1[\mathrm{k\Omega}]} V_i = -10V_i \tag{2.3}$$

출력전압은 입력전압의 10배의 값으로, 부호가 변환(반전)되어 있는 것을 알 수 있다.

② 비반전 증폭기

그림 2.21은 기본적인 **비반전 증폭기**이다. 반전 증폭기일 때는 반전 입력단자(−입력단자)에 입력전압을 가하였지만, 비반전 증폭기는 비반전 입력단자(+입력단자)에 입력전압을 가한다. 이 때문에, 출력파형은 입력파형에 대하여 반전하지 않는다. 여기서, 입·출력 관계는 다음 식과 같다.

$$V_o = \frac{R_i + R_f}{R_i} V_i \tag{2.4}$$

실제로, 저항과 입력전압에 구체적인 수치를 넣어서 출력전압을 구해보자. 입력전압 $V_i = 1[\mathrm{V}]$, 입력저항 $R_i = 1[\mathrm{k\Omega}]$, 피드백저항 $R_f = 1[\mathrm{k\Omega}]$로 설정하고 계산해 보면, 다음과 같다.

$$V_o = \frac{1+1}{1} V_i = 2V_i$$

즉, 입력전압의 2배의 증폭파형이 출력된다. 비반전 증폭기는 발진회로로는 사용되지만, 실제로 증폭회로로는 별로 사용되지 않는다.

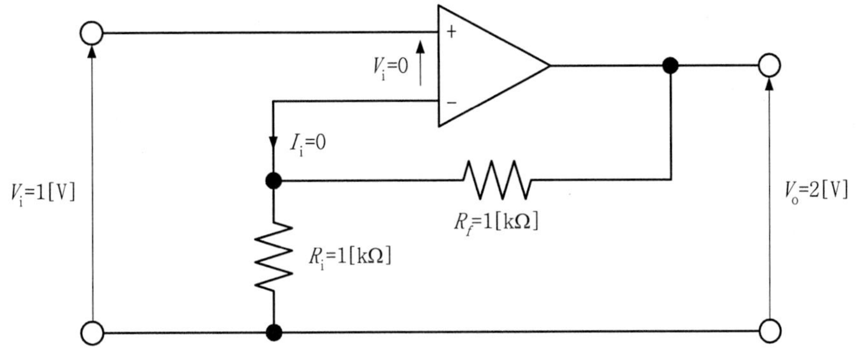

그림 2.21 비반전 증폭기

③ 가산기

기본적인 **가산기 회로**를 그림 2.22에 나타낸다. 실제로, 가산기에는 **반전 증폭형 가산기**와 **비반전 증폭형 가산기**의 2종류가 있다. 그림 2.22는 반전 증폭형 가산기이다. 비반전 증폭형 가산기는 별로 사용하지 않기 때문에 반전 증폭형 가산기만을 사용한다.

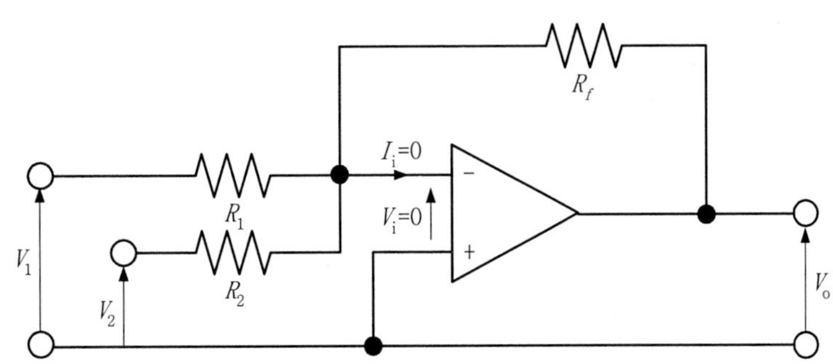

그림 2.22 가산기

그림 2.22는 반전 증폭형 가산기이므로 입력신호를 반전 입력단자(−입력단자)에 입력시킨다. 그림에서 입력저항 R_1, R_2와 피드백저항 R_f의 관계는 $R_1 = R_2 = R_f$ 이며 증폭도는 1인 반전 가산기가 된다. 이 때, 출력전압 V_o은 다음과 같다.

$$V_o = -(V_1 + V_2) \tag{2.5}$$

④ 감산기

그림 2.23은 Op앰프를 사용한 기본적인 **감산기**이다. 감산기는 반전 입력단자(−)와 비반전 입력단자(+)의 2개의 입력단자에 각각 다른 입력전압을 가하여 전압의 차를 출력전압으로 얻는 회로이다. 여기서, 출력전압 V_o는 다음 식과 같다.

$$V_o = V_2 - V_1 \tag{2.6}$$

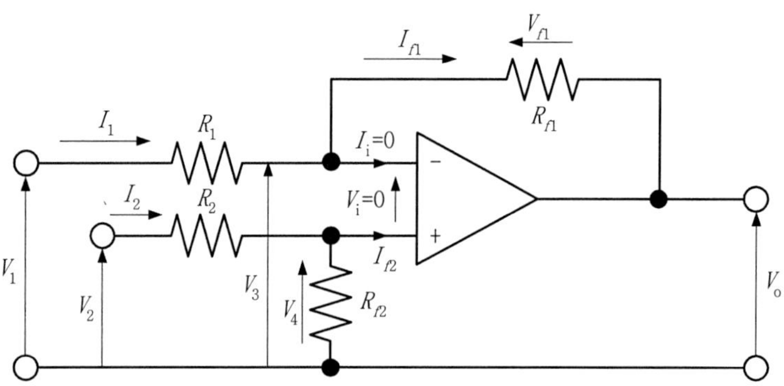

그림 2.23 감산기

⑤ 적분기

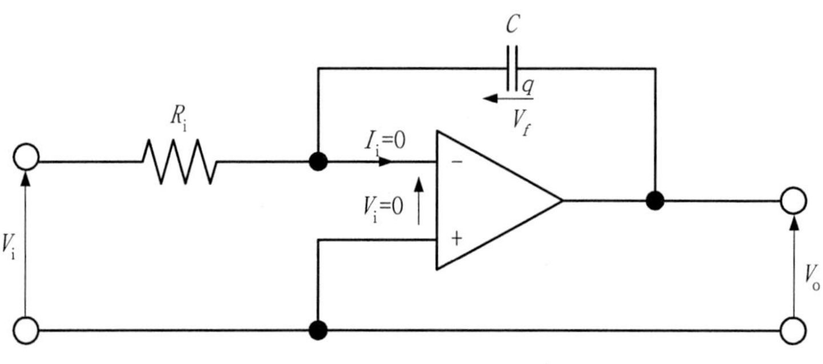

그림 2.24 적분기

적분기는 입력전압을 적분한 값을 출력한다. 그림 2.24의 회로가 기본적인 **적분기 회로**이다. 앞의 반전 증폭기의 회로에 피드백저항 R_f를 캐패시터로 바꾸게 되면 적분기 회로가 된다. 그림 2.24의 적분기의 출력은 적분한 값이 반전되어 출력된다. 즉,

$$V_o = -\frac{1}{CR_i}\int V_i\,dt \tag{2.7}$$

가 된다. 여기서, $C=10[\mu F]$, $R_i=100[k\Omega]$로 하면 다음 식과 같다.

$$V_o = -\int V_i\,dt \tag{2.8}$$

⑥ 미분기

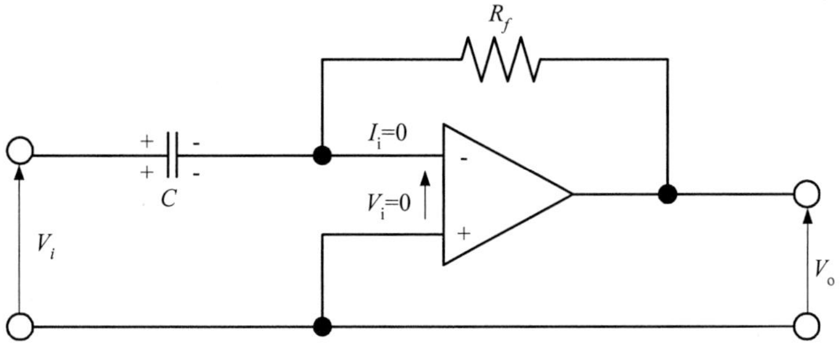

그림 2.25 미분기

미분기는 입력전압을 미분한 값을 출력한다. 그림 2.25의 회로가 기본적인 **미분기 회로**이다. 미분기 회로도 적분기 회로와 같이 앞의 반전 증폭기 회로에서 적분기 피드백 저항기를 캐패시터로 바꾼 것이며, 미분기는 피드백저항기를 그대로 두고 입력 저항만 캐패시터로 바꿔놓은 것이다. V_o의 출력전압은 입력전압 V_i를 미분하는 동시에 반전도 한다.

$$V_o = -CR_f\frac{dV_i}{dt} \tag{2.9}$$

(3) 노이즈 및 입·출력 보호회로

Op앰프의 전원전압 V_{CC}에 노이즈가 입력되면, Op앰프 출력에 노이즈의 영향이 나타난다. 이것의 대책으로서 그림 2.26과 같이 Op앰프의 입력전원에 저항과 캐패시터를 접속하는 방법이 있다. 그리고 고주파 노이즈는 회로의 발진원인이 되므로 확실하게 제거해야 한다. 이를 위해서는 R_f에 캐패시터 C를 접속하고, 회로 속에 **로패스필터**(low pass filter)를 형성시킨다. 이 필터의 **컷오프주파수** f_c는 다음 식과 같다.

$$f_c = \frac{1}{2\pi CR_f} \tag{2.10}$$

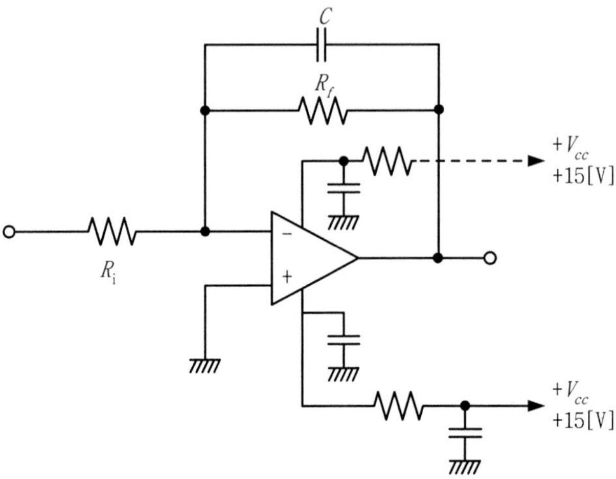

그림 2.26 노이즈 대책

Op앰프의 입력에는 차동입력전압이 정격값을 넘을 위험성이 있는 경우에 보호 회로를 설치해야 하며, 그림 2.27(a)와 같이 2개의 다이오드를 역병렬로 삽입한다. 또한 정격값 한도까지 차동입력진폭이 필요한 경우는 그림(b)와 같이 2개의 다이오드를 역병렬로 삽입한다.

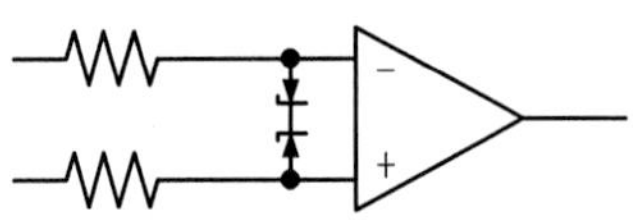

(a) 제너 다이오드에 의한 보호

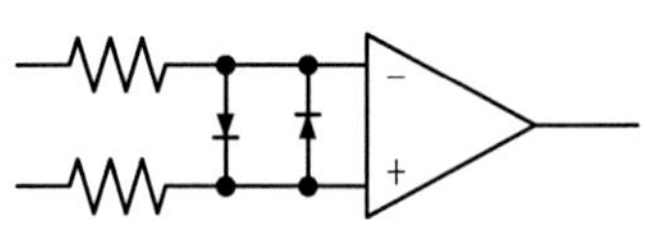

(b) 다이오드에 의한 보호

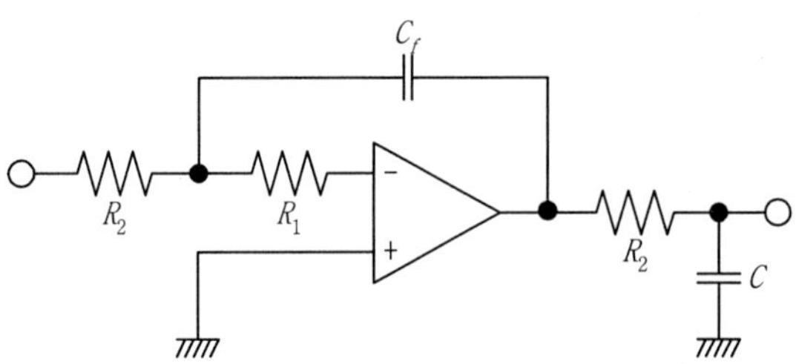

(c) 입·출력회로에 콘덴서가 접속되어 있는 경우의 보호

그림 2.27 입·출력 보호회로

그림 2.27(c)는 캐패시터 C_f가 접속되어 있는 경우 정상적인 동작일 때는 전류가 흘러들지 않지만, 전원을 OFF로 하면 캐패시터에 충전되어 있던 전하가 Op앰프의 입력단자를 통하여 방전하는 경우가 있다. 따라서 이 방전전류를 제한하기 위해 저항 R_1을 접속해 놓을 필요가

있다. 마찬가지로, 출력단자에 용량성 부하를 접속할 경우는 반드시 제한저항 R_2를 삽입하는 일이 중요하다. 만일, 이 저항이 없으면 Op앰프의 출력측이 급격히 변화했을 때, 출력단자가 단락한 상태가 되어 Op앰프의 파괴원인이 되기도 한다.

2.1.8 포토커플러와 포토인터럽터

포토커플러(photo coupler)은 그림 2.28와 같이 **발광소자**(LED)와 **수광소자**(포토트랜지스터)가 하나의 칩 속에 내장되어 있다. 그림 2.29과 같이 기계를 제어하는 **인터페이스**(interface) **회로**에 많이 사용되고 있다. 인터페이스의 출력 구동부가 큰 전류스위칭에 의해 입력측의 PC 제어회로에 악영향이 전달되지 않게 하기 위하여 많이 사용되고 있다. 즉, 포토커플러는 입력 전기신호를 LED에 의해 빛으로 변환하여, 이 빛을 **포토트랜지스터**가 받아서 전기신호로 변환하여 출력하는 것이다. 입·출력 사이의 전기적인 절연이 완전해진다. 포토커플러를 사용할 때 주의할 점은 다음과 같다.

- 최대정격을 넘지 않도록 한다.
- 변환효율 $= \dfrac{\text{출력전류 } I_C \text{ (포토트랜지스터에 흐르는 전류)}}{\text{입력전류 } I_F \text{ (}LED\text{에 흐르는 전류)}}$

예를 들면, 변환효율이 20%, $I_F = 10$[mA]이라면 포토트랜지스터의 I_C에 흐르는 전류는 2[mA]까지만 흐를 수 있다. 따라서 이 출력 전류로 트랜지스터 증폭회로를 동작시키려고 하면 전류가 부족하여 완전한 동작이 되지 않은 경우가 있으므로, 회로설계 때 주의할 필요가 있다.

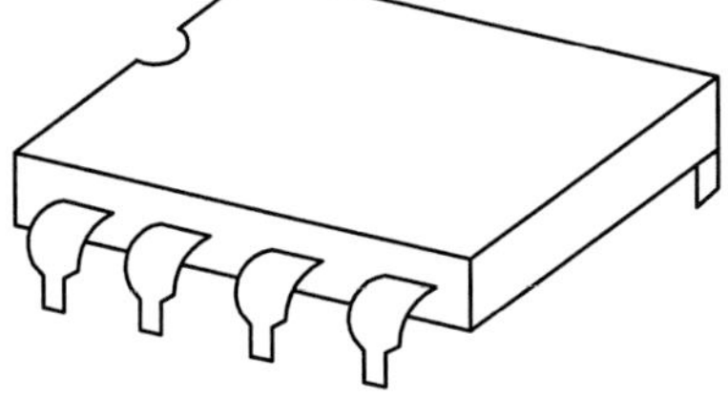

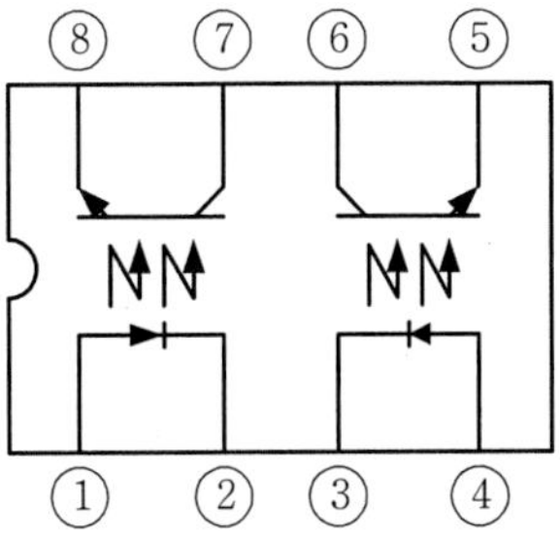

그림 2.28 포토커플러

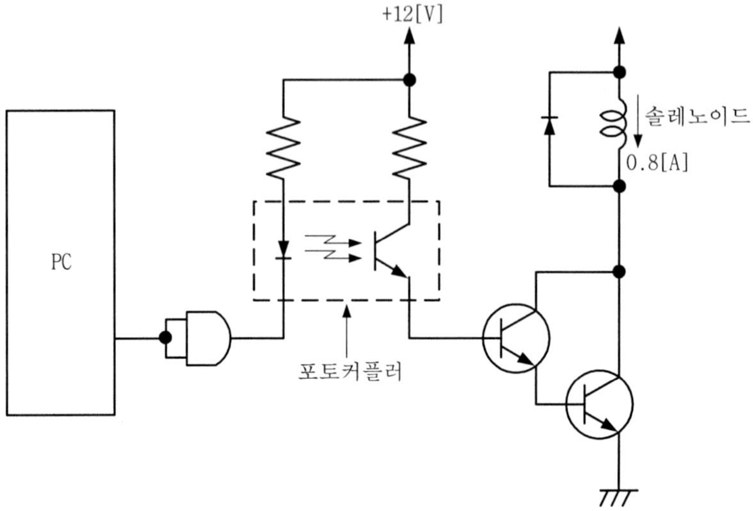

그림 2.29 포토커플러의 사용회로 예

포토인터럽터(photo interrupter)의 원리는 포토커플러와 동일하지만, 발광부와 수광부가 그림 2.30의 외형과 같이 발광부와 수광부 사이에 공간이 있다. 따라서 이 공간에 장애물이 있으면, 수광소자는 OFF상태로 되는 것이다. 이와 같이, 기계적인 장애물이 그 사이에 들어가게 되면, 발광소자에서 나오는 빛을 막게 되어 수광소자가 빛을 받지 못하여 OFF상태가 된다. 이것은, 위치검출 및 회전수의 검출 또는 프린터 등의 타이밍 검출에 많이 사용된다. 사용할 때 주의할 점은 포토커플러와 동일하지만, 빛을 외부로 내기 때문에 변환효율이 상당히 낮아 약 5% 정도라는 것이다.

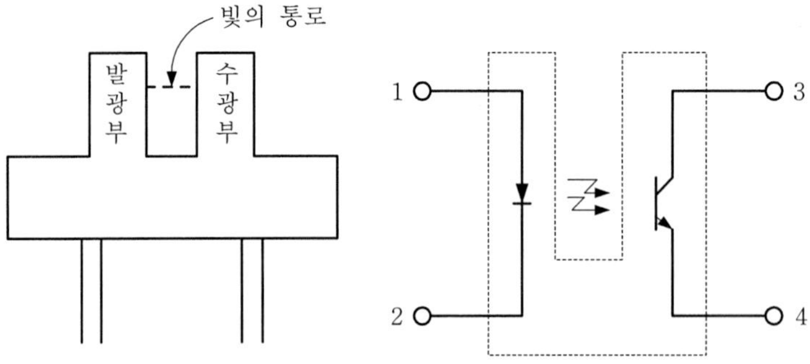

그림 2.30 포토인터럽터

그림 2.31은 포토인터렙터의 간단한 사용예이다. PS 4001의 발광부의 최대정격은 50[mA], 변환효율은 5%이다. 여기서, IC(TTL)를 구동하기 위해서는 약 1.6[mA]가 필요하기 때문에

$$I_F = \frac{I_C}{0.05} = \frac{1.6}{0.05} = 32[\text{mA}]$$

가 된다. 이것은 규격의 최대정격 50[mA] 이하이며, 이 전류를 흘리는 데 필요한 저항은 약 110[Ω]이다. 회로도에서 장애물이 발광부와 수광부 사이에 존재하게 되면, 빛을 차단하여 포토트랜지스터는 OFF상태가 되어 출력단자는 "H" 또는 "1"이 된다. 반대로, 장애물이 없으면 포토트랜지스터는 ON이 되어 출력단자는 "L", "0"가 된다.

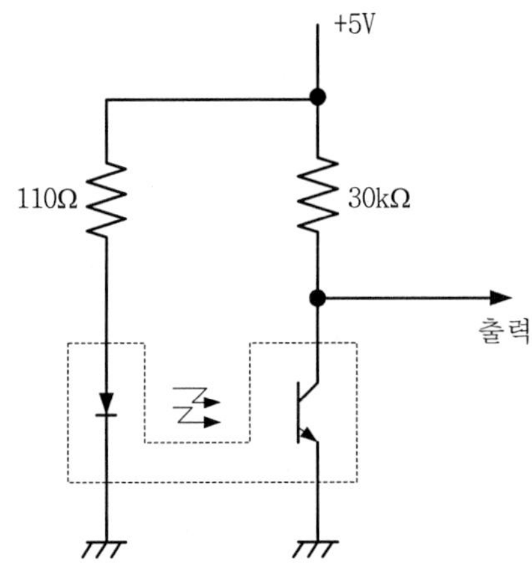

그림 2.31 포토인터럽터의 사용회로 예

2.2 디지털회로

2.2.1 아날로그와 디지털

전자회로에서 많이 사용하는 신호로, 아날로그(analog)신호와 디지털(digital)신호가 있다. 아날로그신호에 의해 동작하는 전자회로를 **아날로그회로**, 디지털신호에 의해 동작하면 **디지털회로**라 한다. 최근에는, 일상생활에서도 아날로그와 디지털이란 말이 자주 사용된다. 아날로그 시계, 디지털 시계라는 것이 좋은 예이다. 아날로그시계는 연속적인 상태량으로서의 시간적인 변화를 나타내며, 디지털식 시계는 시간을 이산적으로 나타낸다. 아날로그의 어원은 analogous(유사한), 디지털의 어원은 digit(손가락)에서 유래되었다고 전해진다.

퍼스널 컴퓨터(PC)는 디지털회로로 구성되어 있다. 따라서 PC에는 디지털형의 데이터만이 입력가능하다. 그러나 실제 자연계에서는 아날로그형의 데이터(길이, 무게, 각도, 온도 등)가 대부분이며, 이러한 데이터를 PC로 처리하기 위해서는 아날로그에서 디지털로 변환(A/D)하고, 디지털에서 아날로그 변환(D/A)해야 한다.

디지털 데이터는 전압이 '높다 (1), (H)' 또는 '낮다 (0), (L)'로 나타나며, 여기서 (1)은 스위치의 ON에 해당하며 (0)는 OFF에 해당한다. "0"과 "1"로 나타내는 2진 신호로, 최소단위를 비트(bit)라 한다.

2.2.2 기본논리 연산과 회로

(1) OR회로

그림 2.32(a)와 같이 2개의 스위치가 병렬로 되어 있을 때, 램프 C가 점등되기 위해서는 A, B 스위치중 어느 하나만 ON 상태가 되면 된다. 이와 같이 스위치 A, B중 어느 하나, 또는 전부가 ON이 되어 출력 C가 얻어지는 회로를 **OR회로**라고 하며, OR회로의 진리표 및 기호는 그림 2.32의 (b), (c)에 나타낸 바와 같다. OR회로의 논리식 A+B=C를 **논리덧셈**(logical sum)이라 한다. 그림 2.33은 무접점 OR회로이며, 다이오드를 이용하고 있다.

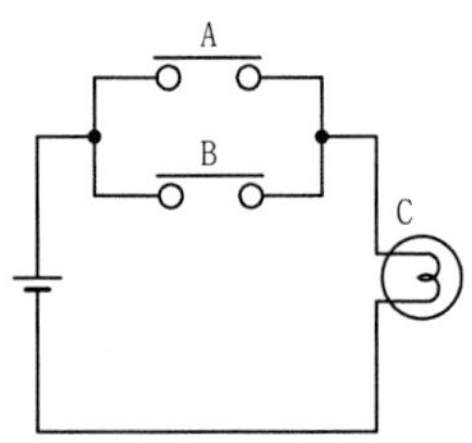

(a) 접점회로의 예

입력		출력
A	B	A+B=C
0	0	0
0	1	1
1	0	1
1	1	1

(b) 진리표

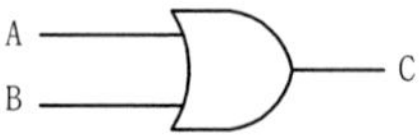

(c) 기호

그림 2.32 OR회로

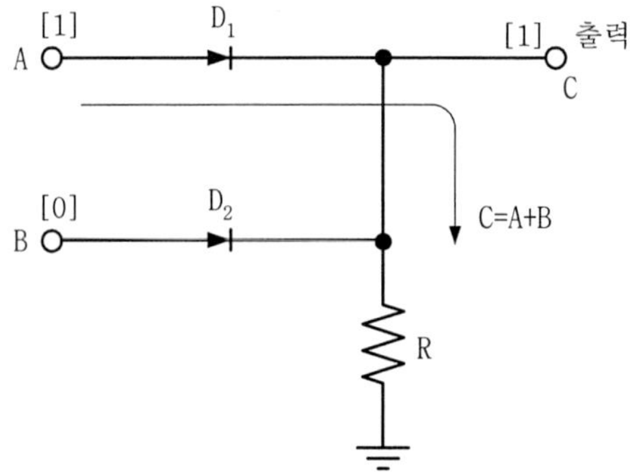

그림 2.33 무접점 OR회로

(2) AND회로

그림 2.34(a)와 같이 2개의 스위치가 직렬로 연결되어 있을 때, 램프 C가 점등되기 위해서는 A, B 스위치가 모두 ON이 되어야 한다. 이와 같은 회로를 AND회로라 하며, 스위치 A, B의 개폐에 따라 변수가 갖는 값이 결정되는데, 이것을 표로 만든 것을 진리표라 한다. 스위치가 ON일 경우 1, OFF일 경우를 0으로 생각하면, AND회로의 진리표는 (b)와 같이 된다. AND회로의 기호는 (c)와 같다. A·B=C를 **논리곱셈**(logical product)이라 하며, 이와 같은 식을 **논리식**(logical formula)이라 한다. 그림 2.35는 무접점 AND회로이며, 반도체소자 다이오드를 이용하고 있다.

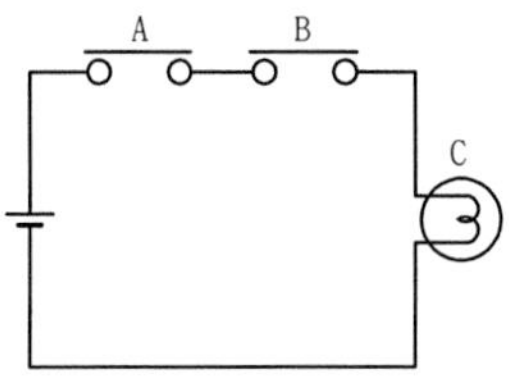

(a) AND회로

입력		출력
A	B	A·B=C
0	0	0
0	1	0
1	0	0
1	1	1

(b) 진리표

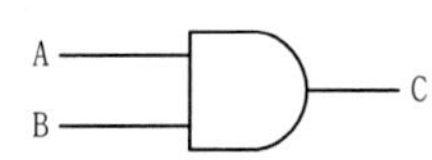

(c) 기호

그림 2.34 AND회로

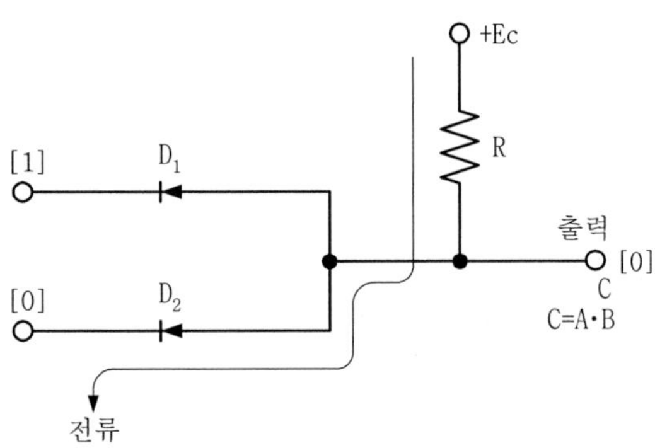

그림 2.35 무접점 AND회로

(3) NOT회로

그림 2.36(a)와 같이 스위치가 A가 ON이 되면 전자석이 동작하여 램프 C에 흐르던 전류가 끊어지며, A가 OFF되면 전자석 위에 있는 스위치 S가 복귀하며 램프 C가 점등한다. 이것은, 입력스위치 A에 대하여 출력램프 C가 부정되므로 NOT회로라 하며, **인버터**(inverter)라 부르기도 한다. 논리식은 $\bar{A}$=C가 되며, $\bar{A}$(A bar)라고 부른다. A문자 위에 "–"표시는 A라는 조건을 부정하는 의미로 논리부정의 기호이다. 그림 2.37은 NOT무접점회로이며, 트랜지스터를 이용하고 있다.

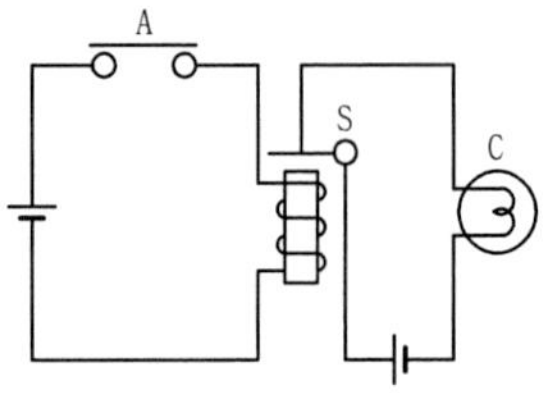

(a) NOT회로

입력	출력
A	$\overline{A}$=C
0	1
1	0

(b) 진리표

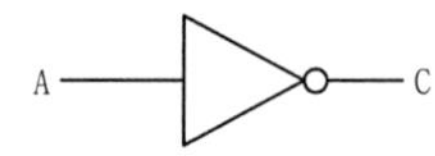

(c) 기호

그림 2.36 NOT회로

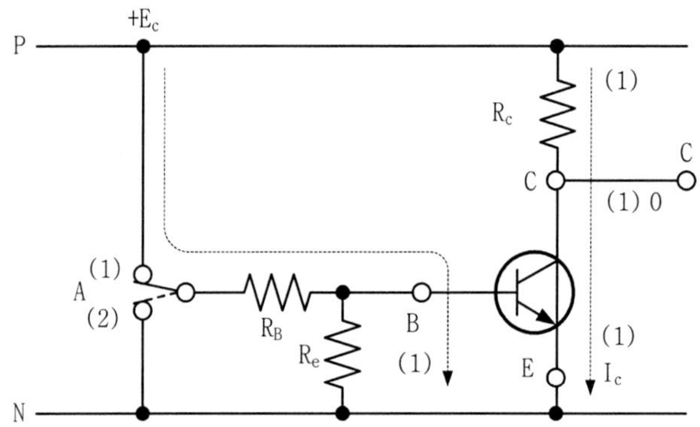

그림 2.37 NOT 무접점 회로

(3) NAND회로

NAND회로는 AND회로와 NOT회로를 조합한 회로이며, NOT+AND=NAND와 같이 생각할 수 있다. 즉, AND회로를 부정한다는 의미를 지니고 있다. 논리식은 $C=\overline{A \cdot B}$가 된다.

(4) NOR회로

NOR회로는 OR회로에 NOT회로를 조합한 회로이며, NOT+OR=NOR와 같이 생각할 수 있다. 즉, OR회로를 부정한다는 의미를 지니고 있으며, 논리식은 $C=\overline{A+B}$가 된다. 그림 2.38는 NAND회로의 기호 및 NOR회로의 기호 및 진리표이다.

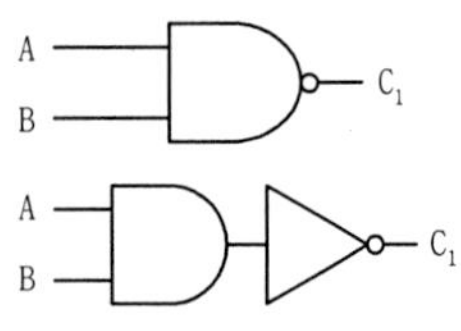

(a) NAND의 회로

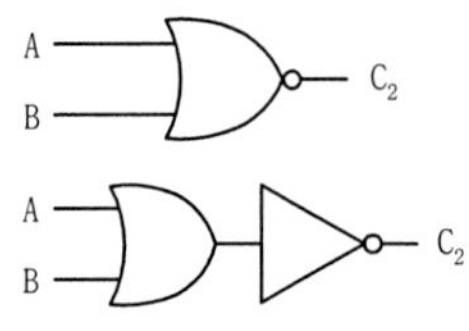

(b) NOR의 회로

입력		출력	
A	B	$\overline{(A \cdot B)} = C_1$	$\overline{(A+B)} = C_2$
0	0	1	1
0	1	1	0
1	0	1	0
1	1	0	0

(c) 진리표

그림 2.38 NAND 및 NOR회로

2.2.3 디지털 IC

기본 논리회로 및 이것을 이용한 응용회로는 이전까지는 릴레이, 다이오드, 트랜지스터를 사용하여 구성하였지만, 최근에는 대부분 **집적회로**(IC : integrated circuit)로 개발되어 가격도 싸며 종류도 다양하다.

(1) 디지털 IC의 종류

디지털 IC는 크게 나누면 다음과 같다.

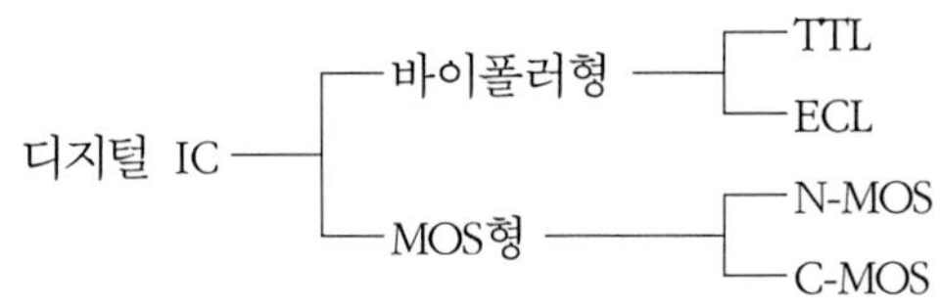

- 소규모 집적회로(SSI, small scale integrated circuit) : 회로 소자수가 약 100 이하
- 중규모 집적회로(MSI, mediam scale integrated circuit) : 회로 소자수가 약 100~1000
- 대규모 집적회로(LSI, large scale integrated circuit) : 회로 소자수가 약 1000 이상

바이폴러(bipolar)형은 일반적인 트랜지스터에 의한 IC이며, MOS(mental oxide semi-conductor)형은 전계효과 트랜지스터(FET)에 의한 IC이다. TTL(transistor transistor logic)은 대표적인 디지털 IC이며, 현재 약 300종 이상이 시판되고 있다. 이것은 동작은 고속이만 대규모 집적화는 어렵기 때문에, SSI 및 MSI용으로 사용된다. ECL(emitter coupled logic)은 트랜지스터의 이미터를 공통으로 접속한 방식으로 TTL보다 한층 더 고속으로 동작할 수 있기 때문에, 고속분리를 필요로 하는 대형컴퓨터용으로 많이 사용되고 있다. N-MOS(N-Channel MOS)는 비교적 LSI화가 쉽기 때문에 메모리 및 마이크로프로세서용으로 사용되며, C-MOS (Complementary MOS)는 소비전력이 적다는 특징이 있어 종래에는 시계용 및 전자계산기용으로 많이 사용되었지만, 최근에는 그 종류도 100여종을 넘을 정도이며 여러 분야에서 많이 사용되고 있다. TTL IC는 미국의 TI사가 최초로 개발하였으며, 지금은 다른 회사에서도 생산·판매하고 있다. TI사에서 생산하는 것은 SN74시리즈라고 부르고 내부회로 S형, H형, 표준형, LS형, L형으로 구분되며, 이 순서로 처리속도가 빠르지만 소비 전력은 크다. 이러한 것을 구별하기 위해 다음과 같은 형 번호가 붙는다.

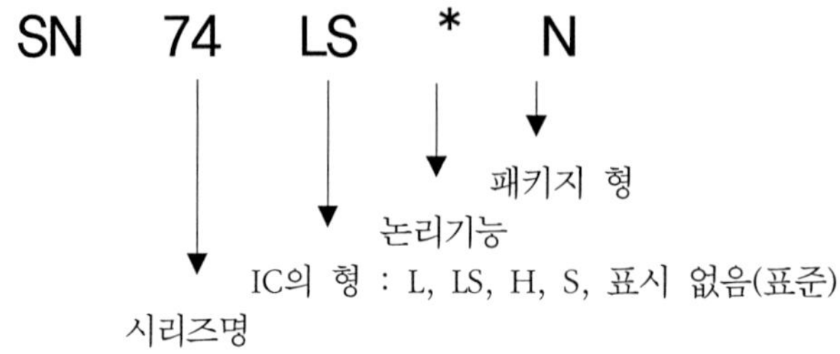

이 중에서 일반적으로 사용되고 있는 것은, 표준형과 소비전력이 적은 LS형이다. 디지털 IC는 여러 가지의 패키지에 내장되어 있지만, 보통은 DIP(dual inline package)형의 것이 사용되고 있으며 16, 20, 24핀도 있다.

그리고 각 핀은 그림(b)와 같이 핀 번호가 붙어 있다. 즉, 표시홈을 좌측방향으로 놓고 밑 부분의 좌측핀에 1, 2, … 번호를 붙인다. 우측끝단에 오면 윗부분으로 옮겨 좌측방향으로 번호가 붙는다. 즉, 시계의 반대 방향으로 번호가 붙는다고 생각하면 된다.

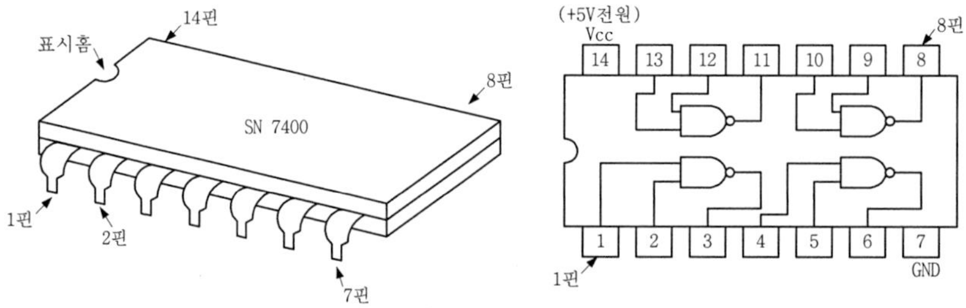

(a) IC의 형상 (b) IC의 내부

그림 2.39 표준 IC의 외형

(2) TTL IC의 사용방법

간단한 2입력 NAND용 IC 7400을 사용하여 설명한다. 그림 2.39(b)와 같이 IC 속에는 2입력 NAND회로가 4개 내장되어 있다. 이것을 가지고 그림 2.40과 같은 파형 정형회로를 만들기 위해, 그림 2.41과 같이 배선을 해야 한다.

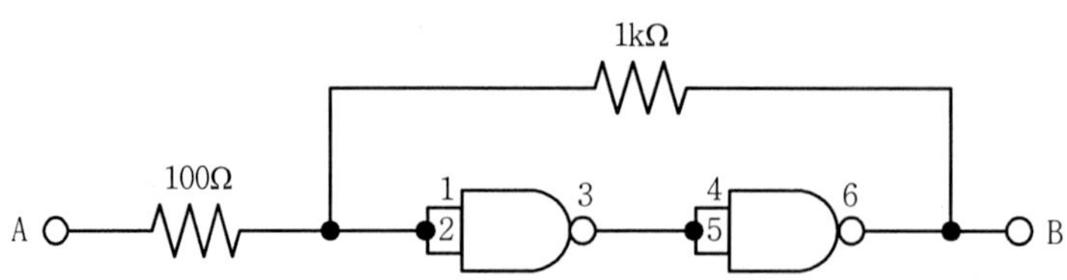

그림 2.40 논리회로(파형 정형회로)

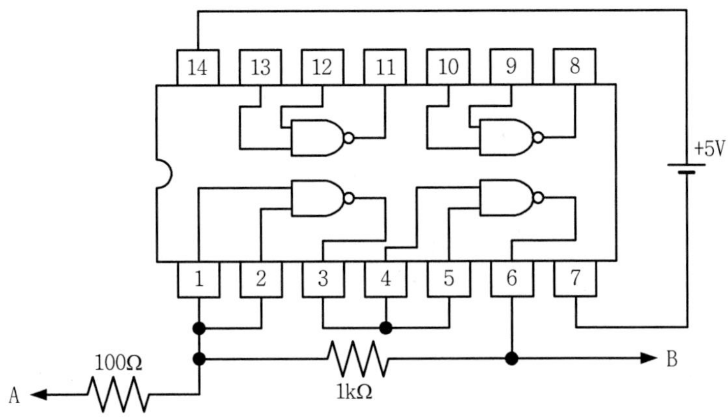

그림 2.41 실제 배선도

TTL IC를 사용할 때, 다음과 같은 상황에 주의해야 한다.

- IC의 핀번호가 틀림이 없도록 한다. 꼭 표시홈을 확인한다. IC를 프린터기판에 배치할 경우 사용하는 IC를 전부 같은 방향으로 한다.
- 전원의 배선은 굵은 선(규격품)을 사용하여 전류가 잘 흐르도록 한다.
- 사용하지 않는 입력핀은 오픈하여 두면 "1"과 같은 동작을 하지만, 노이즈 등이 입력되기 쉬우니 가능하면 +5[V]에 저항을 첨가하여 연결해 둔다.

OR 및 NOR는 불필요한 입력핀을 "0"으로 하지 않으면 동작이 되지 않는다.

(3) 정논리와 부논리

논리연산에서는 0, 1의 수를 사용하지만, 실제의 논리회로에서는 전압이 높다(H), 낮다(L)로 대응된다. 따라서 전압이 높은 것을 1, 낮은 것을 0으로 대응시키는 것을 **정논리**라 한다. 역으로 전압이 높은 것을 0, 낮은 것을 1로 대응시키는 것을 **부논리**라 한다. 예를 들어, 그림 2.42(a)와 같이 회로의 발광 다이오드(LED)를 점등시키려면 NOT회로의 출력이 L레벨일 때 점등이 된다. L레벨일 때 신호의 의미가 있으며, 이것은 부논리이다. (b)는 NOT 회로의 출력이 H레벨일 때 LED가 점등하므로 정논리이다. TTL IC 등은 출력전류가 작아 LED를 점등시킬 수 없다. 그래서 실제 회로에는 사용되지 않는다.

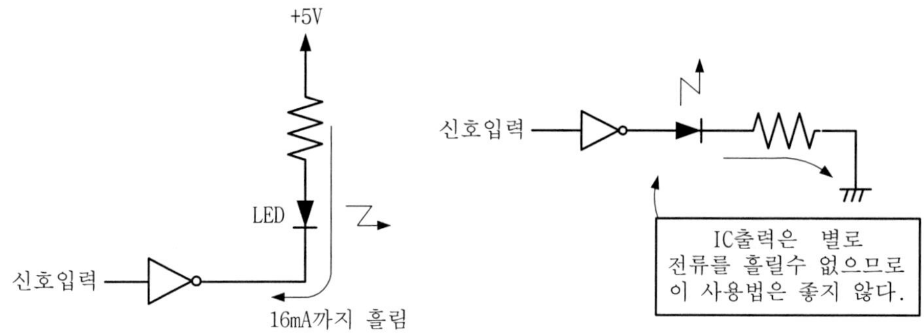

(a) 부논리 (b) 정논리

그림 2.42 정논리와 부논리

(4) 논리회로기호

논리회로기호로는 현재 MIL(미국 군 규격)이 많이 사용되고 있다. 그림 2.43은 MIL기호를 나타낸다. 논리회로가 정논리의 H레벨일 때 동작할 것인지, 부논리의 L레벨일 때 동작을 할 것인지를 구별하고 있으며, 작은 원(o)이 있는 경우는 부논리로 L레벨 신호가 의미를 가지도록 되어 있다.

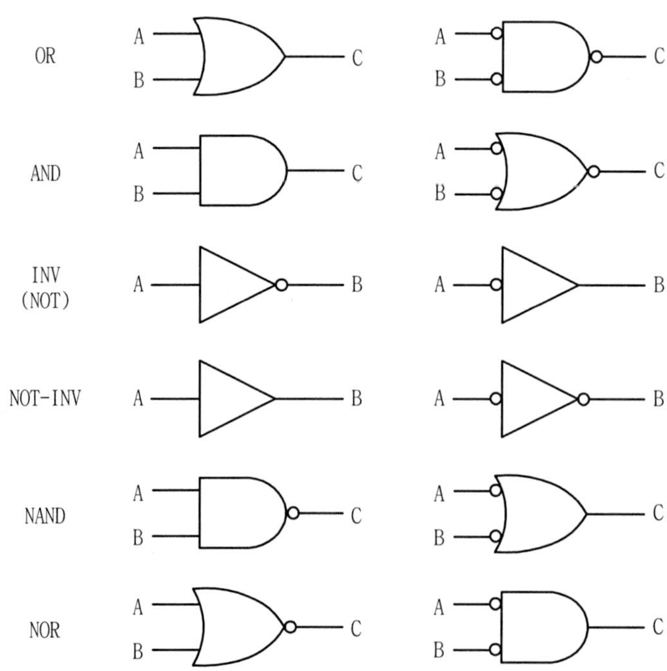

그림 2.43 MIL 기호

따라서 그림 2.42의 회로는 그림 2.44와 같이 변경하지 않으면 안 된다. 이 회로에서 NOT회로 입력이 L레벨일 때, 또는 NOT회로 출력이 H레벨일 때 LED가 점등되는 논리가 이해될 것이다. 부논리의 신호입력 위에 "−"(bar)를 붙여 알아보기 쉽도록 표시한다.

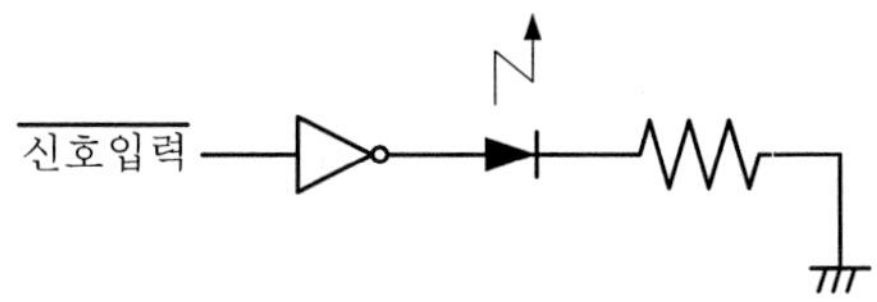

그림 2.44 그림 2.42(b)의 변경 회로

2.2.4 기본 논리회로용 IC

TTL IC로 제작이 쉬운 이유로 AND회로 및 OR회로보다 NAND회로 및 NOR회로가 종류도 많으며 저렴하다. 대표적인 IC로 NAND, NOR, AND, OR, NOT에 관하여 간단하게 설명한다. 그리고 이 IC들을 **게이트**(gate)라고도 한다.

(1) NAND회로

그림 2.45는 NAND회로용 IC를 나타낸다. 이 IC는 일반 IC들 중에서 종류가 가장 많으며, 2입력(7400), 3입력(7410), 4입력(7420), 8입력(7430), 13입력(74S133)의 것들이 있다. 이 NAND회로는 입력신호 전부가 "1"일 때 출력이 "0"이 되는 회로이다. 예를 들어, 그림 2.45

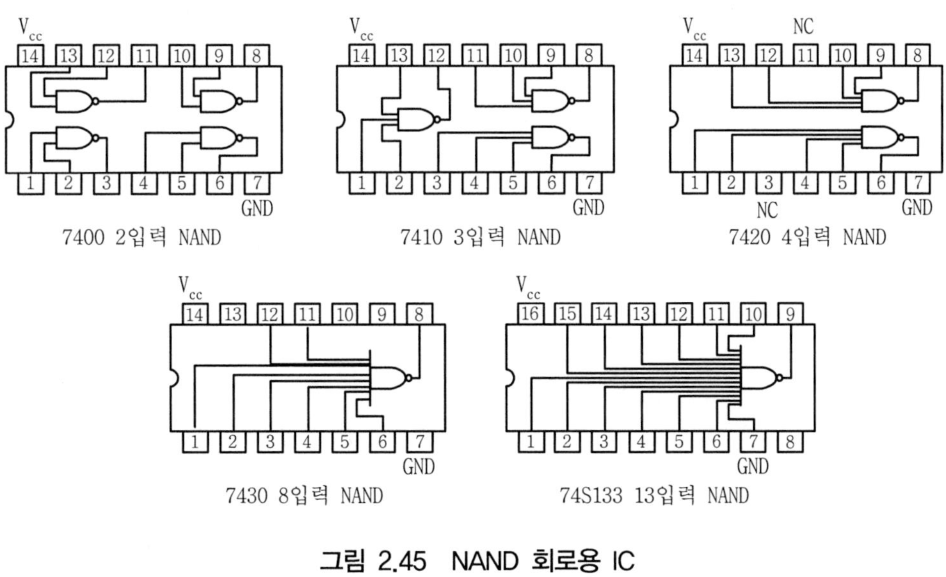

그림 2.45 NAND 회로용 IC

의 회로에서 스위치 A, B, C가 ON 상태가 되면 "0" 입력과 같은 의미가 되고, NAND회로는 입력단자를 전부 공통으로 연결하면 NOT회로 같이 사용할 수 있다. 입력이 필요없는 핀은 +5[V]에 연결하는 것이 좋다. NC의 기호는 No Connection의 약어로 사용하지 않는 편이다.

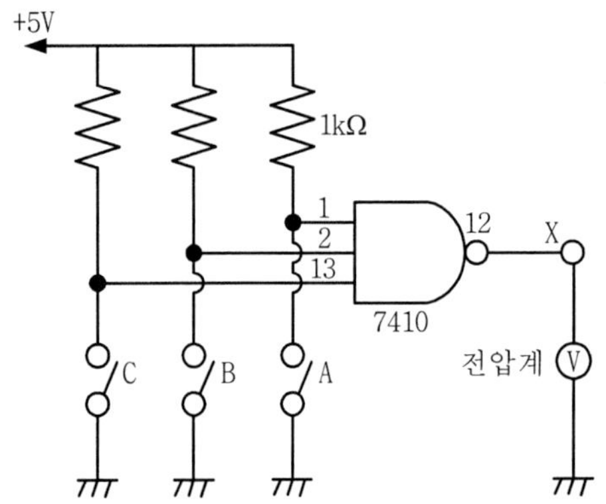

입력			출력
A	B	C	$X = \overline{ABC}$
0	0	0	1
1	0	0	1
0	1	0	1
0	0	1	1
1	1	0	1
1	0	1	1
0	1	1	1
1	1	1	0

그림 2.46 NAND 회로의 동작

(2) NOR회로

NOR회로는 입력신호 중에서 한 쪽이라도 "1"이 있으면 출력을 "0"이 되는 회로이다. 즉, 입력이 전부 "0"일 때 출력이 "1"이 되는 회로이다. NOR회로도 입력을 전부 공통으로 하면 NOT 회로가 된다.

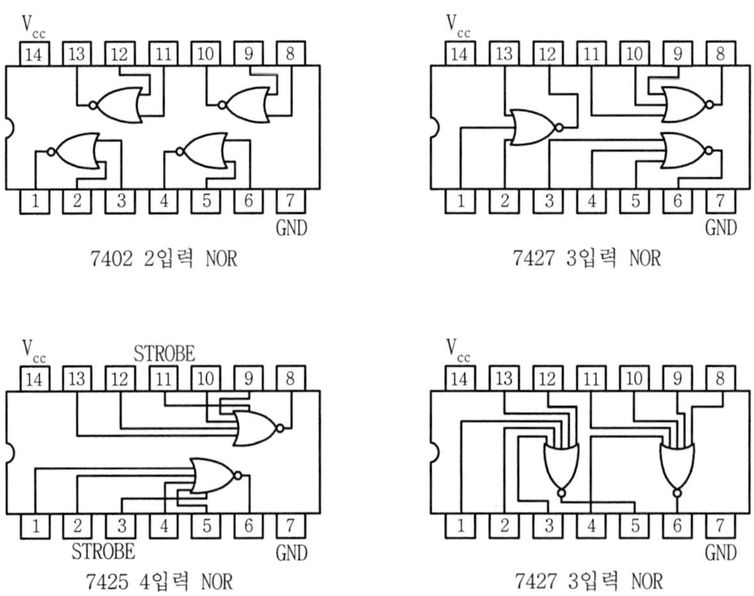

그림 2.47 NOR회로용 IC

그림 2.47은 NOR회로용 IC의 핀 접속을 나타낸다. 2입력(7402), 3입력(7427), 4입력(7425), 5입력(74S260)이 있다. 4입력의 NOR 7456은 스트로보(strobo) 신호(3번 핀, 11번 핀)가 붙어있다. 스트로보핀을 "1"로 하면 4입력 NOR로 동작하지만, "0"으로 하면 출력은 입력에 관계없이 "0"이 된다.

(3) AND회로

AND회로는 입력 전부가 동시에 "1"일 때 출력이 "1"이 되는 회로이다. 그림 2.48은 AND회로용 IC의 핀 접속을 나타낸다. 2입력(7408), 3입력(7411), 4입력(7421)이 있다.

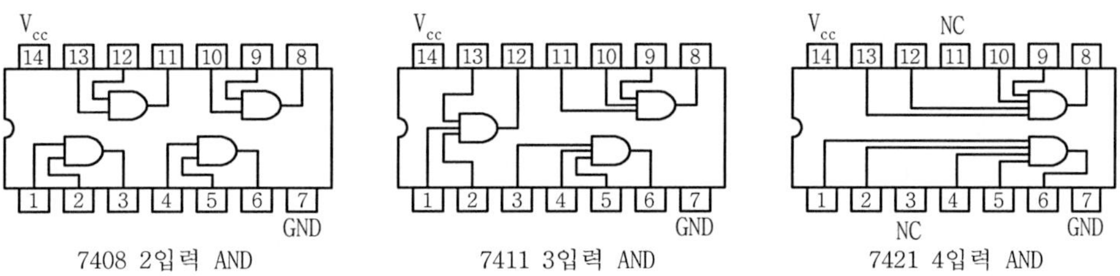

그림 2.48 AND회로용 IC

(4) OR회로

OR회로는 입력중에 하나라도 "1"이 있으면 출력이 "1"이 되는 회로이다. 즉, 입력 전부가 "0"일 때만 출력이 "0"이 된다. 그림 2.49는 OR회로용 IC를 나타낸다. 현재 1종류만 시판되고 있다.

(5) NOT회로

입력의 반전이 이루어지는 회로이다. 즉, 입력이 "1"이면 출력은 "0"이고, 입력이 "0"이면 출력은 "1"이 된다. 일반적으로, NOT회로를 인버터(inverter)라고 하기도 한다. 다른 IC로써 대용이 가능하므로 1종류만 시판되고 있다.(그림 2.50)

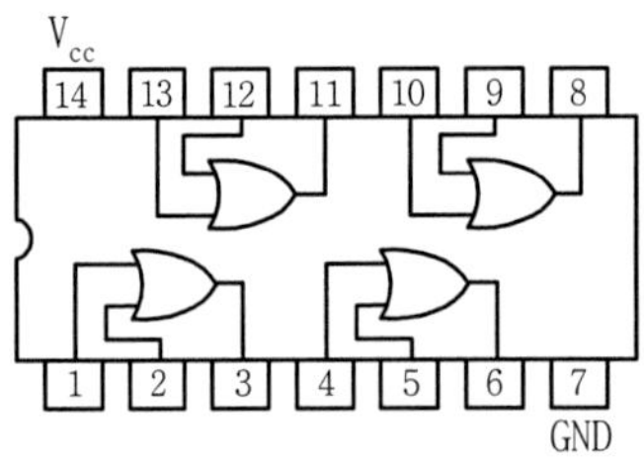

그림 2.49 OR회로용 IC

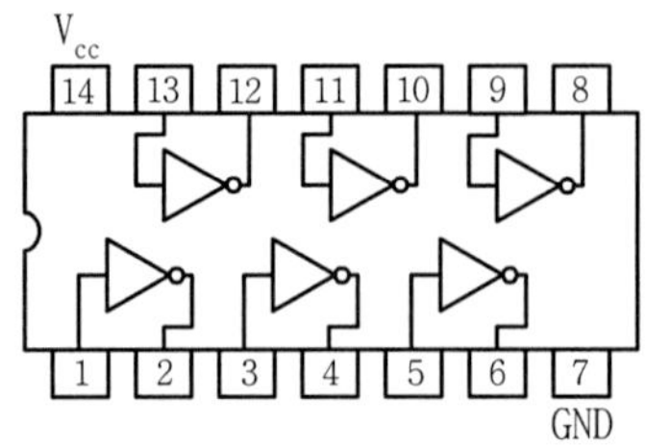

그림 2.50 NOT회로용 IC

2.2.5 그 밖의 게이트용 IC

(1) 드라이브용 IC

IC의 출력전류를 많이 필요로 하는 LED, 릴레이, 포트커플러 등을 직접 구동할 수 있고, 출력전압이 높은 램프 및 트랜지스터 등을 구동할 수 있는 **드라이브(driver)용 IC**가 있다. 보통 IC의 출력이 5[V], 약 -16[mA](IC에 입력되어 흐르는 전류)가 보통인데, 이것은 출력전압 30[V], 출력전류 40[mA] 정도를 얻을 수 있도록 고안된 IC이다. 이들의 드라이브용 IC는 보통 **오픈 컬렉터(open collector)형**이라고 하는 출력회로로 되어 있다. 보통 7400과 같은 IC는 **토템폴(totem pole)형**의 출력회로이다. 그림 2.51은 오픈 컬렉터형과 토템폴형의 실제 회로를 나타낸다. 그림 2.52는 드라이브용 IC의 일부분을 나타낸다.

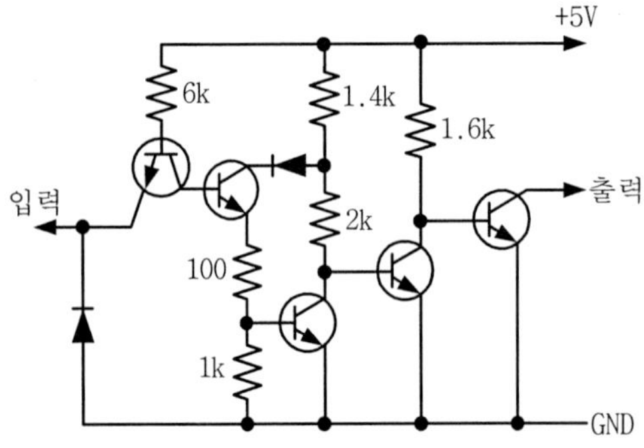

(a) 오픈 컬렉터형(7406)

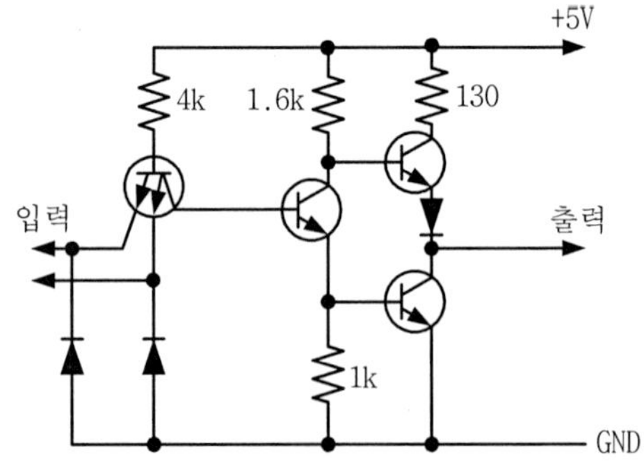

(b) 토템폴형(7400)

그림 2.51 TTL IC의 내부회로

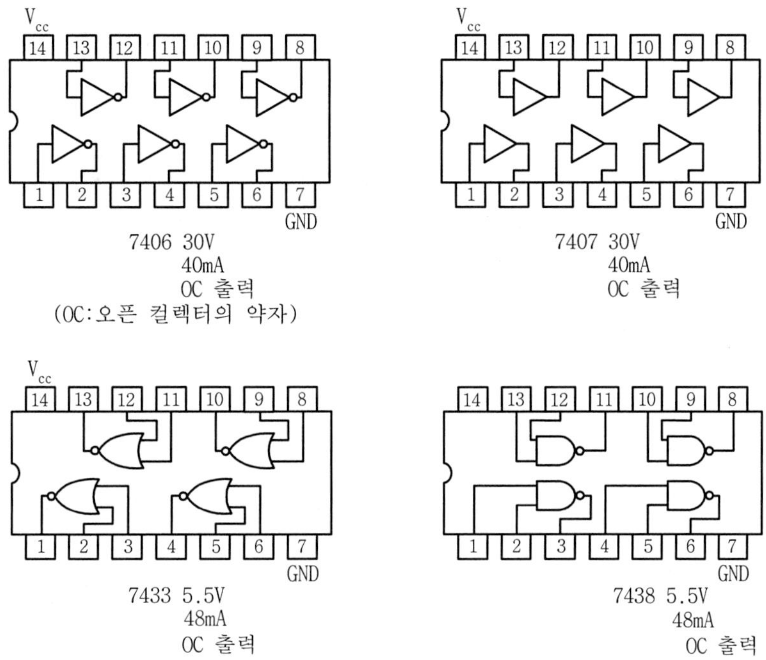

그림 2.52 드라이브용 IC

(2) 3상태용 IC

3상태용(3-state)라고 하는 IC가 PC회로에 많이 사용되고 있다. 이것은 H레벨, L레벨 이외의 다른 하나의 상태인 높은 임피던스(high impedance)를 가진 IC이다. 여기에는 입·출력선뿐만 아니라 그림 2.53과 같이 제3의 제어선이 있다.

(a) 74126 (b) 74125

그림 2.53 3상태용 IC

그림 (a)의 제어선에 "0"을 입력시키면 출력이 높은 임피던스로 만든다. 즉, 전기적으로 절연상태로 할 수가 있다. 입력과 출력을 분리하는 것과 같은 의미이다. (b)는 제어선에 "1"을 입력시키면 동일한 동작을 시킬 수 있다. 그림 2.54에 대표적인 IC를 나타낸다.

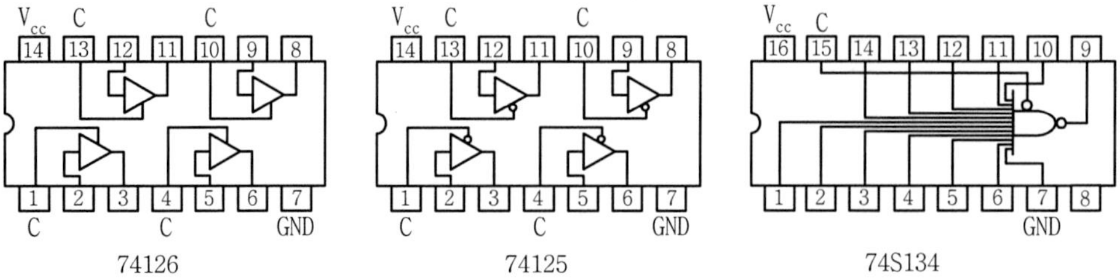

그림 2.54 3상태용 IC

2.2.6 기본 순서회로와 IC

지금까지 설명한 논리회로는 입력상태가 결정되면, 출력상태는 하나의 뜻으로 결정된다. 즉, 입력의 조합으로 출력이 결정되므로 **조합회로**(combinational circuit)라고 한다. 이것에 대하여, 입력상태뿐만 아니라 출력상태와 조합하여 출력 상태가 결정되는 논리회로를 **순서회로**(기억회로)라 한다. 순서회로의 대표적인 것이 **플립플롭**(flip floop)이다. 이것은 1비트(bit)의 기억소자이며 메모리, 레지스터, 카운터 등을 구성하는 기본회로이다.

(1) R-S 플립플롭

R-S(Reset-Set) 플립플롭회로는 NAND게이트 IC7400으로 구성되어 있다. 그림 2.55는 R-S 플립플롭회로를 나타낸다. 이 회로는 S입력단자에 “1”을 입력시키면 출력단자 Q는 세트(set)되어 “1”이 된다. R단자에 “1”을 입력시키면 Q가 “1”이 되면서 동시에 Q는 리세트(reset)된다. 즉, “0”이 된다. 이 동작을 **타임차트**(time chart)로 나타내면 그림 2.56과 같다.

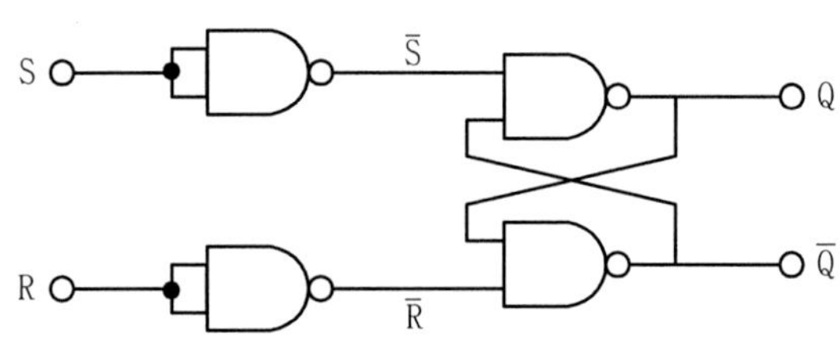

그림 2.55 플립플롭

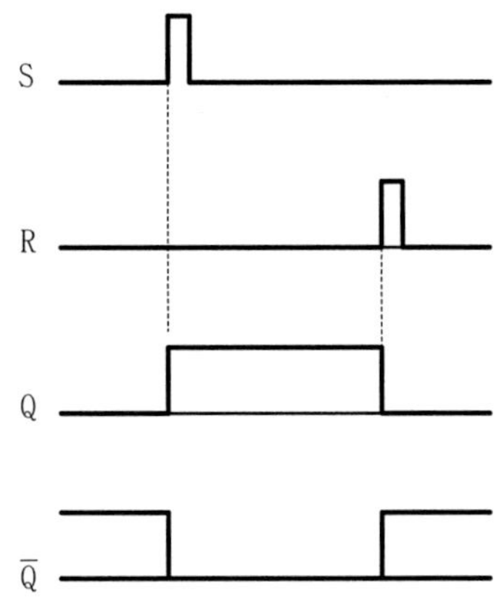

그림 2.56 타임차트

그리고, S와 R이 동시에 "1"이 되면 Q와 $\overline{Q}$는 함께 "1"이 되지만, S와 R이 "0"으로 되돌아오면 Q, $\overline{Q}$는 "1"이 될 지 "0"이 될 지 불안전하게 된다. 따라서 표 2.4에서 S와 R이 동시에 "1"이 되는 것을 금지하고 있다. 표에서 출력 Q_n은 입력신호가 주어지기 전에 상태 Q_{n+1}은 신호가 주어진 후의 상태이다.

R-S 플립플롭회로의 동작은 그림 2.57의 회로로 확인이 가능하다. 이 회로는 스위치 및 릴레이 등의 접점이 기계적 진동에 의해 ON, OFF하는 **채터링현상**(chattering)의 방지회로로 많이 사용된다. 그리고, R-S 플립플롭은 다음에 설명하는 D형 및 J-K 플립플롭으로 사용이 가능하며, 이 형의 전용 IC는 제작되어 있지 않다.

표 2.4 R-S 플립플롭

입력		출력		동작
S	R	Q_{n+1}	$\overline{Q_{n+1}}$	
0	0	Q_n	$\overline{Q_n}$	변화없음
1	0	1	0	세트
0	1	0	1	리세트
1	1	1	1	금지

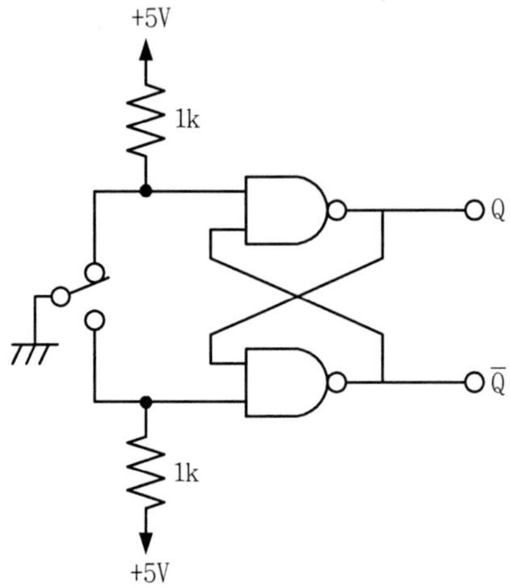

그림 2.57 채터링 방지회로

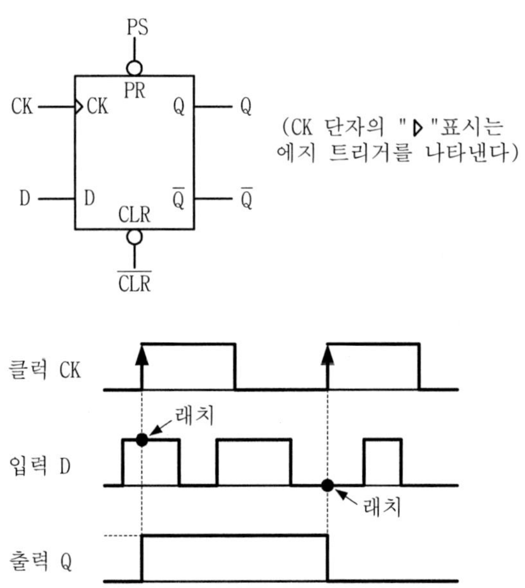

그림 2.58 D형 플립플롭 7474

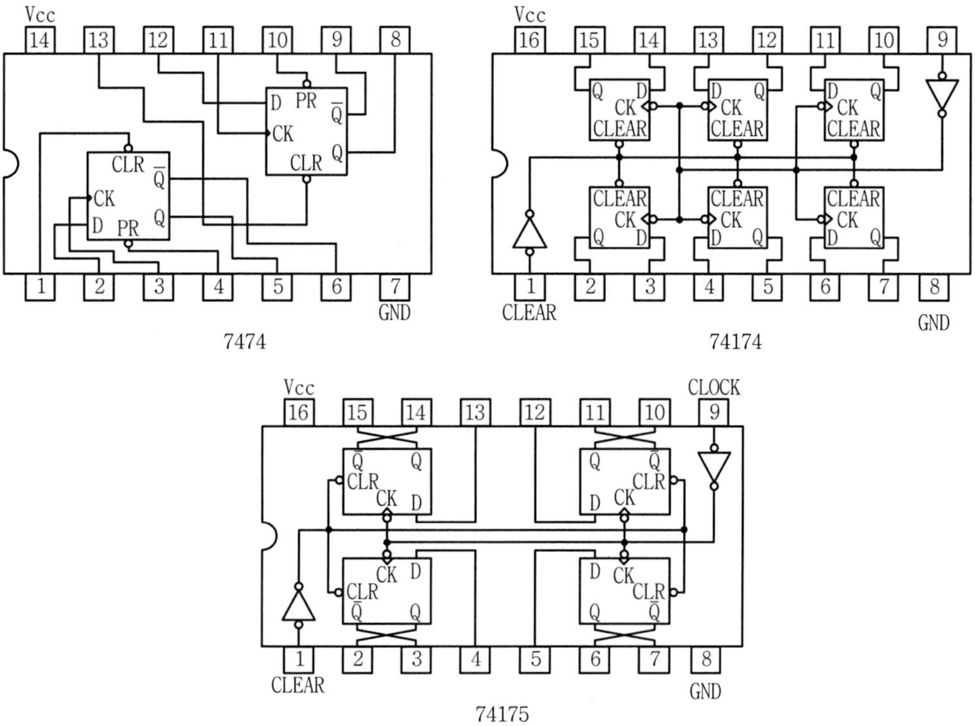

그림 2.59 D형 플립플롭용 IC

(2) D형 플립플롭

D형 플립플롭의 동작은 그림 2.58(a)에 나타난 바와 같다. 클록 펄스(clock pulse) CK의 H동작 시작으로 입력 D를 읽고, 다음에 클록이 H동작 시작까지 출력 Q에 그것을 유지하는 동작을 한다. 이와 같이 클록 입력의 H동작 시작으로 출력이 결정되는 것을 **정 에지 트리거**(positive edge trigger)라 한다. 그림(b)는 D형 플립플롭 7474의 진리표를 나타낸다. $\overline{PS}$는 프리셋(preset)용 세트입력, $\overline{CLR}$는 클리어용(clear) 리셋 입력이다. D 플립플롭용의 대표적인 IC를 그림 2.59에 나타낸다. 그림에서 알 수 있듯이, 세트 ($\overline{PS}$)단자는 없는 것도 있지만, 리셋 ($\overline{CLR}$)단자는 대부분 가지고 있다.

이와 같이 세트, 리셋 단자를 가지고 있으면, 앞에서 설명한 R-S 플립플롭으로 사용이 가능하다. D 입력은 클럭의 H동작 시작 에지로 래치(latch)되어 Q단자에서 그 상태가 출력된다.

(3) D형 플립플롭의 응용 예

① 분주기

그림 2.60과 같이 $\overline{Q}$출력을 D 입력단자에 연결하면, 클록단자에 펄스가 1개씩 들어갈 때마다 출력 Q는 "H", "L"로 반복한다. 이것을 **토글**(toggle)동작이라고도 한다. 결국, 클록 펄스를 1/2로 분주되어 있다.

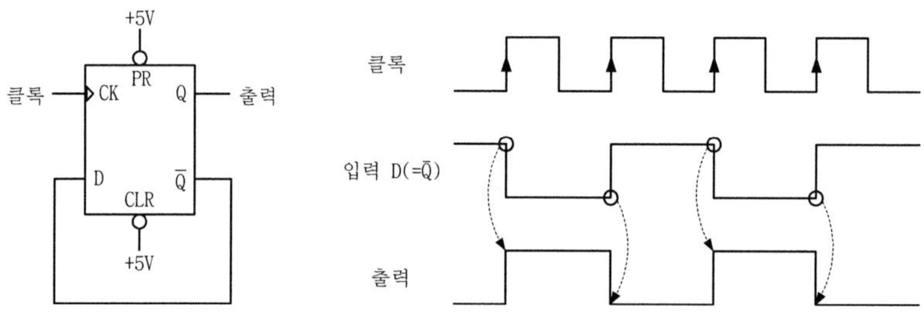

그림 2.60 분주기 응용

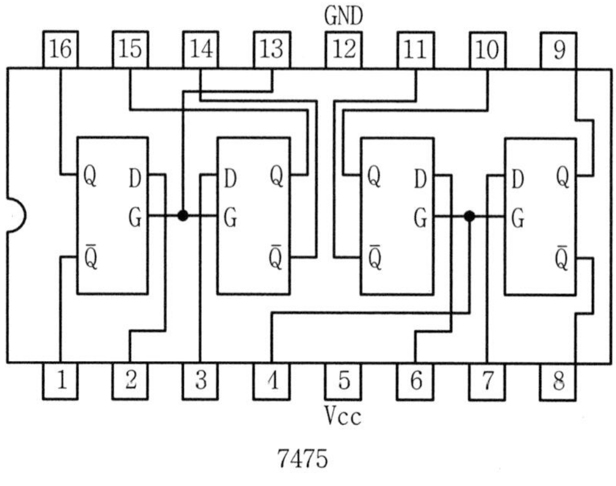

그림 2.61 래치용 IC 7475

② 래치회로

입력신호를 일시적으로 유지(기억)시켜 두는 것을 **래치**(latch)라 한다. 주의할 점은 래치 타임차트이다. D형 플립플롭의 래치타임은 클록 펄스의 H동작이 시작할 때이다. 즉, 여기서 입력신호를 래치해서 다음의 클록 펄스의 H동작 시작까지 그것을 유지하고 있다.

여기서, 래치 전용의 IC 7475(그림 2.61)는 클록이 H레벨의 사이에서 입력신호는 출력에 그대로 출력되어 클록이 L동작이 시작할 때 래치된다. 이것을 그림 2.62에 나타낸다. 래치라는 의미로는 동일하지만 그림 2.63과 같이 래치의 타임이 틀리기 때문에 출력이 틀리게 된다는 점을 주의해야 한다.

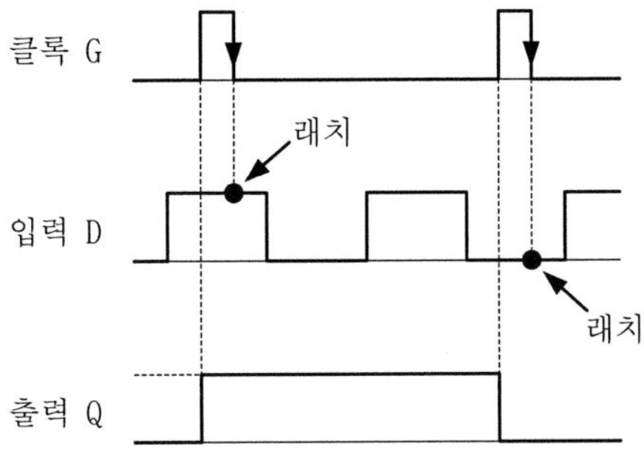

그림 2.62 7475의 동작 타임차트

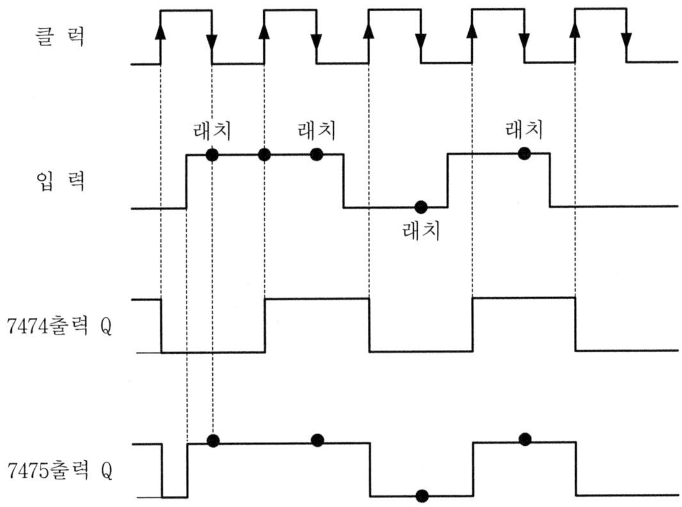

그림 2.63 7474와 7475의 차이

(4) J–K 플립플롭

표준적인 IC 플립플롭으로 가장 많이 사용되고 있으며, 종류도 다양하다. 입력단자로 J, K가 있으며, 그 진리표는 표 2.5와 같다. R-S 플립플롭과 비슷하다. 이는 J-K 플립플롭은 R-S 플립플롭의 결점(R, S의 양 입력이 동시에 1일 때 출력이 부정)을 개선한 것이기 때문이다. 즉, J입력은 세트 입력, K입력은 리셋입력에 대응한다. 양 입력이 모두 1일 경우 출력 Q는 반전한다. 그러나, 실제 사용되고 있는 것은 그림 2.64의 IC7470과 같이 J, K입력 외에 세트($\overline{PS}$)입력, 리셋($\overline{CLR}$)입력, 클록(CK)입력 등의 단자가 있다. 표 2.5는 J-K 플립플롭의 진리표를 나타낸다. 그림 2.64에서 $\overline{PS}$ 단자 및 $\overline{CLR}$ 단자는 J, K 입력과는 관계가 없으며, R-S 플립플롭과 동일하게 출력을 세트하거나 리셋하기 위한 것이다. 따라서 J-K 플립플롭으로 사용할 경우 $\overline{PS}$와 $\overline{CLR}$ 양단자는 먼저 H레벨 (1)로 해 보아야 한다. 클록 입력단자는 표 2.6의 진리표 및 그림 2.65의 동작타임차트에 나타낸 것과 같이, J, K 양 입력상태에 의해 출력이 변화하지 않는다. IC7470의 경우, 클록의 H동작의 시작으로 J, K 양 입력상태에 의해 출력 Q가 변화하는 정 에지트리거이다. 클록의 L동작 시작으로 출력이 변화하는 것도 있다.

표 2.5

입 력		출 력
J	K	Q_{n+1}
0	0	Q_n
1	0	1
0	1	0
1	1	$\bar{Q}_n$

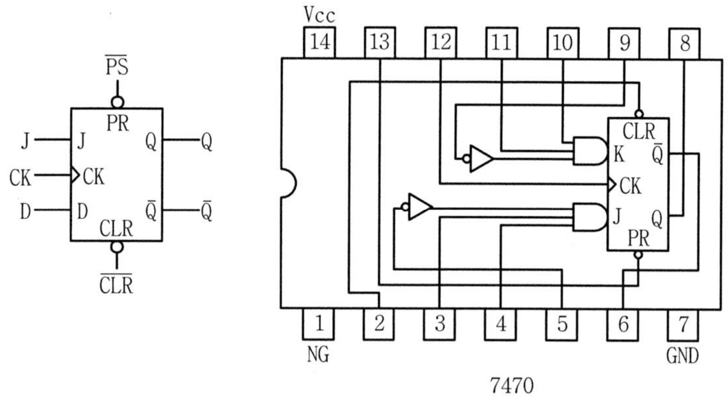

그림 2.64 7470의 논리기호 및 핀 배치

표 2.6 7470의 진리표

입력					출력	
$\overline{PS}$	$\overline{CLR}$	CK	J	K	Q_{n+1}	$\overline{Q_{n+1}}$
0	1	0	×	×	1	0
1	0	0	×	×	0	1
0	0	×	×	×	0*	0*
1	1	↑	0	0	Q_n	$\overline{Q_n}$
1	1	↑	1	0	1	0
1	1	↑	0	1	0	1
1	1	↑	1	1	$\overline{Q_n}$	Q_n
1	1	0	×	×	Q_n	$\overline{Q_n}$

(1) ×는 상태와 관계없다.
(2) *는 상태가 불안정

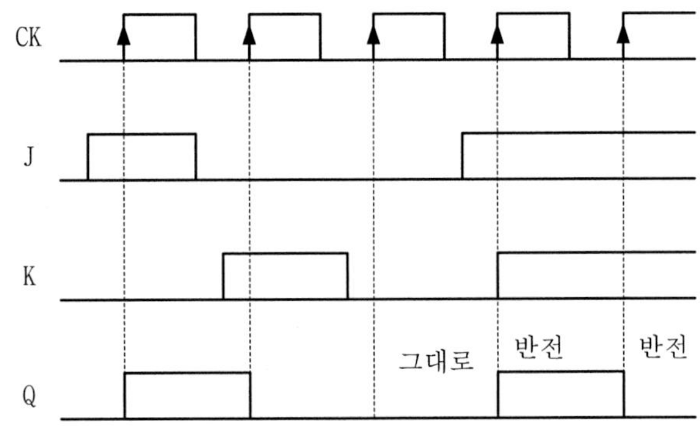

그림 2.65 7470의 동작 타임차트

J-K 플립플롭용의 IC는 종류도 많고 여러 가지의 형식 이름이 붙어 있으며, 이것들을 분류하면 다음의 4종류로 구분된다.

- 정 에지 트리거형(7470, 74190)
- 부 에지 트리거형(74LS73, 74LS76, 74LS107, 74LS112)
- 마스터 슬레이브형(7472, 7473, 7476, 74107)
- 마스터 슬레이브형 데이터 록 아웃 형(74110, 74111)

정 에지 트리거형은 앞에서 설명한 것과 같이, 클럭 펄스의 H동작 시작 ↑ 으로 데이터를 읽고 동시에 출력을 변화시키는 것이다. 부 에지 트리거형(negative edge trigger)은 클럭의 L동작 시작 ↑ 으로 데이터를 읽고 출력을 변화시킨다.

마스터 슬레이브(master slave)형은 클록의 H동작의 시작에서 데이터를 읽고 L동작의 시작에서 출력을 변화시킨다. 클록의 H레벨 중에는 입력의 데이터를 움직여서는 안 된다. 그렇지만, 이 조건(클록의 H레벨 중에는 입력의 데이터를 변화시킬 수 없다.)은 불편한 것이 많기 때문에, 이를 개선한 것이 **마스터 슬레이브 데이터 록아웃**(master slave data lockout)형이다. 이 동작은 마스터 슬레이브형과 동일하지만, 클록이 H레벨로 변화한 후에는 입력 데이터가 변화하여도 상관이 없다.

(5) J–K 플립플롭의 응용 예

① 다른 형의 플립플롭 만들기

세트입력, 리셋입력 단자를 가지고 있는 것은 R-S 플립플롭용으로 사용하며, 그림 2.66과 같이 D형 플립플롭으로도 사용이 가능하다.

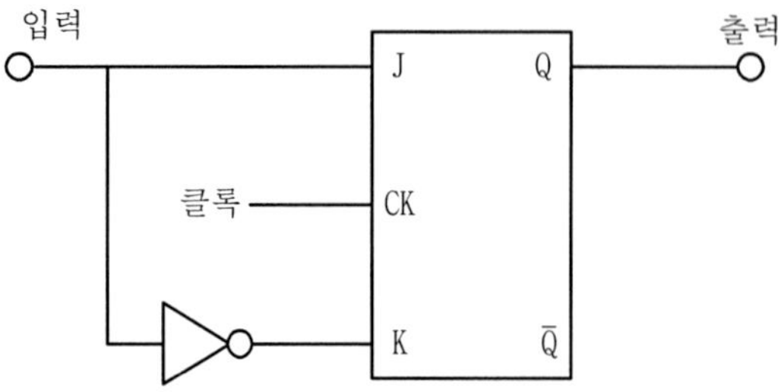

그림 2.66 D형에 응용

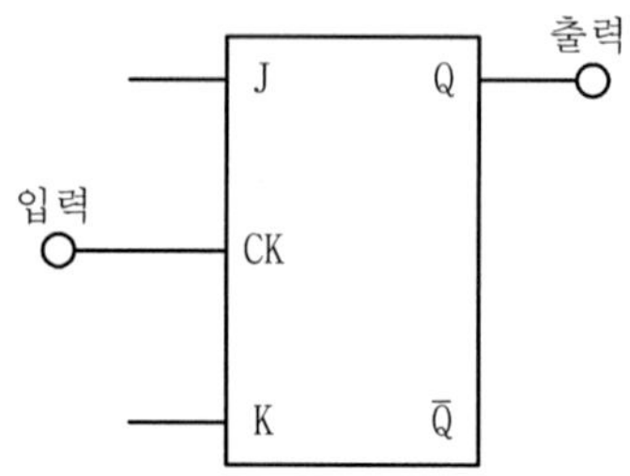

그 림 2.67 분주기에 응용

② 분주기

그림 2.67과 같이 1/2 분주기를 만들 수가 있다. J, K 양 입력은 H레벨로 해둔다. 이것은 그림 2.56의 동작 타임차트에서 이해가 될 것이다.

(1) 배타적 논리합

배타적 논리합(Exclusive-OR)의 진리표를 표 2.7에 나타낸다. 이것을 실험할 회로로 나타내면, 그림 2.68과 같다. 이것은 입력이 서로 다를 때만 출력이 "1"이 되는 회로이며, 이것을 이용하여 입력이 일치하고 있는지를 조사한다. 이것의 IC로 7486이 있으며, 핀의 배치는 그림 2.69와 같다.

(2) 인코더(부호기)

다수의 입력단자 등에서 1개의 입력단자에 신호를 입력하며, 그것에 대응한 신호(2진 신호)가 출력단자에 나타나는 회로이다.

표 2.7

입 력		출 력
A	B	X
0	0	0
1	0	1
0	1	1
1	1	0

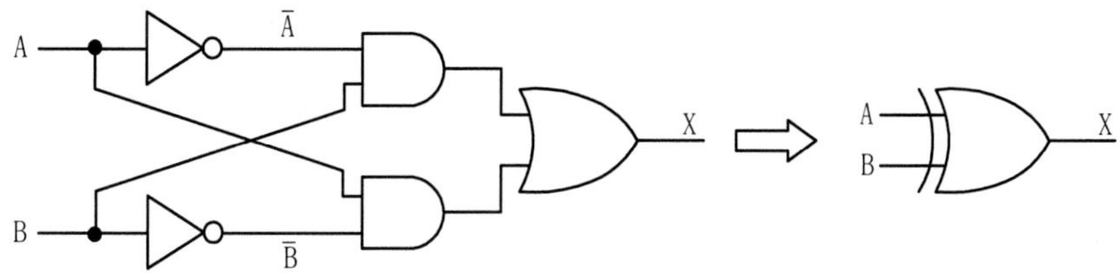

그림 2.68 배타적 논리합

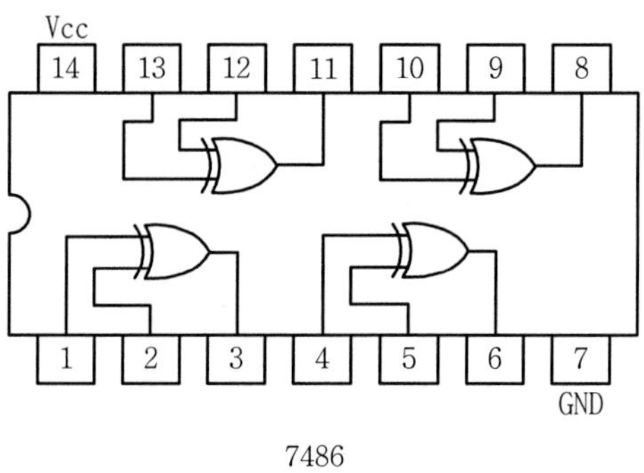

그림 2.69 배타적 논리합용 IC 7486

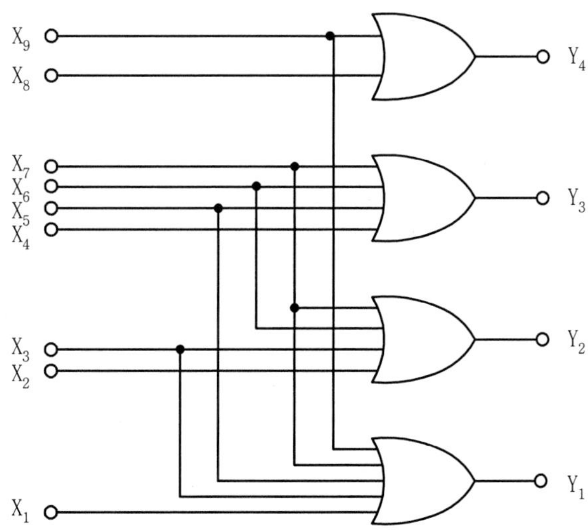

그림 2.70 인코더회로

표 2.8 진리표

입 력									출 력			
X_1	X_2	X_3	X_4	X_5	X_6	X_7	X_8	X_9	Y_4	Y_3	Y_2	Y_1
0	0	0	0	0	0	0	0	0	0	0	0	0
1	0	0	0	0	0	0	0	0	0	0	0	1
0	1	0	0	0	0	0	0	0	0	0	1	0
0	0	1	0	0	0	0	0	0	0	0	1	1
0	0	0	1	0	0	0	0	0	0	1	0	0
0	0	0	0	1	0	0	0	0	0	1	0	1
0	0	0	0	0	1	0	0	0	0	1	1	0
0	0	0	0	0	0	1	0	0	0	1	1	1
0	0	0	0	0	0	0	1	0	1	0	0	0
0	0	0	0	0	0	0	0	1	1	0	0	1

예를 들면, 10진수 0~9까지의 수를 2진 4항(4bit)에 부호화하였을 때의 진리표는 표 2.8과 같다. 이것을 시험할 회로의 예를 나타내면, 그림 2.70과 같다. 이 경우 10진수 5에 대응하는 X_5에 1을 입력하면 출력 Y_3과 Y_1이 1이 되며, 출력에는 2진 4항에 부호화된 0101을 얻을 수 있다. 이와 같은 인코더(encoder)의 대표적 IC로 74147(10입력 4출력), 74148(8입력 3출력)이 있다. 그림 2.71은 74147의 핀 접속도, 진리표, 논리회로를 나타낸다. 그림에서 알 수 있듯이, 이 IC는 입·출력 모두 부논리이다.

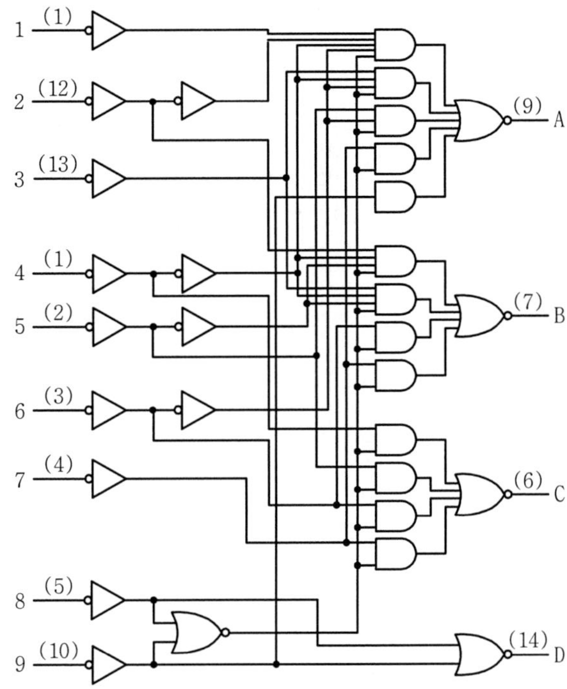

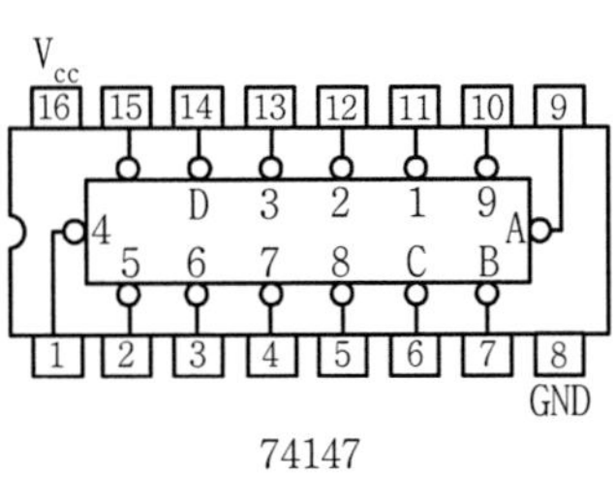

74147

입력									출력			
1	2	3	4	5	6	7	8	9	D	C	B	A
1	1	1	1	1	1	1	1	1	1	1	1	1
×	×	×	×	×	×	×	×	0	0	1	1	0
×	×	×	×	×	×	×	0	1	0	1	1	1
×	×	×	×	×	×	0	1	1	1	0	0	0
×	×	×	×	×	0	1	1	1	1	0	0	1
×	×	×	×	0	1	1	1	1	1	0	1	0
×	×	×	0	1	1	1	1	1	1	0	1	1
×	×	0	1	1	1	1	1	1	1	1	0	0
×	0	1	1	1	1	1	1	1	1	1	0	1
0	1	1	1	1	1	1	1	1	1	1	1	0

그림 2.71 인코더용 IC74147의 핀 접속도

(3) 디코더(해독기)

인코더의 역으로 입력단자에 2진 몇 항에 부호화된 신호가 주어지면, 그 조합에 대응하여 하나의 출력단자에 신호가 나타나는 회로이다. 예를 들면, 2진 4항에 부호화된 2진수를 10진수에 디코더(decoder)할 때의 진리표는 표 2.8의 입력과 출력을 서로 반대로 하면 된다. 디코더용의 대표적인 IC로 7442, 7443(4입력 10출력), 74138(3입력 8출력), 74139(2입력 4출력)가 있다.

그림 2.72는 74138의 핀 접속도, 진리표, 논리회로를 나타낸다.

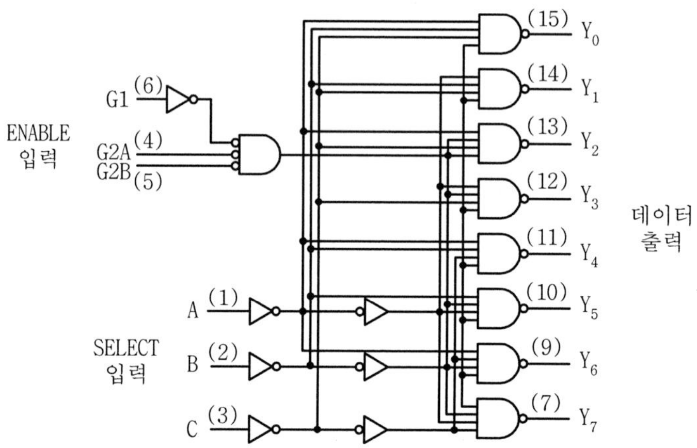

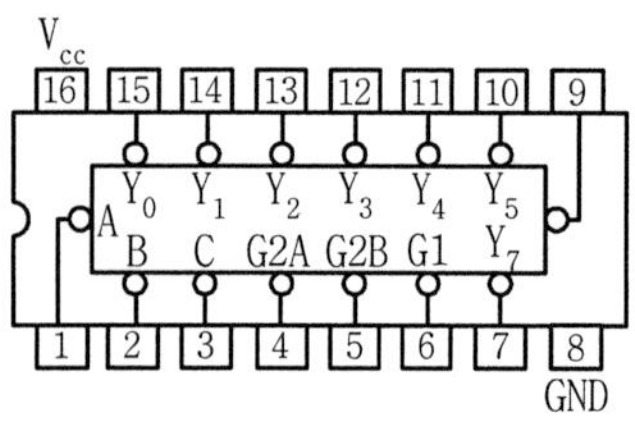

74138

입 력					출 력							
ENABLE		SELECT										
G1	G2*	C	B	A	Y_0	Y_1	Y_2	Y_3	Y_4	Y_5	Y_6	Y_7
×	1	×	×	×	1	1	1	1	1	1	1	1
0	×	×	×	×	1	1	1	1	1	1	1	1
1	0	0	0	0	0	1	1	1	1	1	1	1
1	0	0	0	1	1	0	1	1	1	1	1	1
1	0	0	1	0	1	1	0	1	1	1	1	1
1	0	0	1	1	1	1	1	0	1	1	1	1
1	0	1	0	0	1	1	1	1	0	1	1	1
1	0	1	0	1	1	1	1	1	1	0	1	1
1	0	1	1	0	1	1	1	1	1	1	0	1
1	0	1	1	1	1	1	1	1	1	1	1	0

*G2=G2A+G2B

그림 2.72 디코더용 IC 74138

그림에서 알 수 있듯이, 출력은 부논리이며, 제어입력 G1, G2에 의해 이 IC를 동작시킬 것인지, 아니면 동작시키지 않을 것인지를 제어한다. 즉, 디코더로 동작시키기 위해서는 G1을 H레벨, G2를 L레벨로 해야 한다.

2.2.8 카운터회로

카운터(counter)는 계수회로라고도 하며, 입력 펄스수를 헤아려 기억하는 회로이다. 카운터는 2진 카운터, 10진 카운터, 12진 카운터 등 종류가 많으나, 기본은 2진 카운터이며 플립플롭이다. 그림 2.73은 J-K 플립플롭 74LS73을 이용한 2진 3항(3bit) 카운터의 예를 나타낸다.

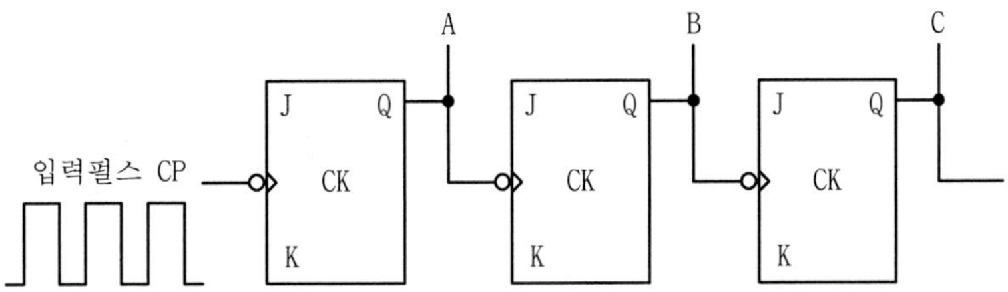

그림 2.73 3비트 카운터

이 경우의 입력 펄스 수와 출력 A, B, C의 관계, 동작 타임차트는 그림 2.74에 나타난 바와 같다. 이 회로에서 각 플립플롭은 분주기로 동작하고 있으며, 이 플립플롭을 n개 접속하면 2^{n-1}까지 카운터 된다. 특히, 플립플롭의 리셋단자를 이용하여 임의의 수를 반복하는 카운터를 구성할 수 있다. 예를 들면, 10진 카운터는 그림 7.75와 같이 하면 된다.

입력펄스수	A	B	C
0	0	0	0
1	0	0	1
2	0	1	0
3	0	1	1
4	1	0	0
5	1	0	1
6	1	1	0
7	1	1	1
8	0	0	0

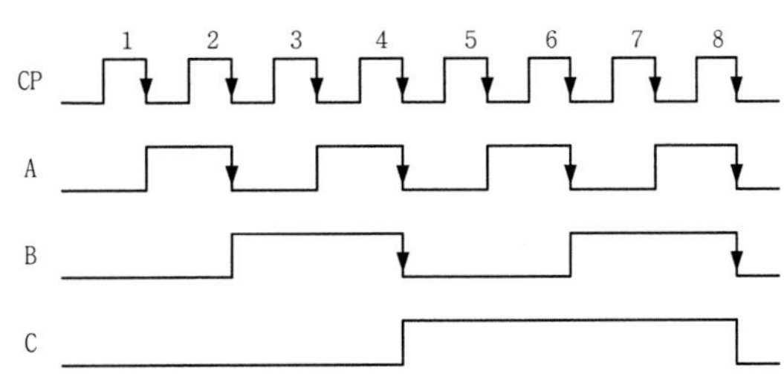

그림 2.74 8진 카운터의 동작

즉, B와 D의 출력이 동시에 1이 되면 플립플롭을 클리어한다. 따라서 0에서 9까지 계수하고, 10번째의 펄스로 0으로 되돌아온다. 그리고 m진 카운터와 n진 카운터를 접속하면 $m \times n$진 카운터가 된다. 이와 같이 카운터도 IC화되어 있으며, 대표적인 것으로 7490(2진×5진), 7492(2진×6진), 7493(2진×8진) 등이 있다.

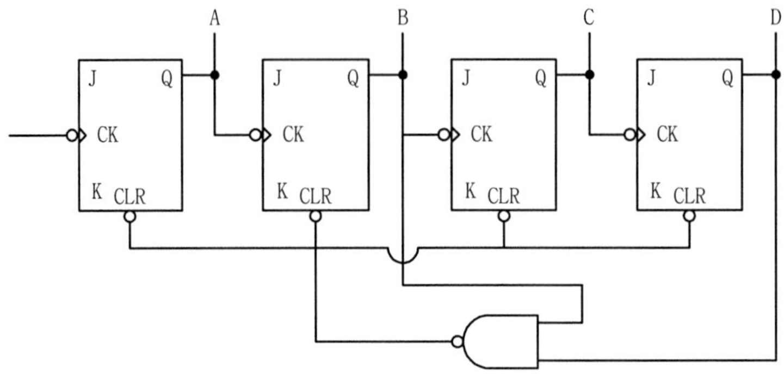

그림 2.75 10진 카운터

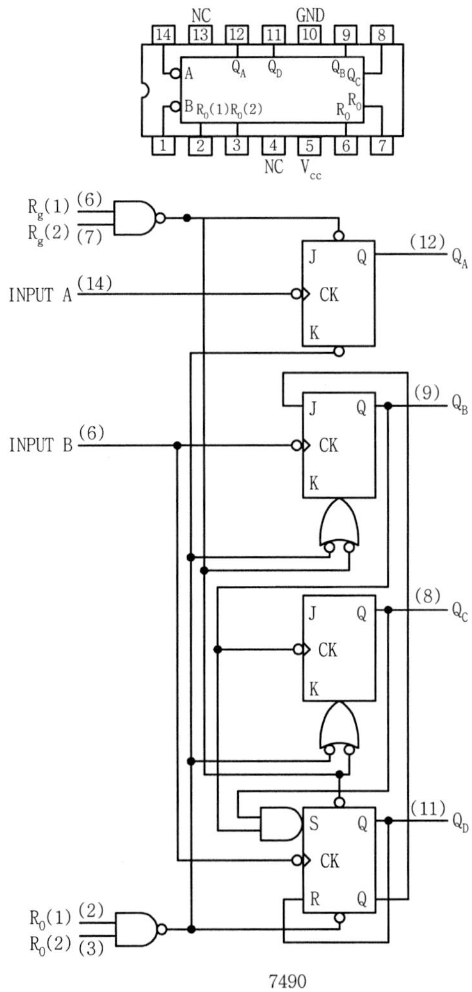

그림 2.76 7490 카운터용 IC

예를 들어, 7490의 사용방법을 설명하면(그림 2.76), 이 IC는 2진 카운터와 5진 카운터로 구성되어 있다. 입력 A(INPUT-A)에 2개의 펄스를 입력시키면 출력 QA에서는 1개의 펄스가 나와 이 부분을 2진 카운터로 사용하고, 입력 B(INPUT-B)에 입력을 시키면 5펄스마다 출력 QD에서 1펄스가 나온다.

즉, 5진 카운터로 되어 있다. 10진 카운터로 하고 싶을 경우에는 QA와 INPUT-B를 입력하여 INPUT-A를 입력으로 사용하는 방법, 그리고 INPUT-B를 입력으로 QB와 INPUT-A를 접속하는 방법을 생각할 수 있다. 이상의 카운터는 비동기 카운터의 대표적인 IC로 74190, 74191, 74192, 74193 등이 있다.

2.2.8 IC의 전기적 특성

(1) 입·출력 전압 레벨과 입출력 전류

지금까지 표준 TTL IC의 H레벨 "1"은 5[V], L레벨 "0"은 0[V]으로 하여 설명하였다.

실제는 표 2.9과 같은 규정이 있다. 즉, 입력전압이 0.8[V] 이하이면 "0"으로 생각하고, 2.0[V] 이상이면 "1"로 생각한다. 그래서 0.8[V]에서 2.0[V]까지의 전압에 관해서는 0이 되는지를 보증하지 않는다. 출력전압에 관해서 0은 0.4[V] 이하를 출력하고 1은 2.4[V] 이상을 출력한다는 의미이다

그리고 표준 TTL IC에 흘러 들어가는 입력 또는 흘러 나가는 전류의 규격은 표 2.10과 같다. 예를 들면, IC의 출력에서 흘러 보내는 전류는 출력이 L레벨 "0"일 때 −16[mA](여기서 −는 IC측에 흘러 들어가는 입력의 전류를 의미한다.)이다. H레벨 "1"일 경우는 400[μA]이다.

표 2.9 표준 TTL의 전압특성

논리	입력전압	출력전압
0	0.8V 이하	0.4 이하
1	2.0V 이상	2.4 이상

표 2.10 표준 TTL의 전류특성

논리	입력전압	출력전압
0	−1.6mA(I_{iL})	−16mA(I_{oL})
1	40μA(I_{iH})	400μA(I_{oH})

(2) 팬인, 팬아웃

팬인(fan-in)이란 그 논리회로에 접속 가능한 입력단자수이다. **팬아웃**(fan-out)은 출력단자에 접속가능한 다른 논리회로의 입력단자수를 말한다. 그림 2.77은 팬인과 팬아웃을 나타낸다.

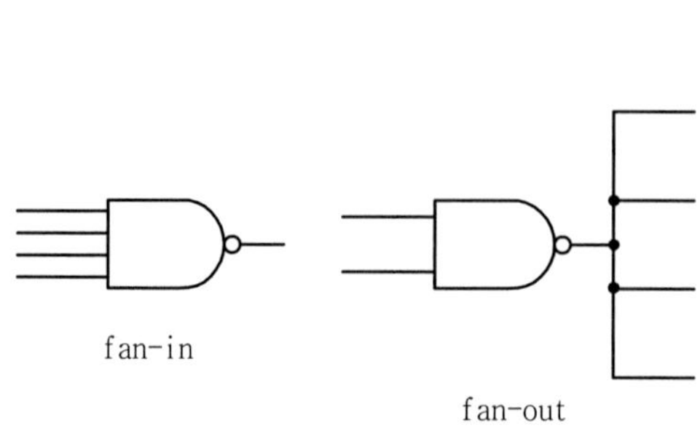

그림 2.77 팬인과 팬아웃

따라서, 팬인은 그림 2.77에서 본 것과 같이 TTL-7400은 2개 있으며, 7430은 8개가 있다. 이를 더욱 증가시키고자 한다면, 그림 2.78과 같이 하면 된다. 팬아웃이 어느 정도인지를 몇 가지의 경우에 대하여 설명해 본다.

① 표준 TTL과 표준 TTL과의 연결

그림 2.79와 같이 출력단자가 H레벨 "1"일 때는 H레벨을 보증하는 최대 출력전류 I_{OH}가 400[μA]이며, 입력단자가 H레벨일 때의 최대 유입전류 I_{iH}가 40[μA]이기 때문에 400/40에 의해 팬아웃은 10이 된다. 위와 같은 방법으로 출력 단자가 L레벨 "0"일 때 외부에서 IC에 전류가 흘러 들어가지만, L레벨을 보증하는 최대 유입전류 I_{OL}은 16[mA]이며, 입력 단자가 L레벨을 보증하는 최대 유출전류 I_{iL}은 1.6[mA]이므로 팬아웃은 동일하게 16/1.6으로 10이 된다. 따라서 10개까지 접속이 가능하다.

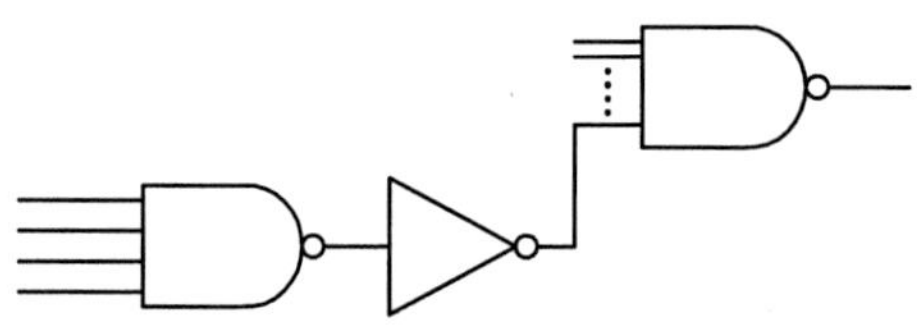

그림 2.78 팬 인의 증설 방법

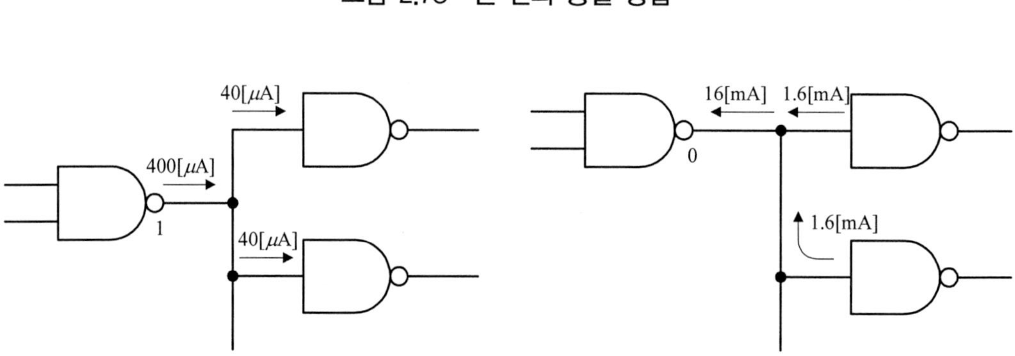

그림 2.79 TTL IC의 전류흐름

② LS-TTL과 LS-TTL을 연결

LS-TTL의 경우 ①에서 말한 전류들이 $I_{OH}=400[\mu A]$, $I_{iH}=20[\mu A]$, $I_{OL}=8[mA]$, $O_{iL}=0.4[mA]$이므로, 팬아웃은 20이다.

③ 표준 TTL과 LS-TTL을 연결

이 경우도 $I_{OH}=400[\mu A]$, $I_{iH}=20[\mu A]$, $I_{OL}=16[mA]$, $I_{iL}=0.4[mA]$이므로, 팬아웃은 20이다.

④ N-MOS와 TTL을 연결

N-MOS의 $H_{OH}=250[\mu A]$, $I_{OL}=1.8[mA]$이며, 표준 TTL은 $I_{iH}=40[\mu A]$, $I_{iL}=1.6[mA]$이므로, 팬아웃은 1이다. LS-TTL이면 $I_{iH}=20[\mu A]$, $I_{iL}=40[mA]$이므로, 팬아웃은 4이다. N-MOS형(마이크로프로세서 등)의 IC의 출력은 TTL을 연결할 때는 1개 밖에 연결할 수 없는 곤란한 경우도 있다. 이와 같은 경우는 LS-TTL을 사용하거나 또는 앞에서 설명한 드라이브용 IC를 사용하면 된다.

CHAPTER 3

액추에이터

3.1 액추에이터의 정의
3.2 액추에이터의 제어구성
3.3 액추에이터의 종류

메카트로닉스시스템은 정보화에너지의 전달이 동시에 행하여져야 한다. 이것이 메카트로닉스분야와 전기·전자분야의 기본적인 큰 차이점이다. 즉, 메카트로닉스는 최종적으로 질량을 갖는 기계를 움직이는 것이다, 각종의 에너지를 기계적인 에너지로 변화하는 장치가 필요하게 된다. 이러한 것을 액추에이터라 한다.

메카트로닉스분야에 사용되는 액추에이터는 공압·유압 등의 기계식과, 전기에너지에 의한 전자석, 전동기, 압전 등의 전기식이 주로 사용되고 있다.

이 장에서는 액추에이터의 대표적이며 기본적인 것에 대하여 설명한다.

3.1 액추에이터의 정의

액추에이터(actuator)란 에너지를 기계적인 움직임으로 변환하는 기기이다. 넓은 의미로 생각하면, 에너지원으로 에너지를 공급받아 이것을 제어·변환하는 컨버터(converter), 기계적 에너지로 변환하는 모터 및 전달기구를 이용하여 목적하는 바의 운동을 출력하는 일종의 에너지 변환 시스템을 **액추**에이터라 한다.

메카트로닉스 분야에 주로 사용되는 액추에이터는 공기압, 유압 등의 기계식과 전기에너지에 의한 전자석, 전동모터, 압전소자, 솔레노이드 등이 있다. 최근에는 열에너지, 화학에너지 등을 이용한 액추에이터도 연구·개발되어 특정분야에 사용되고 있다.

기계공학 분야에서는 원동기로 옛날부터 풍차나 수차가 있으며, 더욱이 증기엔진, 증기터빈, 내연엔진 등이 발달되어 사용되고 있지만, 이것들은 주로 동력용 원동기에 이용되며 시동, 정지, 역전이 많은 메카트로닉스에는 적합하지 않다.

공기압, 유압을 이용한 실린더와 모터는 유체밸브의 개폐속도도 빠르고 유량제어도 가능하여 메카트로닉스용으로 많이 사용하고 있다. 따라서 기계식 액추에이터라 하면 주로 공기압, 유압식을 이용한 액추에이터이다.

전기공학분야에서는 전기에너지를 이용한 전자석 및 전동기가 이전부터 사용되어 왔으나, 이것을 메카트로닉스용으로 사용하기 위해 구조를 개량한 각종의 전기식 액추에이터가 개발되었다. 이것을 **서보 모터**(servo motor)라 하며 DC 서보 모터, AC 서보 모터, 스테핑 모터 등이 있다.

또한 전자력을 이용한 솔레노이드가 있으며, 미세한 변위를 발생시켜 이것을 직선운동 및 회전운동으로 변환시키는 압전소자, 초음파소자를 이용한 액추에이터도 최근에 개발되어 사용되고 있다.

이러한 액추에이터 중에서 모터가 가장 많이 사용되고 있다. 일반적인 회전형 모터 외에 직접, 직선운동을 출력하는 리니어(linear)모터도 있다. 공기압 및 유압계는 전기계와 조합하여 사용하는 경우가 많다.

액추에이터의 제어에 관하여서는 전기식이 가장 취급하기 쉽다. 공기압식은 동작속도는 빠르나 힘이 약하다. 그리고, 유압계는 힘은 강하지만 동작속도는 매우 늦은 단점이 있다.

3.2 액추에이터의 제어구성

3.2.1 액추에이터 제어구성의 일반 예

그림 3.1은 액추에이터 제어구성의 일반적인 **블록선도**(block diagram)을 나타낸다. 제어장치에서 부하운동에 대하여 목표위치 신호와 부하의 현재위치와의 차(위치편차)가 파워 앰프(power amplifier)에 입력되면, 파워 앰프는 부하를 필요한 위치까지 운동시키기 위해서 액추에이터구동에 필요한 전류를 발생시킨다. 액추에이터를 구동한 결과로써 부하가 운동한 상태량을 위치 검출기로 항상 검출하고 있다. 따라서 제어장치는 부하가 목표위치에 도달하기까지 위치편차 신호를 계속해서 낸다. 이것을 위치에 피드백(feed back)을 받는다고 한다. 더욱이 제어성능을 향상시키는 등의 목적으로 액추에이터의 속도를 검출하여 파워 앰프의 출력 전류의 제어에 의해 액추에이터의 힘 제어를 일반적으로 제어하고 있다. 이것을 **속도 피드백**이라고 한다. 제어하는 대상은 위치뿐만 아니라 각도, 속도일 경우도 있으며, 또한 힘 및 컴플라이언스(compliance)를 제어하는 경우도 있다.

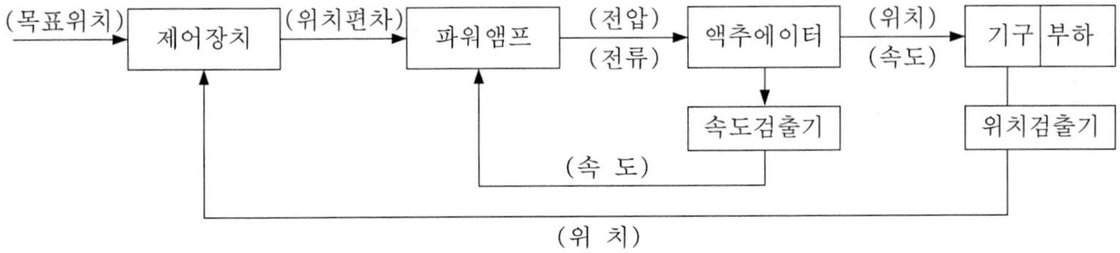

그림 3.1 액추에이터 제어구성의 일반 예

3.2.2 전기 액추에이터의 제어구성

앞에서 설명한 일반적인 액추에이터 제어구성을 간단히 설명하기 위해 단순하게 나타내었다. 그림 3.2는 전기 액추에이터의 제어구성을 나타낸다. 제어계는 **신호 변환부**(signal converter)와 **파워 변환부**(power converter)로 구성되어 있다.

신호 변환부는 신호의 검출, 변환, 연산, 출력, 전송 등의 처리를 하는 부분이며, 현재 메카트로닉스에서는 전자소자가 사용되고 있는 것이 많다. 그리고 파워 변환부는 기구를 조작하기 위해 힘을 신호 변환부의 신호와 제어계 외부로부터 전기에너지를 이용하여 발생하는 부분이다. 액추에이터는 전기 모터(직류 서보 모터, 교류 서보 모터, 펄스 모터 등)와 그 밖의 전기 액추에이터가 사용되고 있다. 직접드라이브(direct drive)모터를 사용하지 않을 경우 액추에이터는 상기의 모터와 감속기를 조합하기 때문에 힘의 제어가 필요하게 된다. 그림 3.2의 부하부분으로 힘을 검출하고, 보상회로에 입력하게 되므로 앞에서 설명한 제어장치에 입력하는 것과 같은 추가가 필요하다.

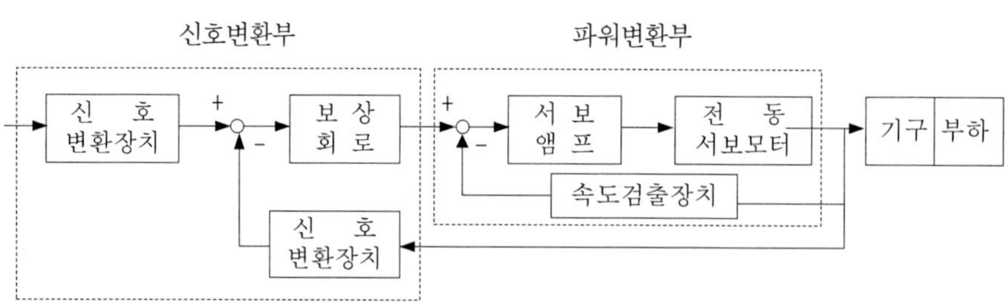

그림 3.2 전기 액추에이터의 제어 구성

3.2.3 유압의 액추에이터의 제어구성

3.2.2에서 설명한 파워 변환부의 유압식을 사용하는 방식은 큰 출력, 고속 응답성, 힘 제어, 컴플라이언스 제어(compliance control)가 쉬운 등의 장점을 이용할 수 있는 용도에 사용하는 것이 많다. 유압 액추에이터의 제어체계는 **서보 밸브**(servo valve) 방식과 **펌프 제어**(pump control) 방식으로 크게 구분한다. 그림 3.3은 서보 밸브식 방식과 그림 3.4는 펌프 제어 방식의 구성을 나타낸다. 서보 밸브의 방식에는 서보 밸브의 솔레노이드(solenoid)에 흐르는 전류에 의해 일정한 압력이 공급되고 있는 서보밸브의 작동 유량을 제어하며, 이것에 연결되어 있는 유압 서보 모터 및 서보 실린더의 속도, 위치를 제어한다. 작동유가 배관으로 흐르는 사이에 작동유의 압력이 변화하므로 압력을 검출하여 압력 피드백을 시켜 압력을 제어하는 것도 가능하다. 그리고 서보 밸브를 사용하지 않고, 일반적인 개폐밸브를 사용하여 펄스 폭을 변화시켜(PWM) 유량을 제어하는 방식도 있다.

펌프 제어 방식에서는 유압펌프를 일정한 속도로 구동 시켜 펌프의 사판을 제어하여 토출 유량을 제어한다. 이 경우는 메인 제어계 외의 유압 펌프 사판의 위치제어가 필요하다.

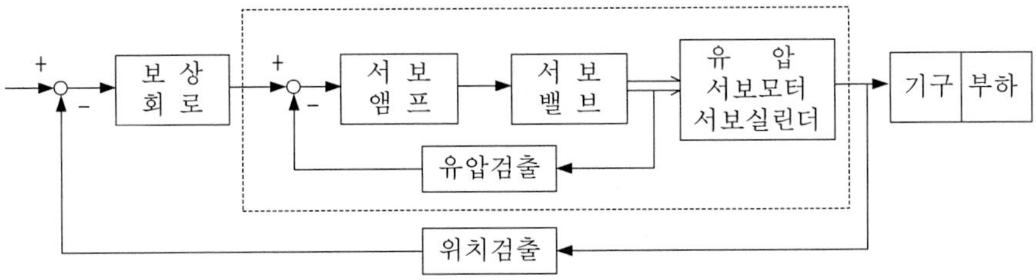

그림 3.3 유압 서보 밸브식 제어구성

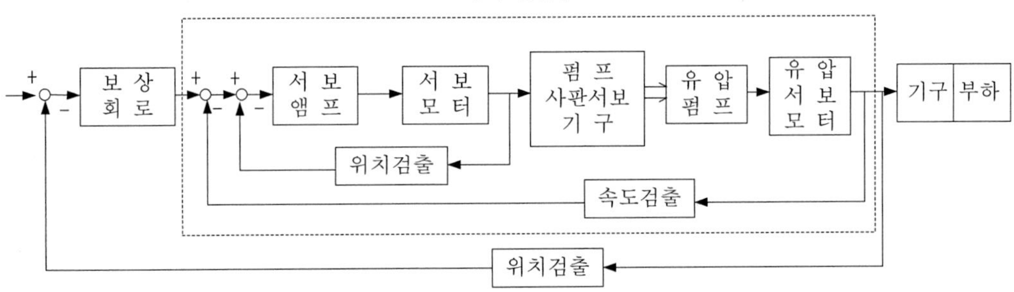

그림 3.4 유압 펌프식 제어구성

3.3 액추에이터의 종류

액추에이터는 구동에너지에 의해 전기식, 공기압식, 유압식으로 분류할 수 있다. 표 3.1은 구동원에 의한 액추에이터의 분류를 나타낸다.

이러한 액추에이터의 종류 중에서 전기식 모터가 가장 많이 사용되고 있다. 회전형 모터 외에도 직접 구동 모터(direct drive motor), 직선운동을 출력하는 리니어(linear) 모터도 있다. 공기압식 및 유압식을 전기계와 조립하여 사용하는 것이 많다.

액추에이터의 제어에 관해서는 전기식이 가장 제어하기 쉽다. 공기압식(pneumatic)은 동작 속도는 빠르지만 힘이 약하고, 유압식(hydraulic)은 힘이 강하지만 동작속도가 느리다. 표 3.2에 각종 에추에이터의 특징을 나타낸다.

표 3.1 구동원에 의한 액추에이터의 분류

- 전기식
  - 전자석 — 솔레노이드
  - 모터
    - 직류 모터
    - 교류 모터
    - 서보 모터
    - 스테핑 모터
- 공기압식
  - 공기압 실린더
  - 공기압 모터
- 유압식
  - 유압 실린더
  - 유압 모터

표 3.2 각종 액추에이터의 특징

	전기식	공기압식	유압식
조작력	소, 중	소, 중	중, 대
가격	고가	저가	고가
제어의 정밀도	양호	불량	양호
안전성	안전	안전	불안전
편리성	편리	편리	불편
응답성	100[Hz] 이하	5[Hz] 이하	100～1000[Hz]
사용 장소	정밀제어 및 소출력	단순한 이송용 및 소출력	큰 힘을 요구하는 곳

3.3.1 직류 모터(DC 모터)

모터는 자석과 전류의 자기 작용에 의해 전자력으로 동작하는 **직류 모터**(direct current motor)와 교류의 회전자계에 의해 동작하는 **교류 모터**(alternating current motor)가 있다.

메카트로닉스장치는 모터만 이용하지 않고 회전각을 검출하는 **로터리 인코더**(rotarty encoder) 및 회전 속도를 검출하는 **속도계용 발전기**(tachometer generator)등과 결합시켜 **서보 모터**(servo motor)로 사용하는 경우가 많다.

그림 3.5는 모터의 원리를 나타낸다. 양쪽 자석 사이에 자유롭게 회전이 가능한 사각형 도체 a, b, c, d를 두고, 여기서 도체의 전류를 흐르게 하면 도체는 프레밍의 왼손 법칙에 따라 전자력을 받는다. ab부 및 cd부의 도체가 받는 힘은 서로 역방향의 방향으로 되어 회전력을 발생시킨다. 도체가 90° 이상 회전하게 되면 ab부, cd부의 도체가 받는 힘은 역방향으로

되기 때문에 이 상태로는 연속적인 회전이 되지 않는다. 그래서, 도체에 흐르는 전류의 방향을 반 회전 때마다 변환시켜 연속회전을 얻는다. 도체측의 반원통형의 도체금속을 **정류자**(commutator)라 한다. 이 정류자는 접촉하는 브러시(brush)를 통하여 직류전류를 공급한다.

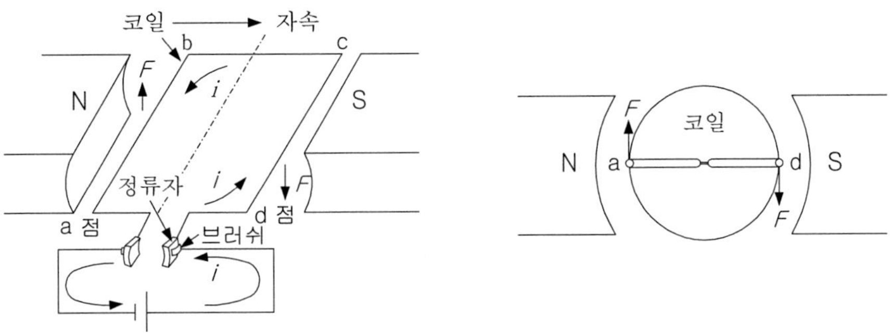

그림 3.5 직류 모터의 원리

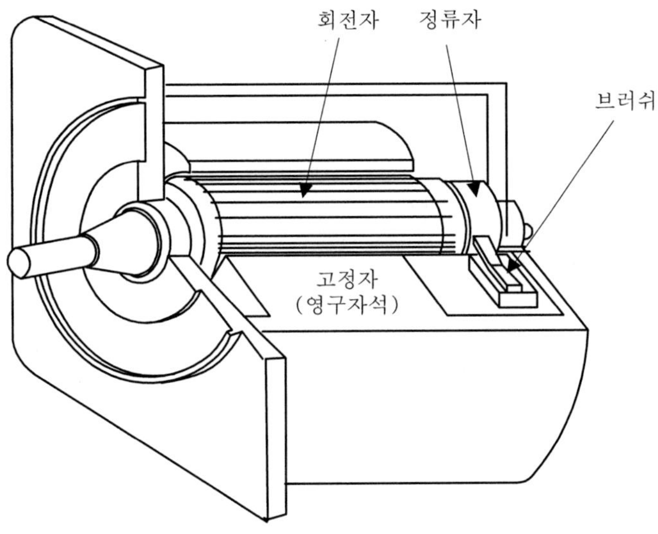

그림 3.6 직류 모터의 구조

그림 3.6은 직류 모터의 구조를 나타낸다. 자계를 만드는 부분을 **고정자**(stator)라 하며, 고정자는 영구 자석을 이용하는 경우에 요크에 코일을 감는 경우가 있다. 그리고 중앙의 회전하는 부분을 **회전자**(rotor) 또는 **전기자**(armatuer)라 한다. 회전자의 철심은 코일이 감겨 있으며, 끝단은 정류자에 접속되어 있다. 정류자는 서로 절연된 동판제의 원통형으로 되어있다. 정류자에 접촉되는 브러시는 고온과 마모에 강한 탄소로 만들어진다. 회전자 코일에 흐르는 전류를

역방향으로 하면 회전자의 회전 방향은 반대로 된다.

회전자가 회전하면 회전자의 도체가 자속을 끌어 들이므로 회전자에 기전력이 발생한다. 기전력의 방향은 공급하는 전압과 역방향이며, 기전력의 크기 E[V]는 계자의 자속 φ[Wb]와 회전 속도 N[rpm]의 곱에 비례한다.

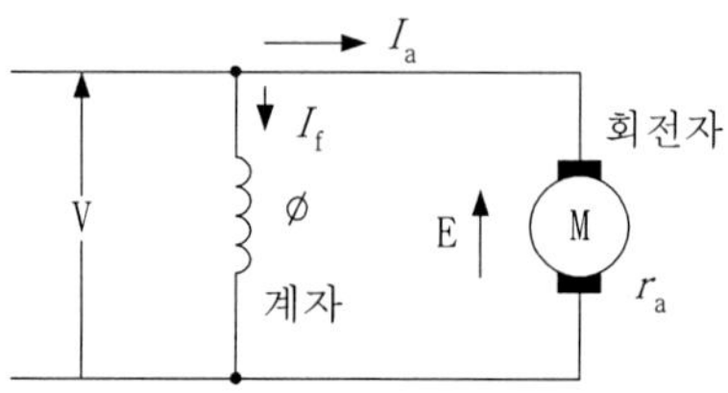

그림 3.7 직류 모터의 전압

그림 3.7은 직류모터의 전압을 나타내며, 여기서 회전자의 저항을 $r_a[\Omega]$, 회전자의 전류를 I_a[A] 단자 전압을 V[V]라 하면 직류 모터의 회전속도 N[rpm]은

$$V = E + r_a I_a \tag{3.1}$$

$$E = k\psi N \quad (k\text{는 비례정수}) \tag{3.2}$$

식(3.1)과 식(3.2)에서

$$N = \frac{V - r_a I_a}{k\psi} \tag{3.3}$$

가 된다. 직류 모터의 회전속도를 변경하는 방법으로는 계자 전류을 I_f[A]을 변경하여 자속 ψ[Wb]를 변경하는 계자 제어법, 회전자 회로에 저항을 접속해서 $r_a[\Omega]$을 변경하는 저항 제어법 그리고 공급전압 V[V]를 변경하는 전압 제어법이 있다.

또한 직류 모터의 토크(torque) τ[N·m]는 자속 ψ[Wb]와 회전자 전류 I_f[A]의 곱에 비례한다. 즉,

$$\tau = k_2 \psi I_a \quad (k_2\text{는 비례정수}) \tag{3.4}$$

가 된다. 직류 모터의 기계적인 출력 P[W]는 각속도 ω[rad/s]와 토크 τ[N·m]의 곱으로 되며, 회전자의 회전속도가 N[rpm]인 경우

$$P = \omega\tau = \frac{2\pi N\tau}{60} = 0.1047N\tau \tag{3.5}$$

와 같이 된다.

(1) 직류 모터의 종류와 특성

직류 모터는 계자 코일과 회전자 코일의 접속방법에 의해 직권 모터, 분권 모터, 복권 모터, 타여 모터의 4종류와 계자에 영구 자석을 이용하는 영구 회전자로 분류된다. 메카트로닉스의 액추에이터로는 소형이며 큰 회전력을 얻을 수 있는 영구 자석 모터가 많이 사용된다.

① 직권 모터

그림 3.8과 같이 계자 코일과 회전자 코일을 직렬로 접속한 것을 **직권 모터**(series motor)라 한다. 계자 전류와 회전자 전류는 동일하며, 부하가 크게 되면 회전자 전류가 크게 되므로 회전 속도가 늦어진다.

토크는 전류의 2승에 비례하므로 시동 토크가 크다. 따라서 전차 및 크레인 등에 많이 사용된다.

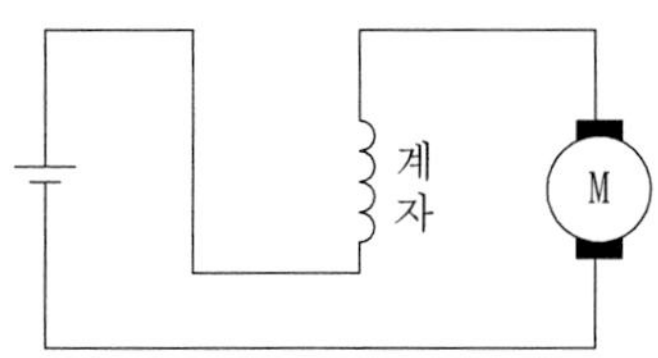

그림 3.8 직권 모터

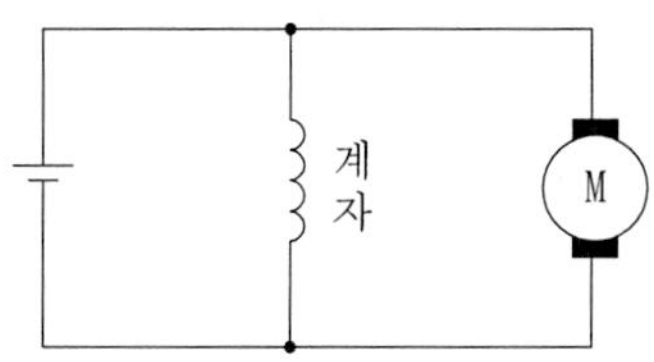

그림 3.9 분권 모터

② 분권 모터

분권 모터의 간단한 회로를 그림 3.9에 나타낸다. 직류 전원에 대해 계자 코일과 회전자 코일을 병렬로 접속한 것을 **분권 모터**(shunt motor)라 한다.

모터의 부하가 증가하였을 경우 단자의 전압 V가 일정하면 자속 ψ는 일정하고, 회전자의 전류 I_a가 크게 되어도 r_aI_a는 전원 V에 비하여 아주 작으므로 회전 속도는 거의 일정하다. 이러한 특성으로 펌프 및 공작 기계 등에 많이 사용된다.

③ 복권 모터

그림 3.10과 같이 분권 계자와 직권 계자의 2구조로 되어 있는 모터를 복권 모터(compound motor)라 한다. 엘리베이터 및 압축기 등에 많이 사용된다.

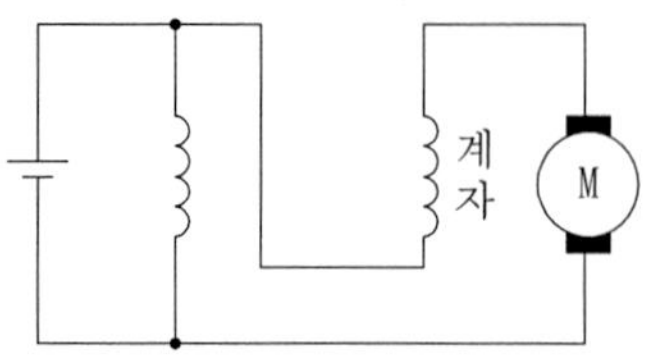

그림 3.10 복권 모터

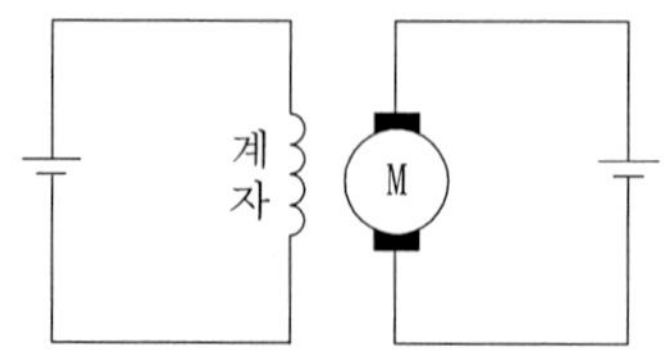

그림 3.11 타여 모터

④ 타여 모터

그림 3.11은 타여 모터의 간단한 회로를 나타내며, 이 그림에서 알 수 있듯이 계자용 전원과 회전자용 전원이 별도로 되어 있다.

⑤ 영구 자석 모터

계자의 영구 자석을 사용하는 직류 모터는 소형이며 효율이 아주 좋은 모터이다. 특성은 계자 전류가 일정한 분권 전동기와 동일하다.

3.3.2 교류 모터(AC모터)

교류 모터는 외측의 고정자 코일에 공급하는 교류 전원으로 발생하는 회전자계 또는 이동자계에 의해 내측의 회전자가 회전한다. 고정자 코일에 공급하는 교류는 단상과 3상이 있으며, 회전자의 구조 등에 의해 여러 종류의 교류 모터가 있다.

대표적인 교류 모터는 **유도 모터**(induction motor)와 **동기 모터**(synchronous motor)이다.

그림 3.12와 같이 120°의 간격으로 설치된 3조의 코일에 평형 3상 교류를 흐르게 하면 각 코일에는 오른나사의 법칙에 의해 자계가 발생하고 그것을 합성하면 시간과 함께 회전하는 자계가 된다.

그림에서 ①의 시각에서는 코일 a의 자속 ϕ_c는 최대가 되고, 코일의 b는 자속 ϕ_b와 코일 c의 자속 ϕ_c는 그림에서 나타내는 방향으로 크기가 최대의 1/2이 되며, 그 합성자속 ϕ_1은 그림과 같이 위의 방향으로 된다. 같은 방법으로 ② 및 ③의 시각에 의한 합성자속 ϕ_2, ϕ_3를 구하면 그림 3.12와 같이 회전하는 것을 알 수 있다.

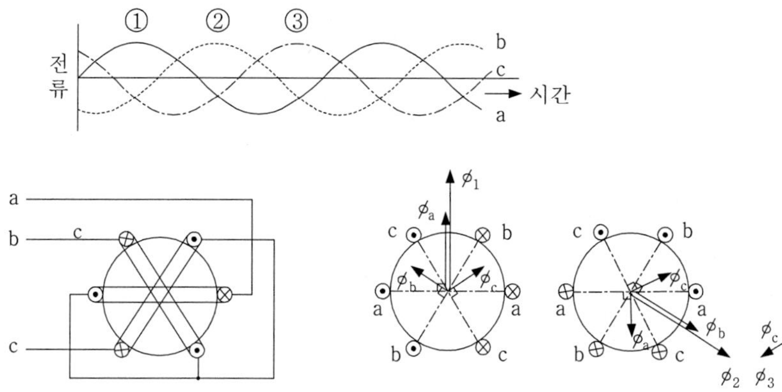

그림 3.12 3상 교류에 의한 회전자계

3상 교류에 의한 회전자계(rotating field)는 그림 3.12에서 구한 것과 같이 고정 코일이 3개인 경우 1사이클로 1회전한다. 교류의 주파수가 f[Hz]라면, 회전자계는 1초 동안에 f 회전하고 1분간에는 $60f$ 회전하는 것이 된다.

자극수 P, 주파수 f[Hz], 회전자계의 매분 회전수 N_s[rpm]은

$$N_s = 120 \times \frac{f}{p} \tag{3.6}$$

여기서 N_s을 **동기속도**라 한다. 고정자 코일이 3개가 1조라면 $P=2$가 되며, 코일이 6개가 2조라면 $P=4$가 된다.

회전자에 부하가 주어지면 회전자의 회전 속도는 N_s보다 늦게 된다. 이와 같이 늦어지는 경우를 **슬립**(slip)이라 한다. 회전자의 속도를 N이라 하면 슬립 S는

$$S = \frac{N_s - N}{N_s} \tag{3.7}$$

가 된다. 슬립은 %로 나타내는 경우가 많다. 무부하로 운전하고 있을 때는 슬립이 0%에 가까우며, 전부하일 경우는 약 4～10% 정도이다.

코일에 전류가 흐르는 방향을 나타내는 기호는 그림 3.12에서 보는 것과 같이 책의 면에서 위 쪽으로 흐르는 전류는 기호 ⊙를 사용하고, 반대로 책의 면 쪽으로 흐르는 전류의 기호는 ⊗를 사용한다.

3.3.2.1 3상 유도 모터

3상 유도 모터는 구조가 간단하며 가격이 싸고, 견고한 이유로 동력용으로 많이 이용되고 있다. 고정자는 규소 강판의 철심 내측에 홈을 만들어 3상 코일을 삽입시켜 Y(stat) 또는 Δ(delta)의 결선을 하고 있다.

회전자는 원통상의 철심 외측에 홈을 만들어 알루미늄 합금을 삽입시켜 양 끝단은 단락시켜져 있다. 이것을 **바구니형 회전자**(squirrel cage rotor)라 한다. 회전자는 코일형도 있으며, 저항을 접속시켜 어느 정도 속도 제어가 가능하다.

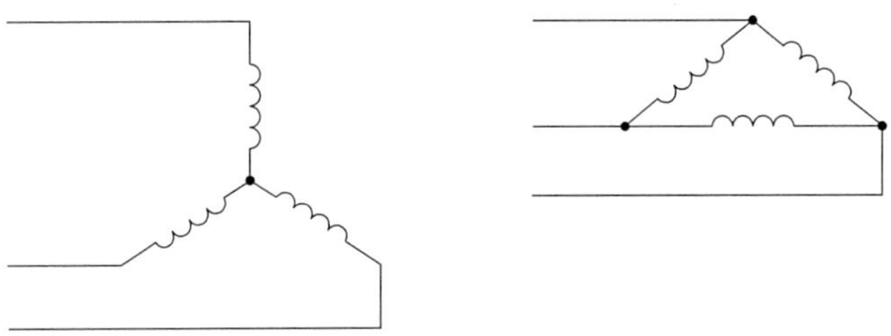

(a) Y결선 (b) Δ결선

그림 3.13 코일의 결선 방법

3상 유도 모터의 회전 방향을 변경할 때는 그림 3.14(a)와 같이 고정자의 코일에 공급되는 3상 교류의 2선을 연결하면 된다. 이와 같이 하면 그림(b), (c)와 같이 a상과 b상의 입력 전류가 변경되어 회전자계의 방향은 역으로 된다. 따라서, 회전자는 역으로 회전한다.

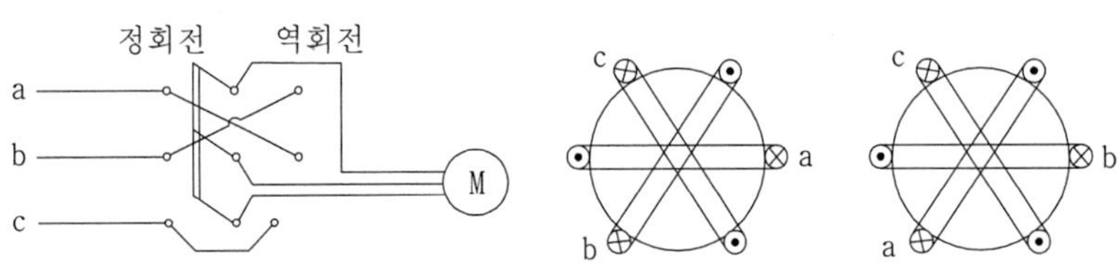

(a) 회로 (b) 정회전 (c) 역회전

그림 3.14 3상 유도 모터의 정역회전

3.3.3.2 3상 동기 모터

3상 동기 모터(three phase synchronous motor)는 회전자의 직류 전류를 흐르게 하여 자극을 만들어 고정자의 회전자계와 회전자의 자극과의 상호작용에 의해 회전자계와 같은 속도, 즉 동기 속도로 회전하는 것이다.

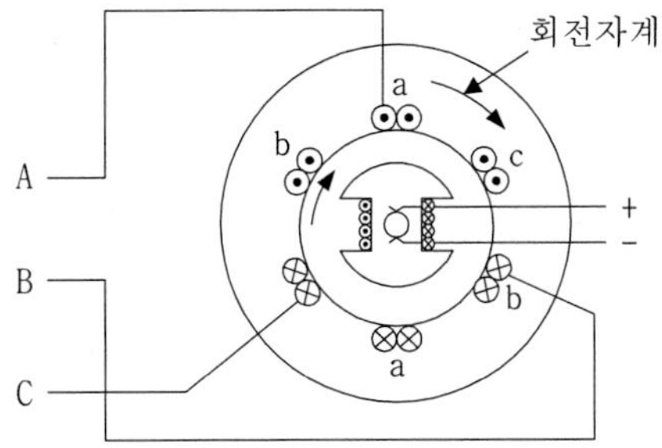

그림 3.15 3상 동기 모터

그림 3.15는 동기 모터의 원리도를 나타낸다. 3상 동기 모터는 고정자에 공급된 3상 교류 전원에 의해 3상 유도 모터와 동일하게 회전자계가 발생한다. 이 회전자계와 회전자의 자극 N, S의 흡인력에 의해 회전자가 동기속도로써 회전한다.

그러나 회전자가 정지하고 있을 때는 회전자계가 상당히 빠르게 회전하였기 때문에 처음 시동 때에는 주의하여야 한다. 일반적으로 회전자에 동선 등의 도체를 삽입하여 그 양단을 단락하여 유도 모터로 시동하고 나서 회전자가 동기 속도에 가깝게 되면 회전자에 직류 전류를 공급하여 3상 동기 모터로 이용한다.

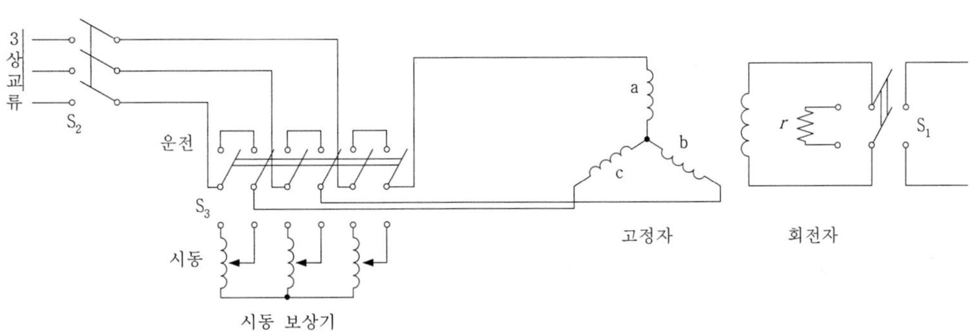

그림 3.16 3상 동기 모터의 운전

그림 3.16은 3상 동기 모터의 접속도를 나타낸다. 동작 방법은 먼저 스위치 S_1을 좌측에 연결하고, 회전자코일은 저항 r로 단락시켜 둔다. 다음은 스위치 S_2를 닫고, 스위치 S_3 시동측으로 연결하면 3상 동기모터는 3상 유도모터로 회전을 시작한다. 그리고 동기 속도에 가깝게 되면 S_1을 직류전원측으로 변경하고 S_3도 운전측으로 변형시킨다.

시동 보조기는 시동할 때 고정자 코일에 과대 전류가 흐르지 않게 하기 위해 사용된다. 그리고 저항 r은 회전자 코일에 고전압이 발생하는 것을 방지하기 위해 사용된다.

3.3.2.3 단상 유도 모터

전기 자동 세탁기 및 선풍기 등에 사용되고 있는 단상 유도 모터는 여러 가지의 종류가 있으나 여기서는 일반적으로 가장 많이 사용되는 캐패시터(capacitor) 시동형에 대하여 설명한다. 2개의 코일이 90°의 위상차를 갖는 전류를 흐르게 하여 이동자계를 만들어 회전자를 회전시킨다.

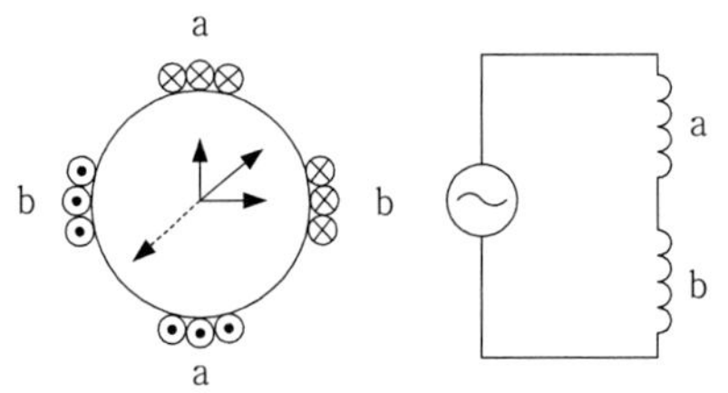

그림 3.17 단상교류에 의한 교번자계

그림 3.17과 같이 1상의 자극에 단상교류를 흐르게 하면, 전류의 정(+), 부(−)가 바뀌게 되어 자극이 반전하고, 교번자계로 된다. 따라서 이 상태로는 중앙에 원통상의 도체 등을 놓아도 회전하지 않는다. 그래서 그림 3.18과 같이 주 코일 외에 캐패시터를 접속한 코일(시동코일)을 설치하여 단상교류를 흐르게 하면, 시동코일에 흐르는 전류는 캐패시터 때문에 90°의 위상이 빠르게 된다. 이 결과 ①→②→③→④의 순서로 회전하는 자계가 발생하여, 중앙의 회전자가 회전하게 된다. 이와 같은 단상 모터를 **캐패시터 시동형 모터** 또는 **캐패시터 모터**라 한다. 현장에서는 **콘덴서 모터**(condenser motor)라고도 한다. 캐패시터의 용량은 μF 정도가 된다.

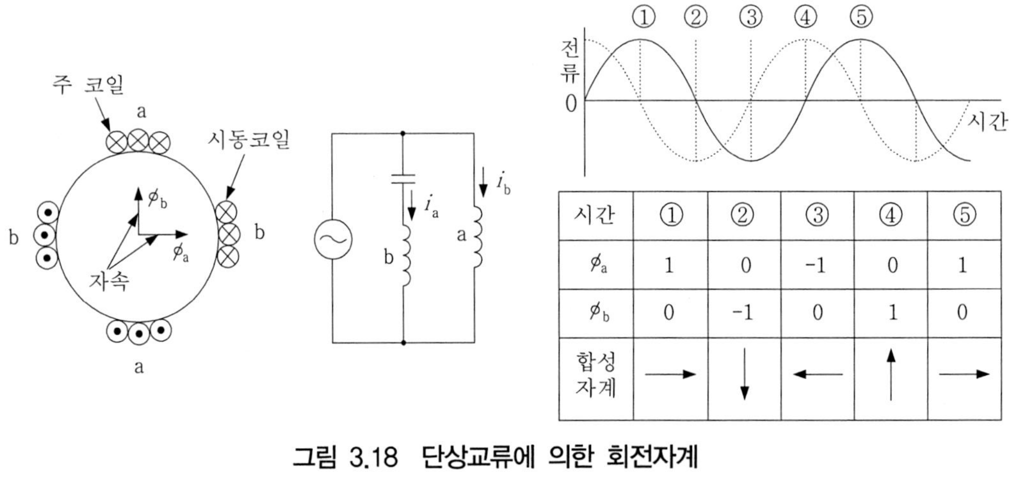

시간	①	②	③	④	⑤
ϕ_a	1	0	-1	0	1
ϕ_b	0	-1	0	1	0
합성 자계	→	↓	←	↑	→

그림 3.18 단상교류에 의한 회전자계

회전 방향을 정·역회전으로 변경하기 위해서는 주 코일과 시동 코일의 접속을 서로 바꾸면 된다. 그림 3.19는 회전을 바꾸는 회로를 나타낸다.

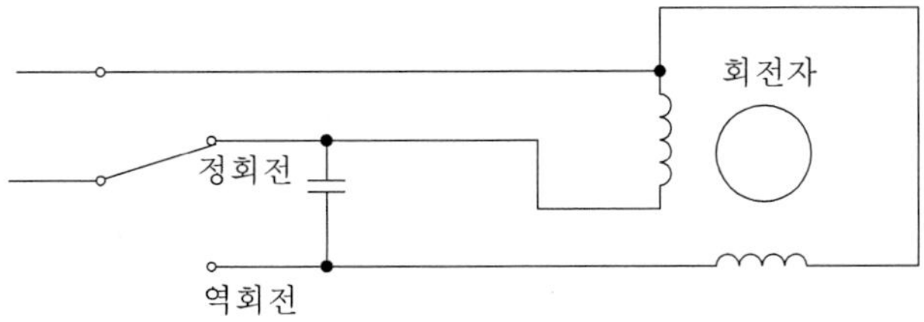

그림 3.19 캐패시터 모터의 정·역회전

3.3.3 서보 모터

물체의 위치, 속도, 자세 등을 제어량으로 그것을 목표값의 임의의 변화에 추종시키는 피드백(feed back)제어계를 **서보**(servo)**기구**라 한다. 서보기구의 구동부 부분에 사용되는 모터를 **서보 모터**(servo motor)라 한다. 이와 같은 제어에 이용되는 모터는 일반적인 모터에 비하여 제어특성을 좋게 하기 위해 회전자의 관성을 작게 하고 있다. 서보 모터는 구동 토크가 크고 정밀한 제어가 가능하여 로봇의 액추에이터로 많이 사용되고 있다.

3.3.3.1 서보 모터의 특성

서보 모터는 시동과 정지가 빈번하게 반복되어, 급가속, 급감속이 요구되므로 관성을 작게 하기 위해 회전자의 직경을 작게 하고, 고토크(high torque)를 얻기 위하여 축방향의 길이를 크게 한 것이 많다.

서보 모터는 공급되는 전원이 직류 또는 교류에 의해 직류 서보 모터와 교류 서보 모터로 구별된다. 직류 서보 모터 및 교류 서보 모터의 특징은 다음과 같다.

① 직류 서보 모터

- 제어 장치가 간단하다.
- 정·역전 운전 및 속도 제어가 간단하다.

② 교류 서보 모터

- 고장이 적다.
- 과부하에 강하다.
- 전원을 어디서나 간단하게 얻을 수 있다.

3.3.3.2 직류 서보 모터(DC서보 모터)

직류 서보 모터(direct current servo motor)는 서보 모터로 오랜 역사와 실적이 많다. 그림 3.20은 직류 서보 모터의 구조를 나타낸다. 모터부는 일반적으로 고정한 영구 자석(고정자, stator)과 코일을 감은 회전자(rotor)로 구성되어 있다. 회전자는 중심 축을 중심으로 회전하게 되어있으며, 고정한 영구자석에 의해 자계가 만들어져 있는 상태에 회전자의 정류자에 접촉되어 있는 브러시로 일정한 전류가 공급되어 회전자가 중심축을 중심으로 회전하게 된다.

그림 3.20 직류 서보 모터

센서는 모터의 회전각 및 회전 속도를 제어하기 위해 사용된다. 서보 모터에 사용되는 일반적인 센서는 다음과 같다.

- 센서
  - 회전속도
    - 직류 발전기(TG)
    - 주파수 발전기(FG)
  - 회전각
    - 포텐쇼미터
    - 차동 변압기
    - 자기식 인코더
    - 광학식 인코더

직류 서보 모터의 단점은 정류자의 브러시의 정기적인 보수를 하여야 한다. 표 3.3은 직류 서보 모터의 특성을 예로 나타낸다.

표 3.3 직류 서보 모터의 특성

항목	정격	단위
정격 출력	40	W
정격 전압	24	V
정격 회전자 전류	3.0	A
정격 토크	0.14	N·m
최대 토크	0.8	N·m
정격 회전속도	3,000	rpm
최대 회전속도	5,000	rpm
인코더 출력	500	pulse/rev

3.3.3.3 교류 서보 모터(AC 서보 모터)

그림 3.21은 교류 서보 모터의 내부구조의 예를 나타낸다. 교류서보모터는 일반적으로 IM (induction motor)형과 SM(synchronous motor)형으로 구별된다. 일반적으로 정밀 제어보다 용량이 필요한 곳은 IM형이 많이 사용되고, 용량보다 정밀성이 요구되는 곳은 SM형이 많이 사용되고 있다. SM형은 회전자에 영구자석을 이용한 3상 또는 2상의 브러시레스 모터 (brushless motor)가 이용되고 있으며, 그 제어는 전용의 구동장치를 이용한다. 수 kW 이상의 교류 서보 모터는 일반의 유도 모터와 동일한 IM형이 사용된다.

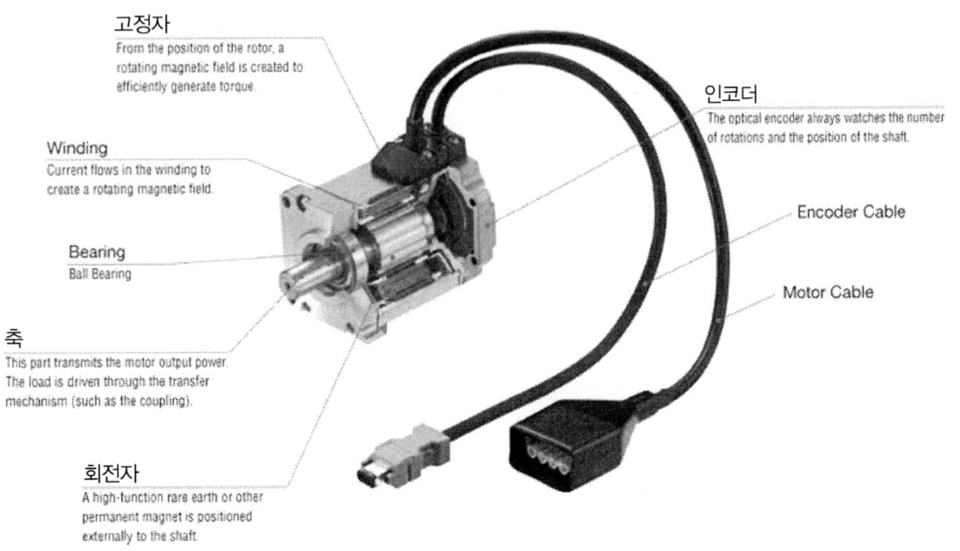

그림 3.21 SM형 AC 서보 모터

3상의 브러시레스 모터는 그림 3.22와 같이 고정자로 3개의 코일이 있으며, 회전계에는 영구 자석이 이용된다. 고정자 코일에 흐르는 전류를 일정한 속도로 순서대로 바꾸면, 회전자계가 발생하여 영구자석의 회전자와 회전을 하게 된다.

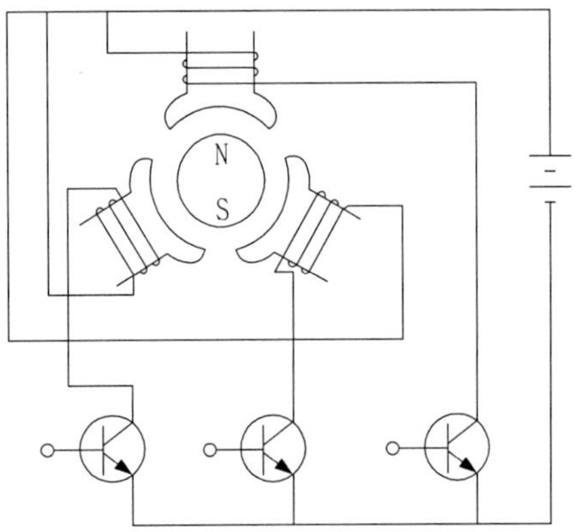

그림 3.22 브러시레스 모터의 원리

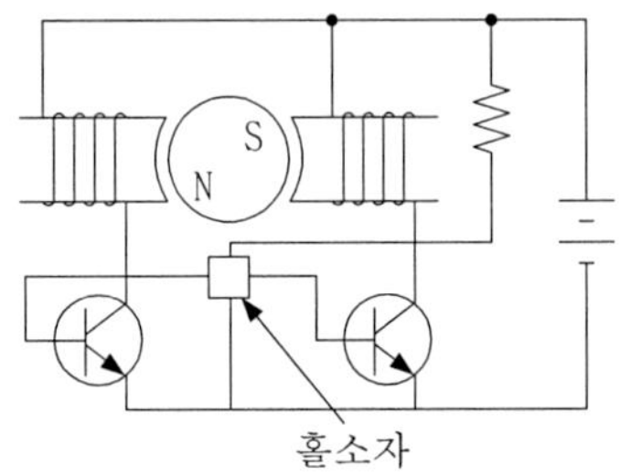

그림 3.23 홀 센서를 이용한 브러시레스 모터의 회로

그림 3.23은 홀(holl)센서를 이용한 2상 브러시레스 모터의 회로를 나타낸다. 홀센서를 회전자의 측면에 부착하여 놓아 회전자의 자극이 접근하게 되면 홀 센서에 전압이 발생하게 되어 그 전압을 이용하여 트랜지스터를 ON, OFF 한다.

브러시레스 모터의 장점은 다음과 같다.

① 영구자석을 이용하고 있어, 흐르는 전류에 대하여 발생하는 토크가 크며, 효율이 좋다.
② 응답이 빠르다.
③ 토크의 변동이 작으며, 안정한 제어가 가능하다.
④ 기계적인 접점이 없으며, 신뢰성이 높다.

교류 서보 모터의 회전속도는 구동 장치에서 교류신호의 주파수로 변한다. 교류 서보 모터의 구동장치에는 아날로그(analog)신호의 직류 전압 및 디지털(digital)신호의 펄스(pulse)로 되어 있다. 펄스 신호의 경우는 펄스 주파수에 의해 회전 속도 제어, 펄스 수에 의해 회전각 제어가 가능하다.

3.3.4 스테핑 모터(stepping motor)

3.3.4.1 원리와 종류

스테핑 모터(stepping motor)는 **펄스 모터**(pulse motor)라고도 한다. 스테핑 모터는 프린터 및 가공 제어장치에 많이 사용되고 있다. 이것은 앞에서 배운 DC 모터 및 AC 모터와는 달리 전압을 걸면 회전하는 것이 아니고, 펄스 신호를 주면 일정한 각도로 회전한다. 또한 펄스의 주파수를 변경하면 회전 속도가 변화한다. 메카트로닉스 분야에 사용하는 경우 펄스 수를 출력하는 것으로, 목표하는 각도의 회전을 얻을 수 있어 **오픈루프**(open loop)로 제어계가 설계되는 장점이 있다. 일종의 동기 모터이다.

그림 3.24는 스테핑 모터의 원리도를 나타낸다. 스테핑 모터는 여러 상의 코일을 감은 고정자 자극과 피치(pich)를 조금씩 달리 한 요철형의 회전자로 구성되어 있다. 그림 3.24와 같이 Ⅰ, Ⅱ, Ⅲ상 권선이 상대의 'Ⅰ', 'Ⅱ', 'Ⅲ'상에 직렬로 감겨져 있다. 각각의 권선에는 스위치 S_1, S_2, S_3가 접속되어 있다. 그 스위치를 그림(c)와 같이 순서대로 ON-OFF하여 각 상에 전류를 흐르게 하면, 요철형의 회전자가 고정자 자극에 끌려 일정한 각도 (d)와 같이 회전한다. 이 경우 1펄스에 60°회전하게 된다.

그리고 Ⅰ상과 Ⅱ상, Ⅱ상과 Ⅲ상과 같이 2상을 동시에 펄스를 입력하게 되면 1펄스로 30°회전을 시킬 수도 있다. 1펄스로 회전하는 각도를 **스텝각**(step angle)이라 한다. 스위치를 S_3, S_2, S_1으로 동작시키면 회전자는 역방향으로 회전하게 된다. 출력축의 회전각 θ[°]는 스텝각 α[°/펄스], 입력 펄스 수를 n이라 하면

$$\theta = \alpha \times n \tag{3.8}$$

이 된다.

스테핑 모터는 동작원리와 구조에 따라 VR(variable reluctance)형, PM(permanent magnet)형, HB(hybrid type)형의 3종류로 구분한다.

(1) VR형

그림 3.24와 같은 구조를 VR형 스테핑 모터라 한다. 회전자와 고정자 자극이 아주 가깝게 접근한 상태이다. 즉, 자기저항(reluctance)이 아주 작게 발생되게 회전하므로 이와 같은 이름이 붙여졌다. 회전자의 잇수를 증가시키면 스텝각을 작게 할 수 있다.

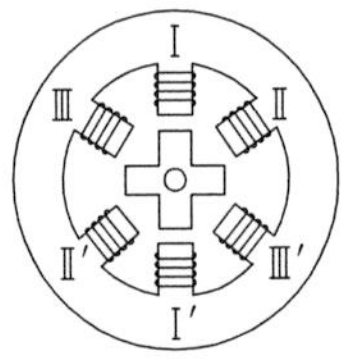

(a) 구 조

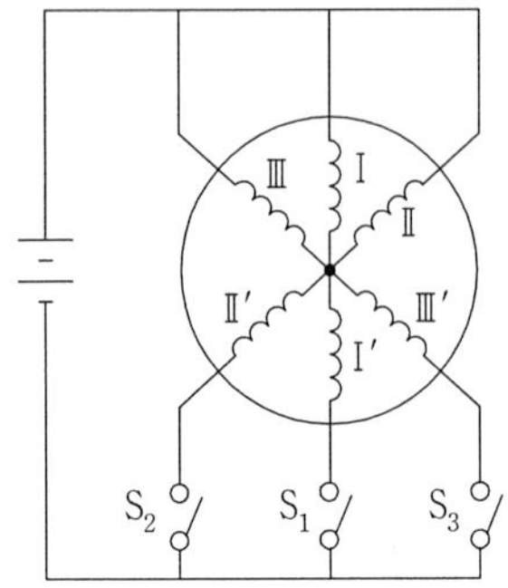

(b) 코일 결선도

상 \ 입력펄스	1	2	3	4	5	6
Ⅰ	1	0	0	1	0	0
Ⅱ	0	1	0	0	1	0
Ⅲ	0	0	1	0	0	1

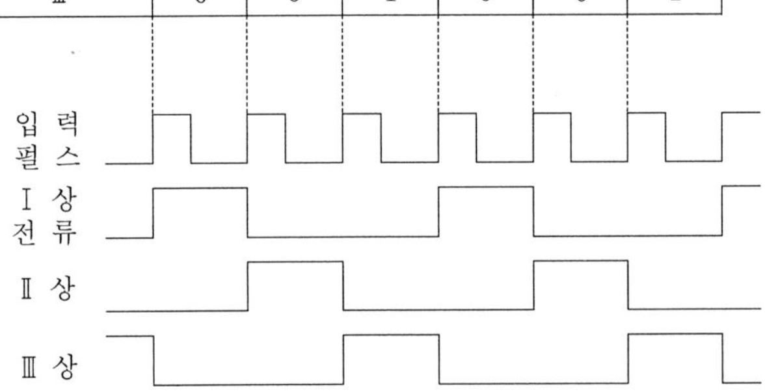

(c)

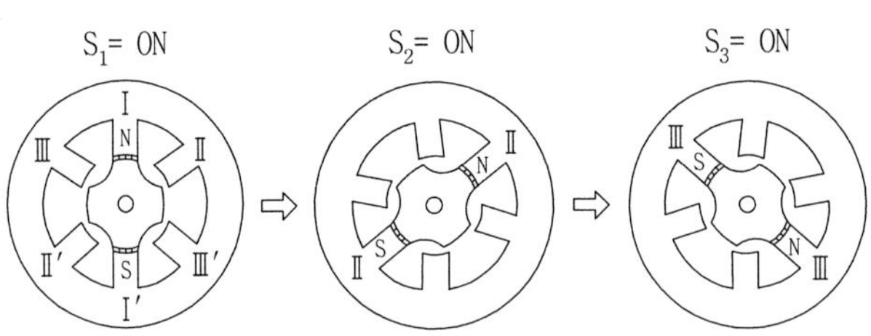

(d)

그림 3.24

(2) PM형

그림 3.25와 같이 회전자가 영구자석으로 그 원주 방향으로 많은 극이 착자되어 있다. 고정자는 다극 다상으로 되어있으며, 각상의 권선에 DC전류를 순차적으로 흐르게 하므로 토크의

평활점이 회전하여, 회전자를 1스텝(step)씩 회전한다.

엘니코(alnico)형 자석을 사용하는 것은 스텝각이 45°~90°로 회전하며, 페라이트(ferrite)형 자석을 이용한 회전자는 스텝각이 1.8°~22.5°이다. 영구자석형은 고정자에 전류가 흐르지 않는 상태라도 회전자는 자력에 의해 정지상태를 유지하여 공회전 하지 않는다. 일반적으로 구조가 간단하고 효율이 좋으며 가격도 저렴하여 많이 사용되고 있다.

그림 3.25 PM형 스테핑 모터의 구조

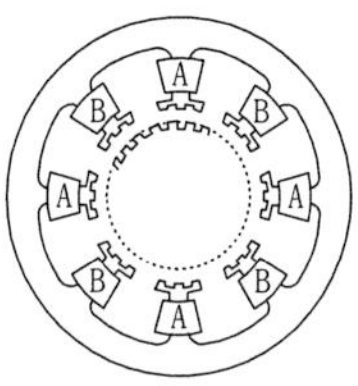

그림 3.26 HB형 스테핑 모터의 구조

(3) HB형

하이브리드형은 회전자가 VR형과 PM형의 복잡한 구조로 되어있다. 회전자는 축방향으로 자화된 영구 자석으로 되어있으며 그 구조는 그림 3.26과 같다. 일반적으로 하이브리드형은 2상 스테핑 모터가 이용되고 있으며, 회전자는 50개의 기어형의 이가 있고, 고정자는 2상의 여자코일(A, $\overline{A}$, B, $\overline{B}$)에는 48개의 기어형의 이가 등간격으로 되어 있다.

각 고정자에 대하여 회전자의 이는 A상용과 B상용으로 1/2피치씩 엇갈려 있다. 각 코일에 전류가 흐르면 그림 3.27과 같이 자계가 발생하여 1개의 펄스(pulse)로 회전자의 폭이 1/2만 회전한다. 기어폭과 틈새부의 폭이 동일하며, 스텝각 α는 펄스를 입력하는 방법(여자방법)은 다르지만, 기본적으로는

$$\alpha = \frac{360}{\text{회전자 잇수} \times \text{상수}} \tag{3.8}$$

따라서 스텝각 $\alpha = \dfrac{360}{50 \times 4} = 1.8°$와 같다. 여기서 상수는 A, $\overline{A}$, B, $\overline{B}$로 4가 된다.

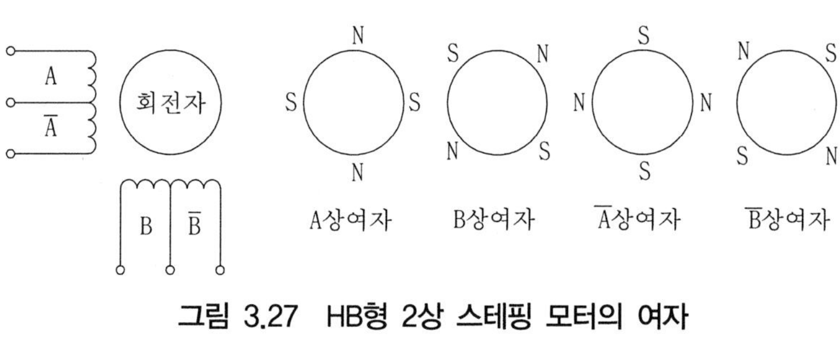

그림 3.27 HB형 2상 스테핑 모터의 여자

그리고 하이브리드형은 그림 3.28과 같이 A~E의 5상 2극의 고정자 코일로 구성된 5상 스테핑 모터도 있다. 이 스테핑 모터는 회전자의 기어이가 2상 스테핑 모터와 동일하게 50개, 스텝각은 0.72°이다. 2상 스테핑 모터와 비교하면 고속이며, 고토크를 얻을 수 있다.

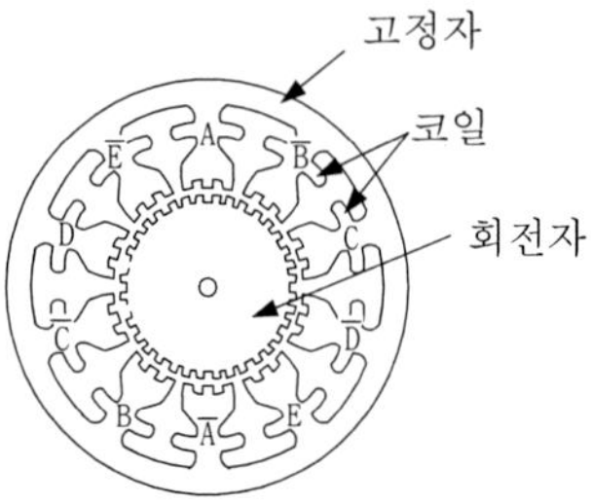

그림 3.28 5상 스테핑 모터

3.3.4.2 특성과 구동 방식

스테핑 모터를 이용하여 위치제어 등을 할 경우, 가장 기본이 되는 것은 1펄스가 입력되어 회전하는 스텝각이다. 이것 외에 다음과 같은 특성이 있으며 모터를 선택할 경우 고려하여야 한다.

(1) 속도–토크 특성

모터의 속도와 토크의 관계를 나타내는 것으로 속도-토크 특성이라 한다. 모터의 여자방법에 의해 속도-토크 특성이 크게 다르지만, 일반적으로 고속으로 되면 될 수록 고정자 코일에 흐르는 전류가 짧게 되며, 토크도 작게 된다.

(2) 최대 정지토크

모터를 정격전류로 여자했을 때 모터가 현재의 위치를 유지하고자 발생하는 정지시의 최대 토크 값, 이 값 이상의 외부토크가 가해지면 모터는 정지상태를 유지할 수 없어 외력에 의하여 움직이게 된다.

(3) 최대 자시동 주파수

모터가 무부하의 상태로써 정지 상태에서 움직일 수 있는 최고의 펄스 주파수

(4) 최대 응답 주파수

모터가 자시동 영역에서 시동 후, 서서히 펄스 주파수를 높였을 때 동기속도로 회전되는 최고의 주파수

(5) 주파수-토크 특성

입력펄스 주파수에 대한 모터의 출력 토크특성을 나타내는 것을 주파수-토크 특성이라 한다. 자시동 주파수 특성 범위내의 입력 펄스 주파수에서는 모터는 순시에 시동, 정지할 수 있다. 그 이상의 주파수로 운전하기 위해서는 자시동 주파수 특성 내에서 시동한 다음 서서히 주파수를 높이고, 정지시에는 자시동 주파수 이하가 된 다음 모터를 정지시킨다.

그림 3.29는 스테핑 모터의 구동 구성을 나타낸다. 구동요소는 모터의 회전한 방향과 회전 속도 등을 제어하는 제어장치, 제어장치의 신호펄스를 발생하는 펄스 발생기, 펄스를 각 코일에 순서대로 분배하여 전류를 흐르게 하는 구동회로가 필요하다. 그림 중에서 CW(clockwise)는 시계방향으로 회전, CCW(counter clockwise)는 반시계방향으로 회전을 하는 것을 의미한다.

하이브리드형 2상 스테핑 모터의 고정자 코일은 그림 3.27과 같이 접속되어 있다. 여자방식은 코일에 전류를 흘리는 방법에 따라 1상 여자, 2상 여자, 1-2상 여자로 분류된다. 각각의 여자 방식의 여자 신호를 3.30에 나타낸다.

(1) 1상여자

전류를 흘리는 코일이 1상뿐이며, 흐르는 전류를 다음 상으로 바꿔 모터를 회전시킨다. 스텝각은 1.8°가 된다.

(2) 2상여자

2개의 코일에 동시로 전류를 흘린 후, 다음의 상으로 전류의 흐름을 바꿔 모터를 회전시킨다. 스텝각은 1.8°가 되며, 전류는 1상여자의 2배가 된다. 최대 자시동 주파수가 크고, 과도특성도 좋다.

(3) 1-2상여자

1상여자와 2상여자를 교차적으로 일어나게 하는 방법으로 구동전류가 2펄스로 바뀌므로 스텝각은 0.9°가 된다. 여자전류는 크며, 과도특성이 좋다. 그리고 최대 자시동 주파수도 크다.

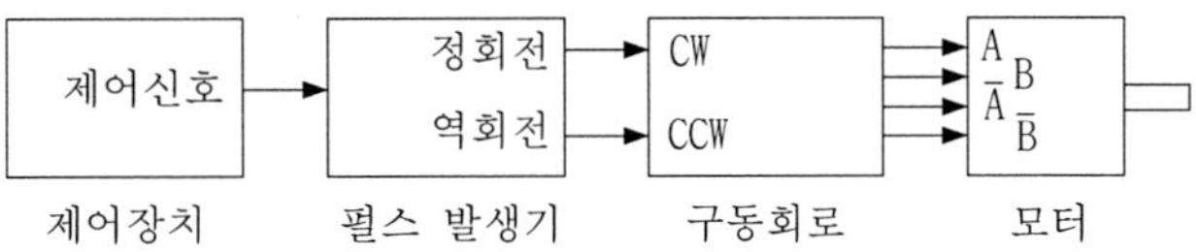

그림 3.29 스테핑 모터의 구동구성

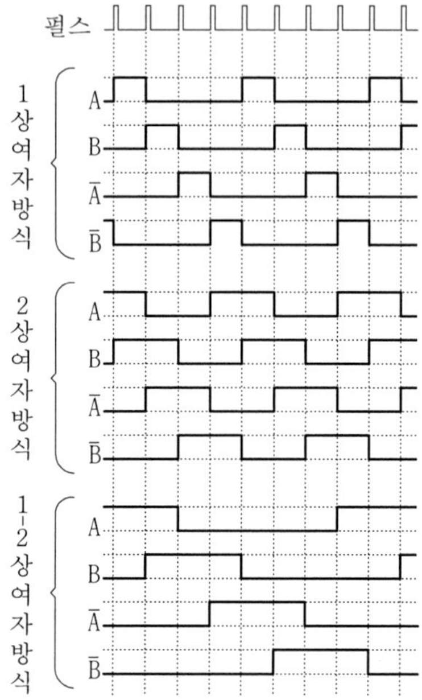

그림 3.30 여자 방식

3.3.5 공기압식 액추에이터

압축공기를 장치 내에 넣어 그 공기압에 의해 물건을 밀거나 당기는 장치를 **공기압 실린더**(Pneumatic Cylinder)라 한다. 공기압 실린더는 로봇 및 산업기기의 여러 곳에 이용되고 있으며, 이와 같이 공기압을 이용한 동력장치를 **공기압식 액추**에이터라 한다.

공기압식 액추에이터는 공기압식 실린더 외에 공기압 모터, 공기압 요동 액추에이터 등이 있다.

- 공기압식 액추에이터
  - 왕복형 : 직선운동
  - 회전형
    - 모터 : 연속 회전운동
    - 요동형 : 회전각도 제한운동

3.3.5.1 공압 실린더의 구조

공압 실린더는 자동화의 직선 운동기기 중 가장 많이 사용되며, 그 종류도 의외로 많고 구조도 여러 가지가 있다.

그림 3.31은 일반적인 공압 실린더의 구조를 나타낸다. 공압 실린더의 작동원리는 밀폐된 용기 내에 압축 공기를 주입시켜 피스톤(piston)을 이동시킨다. 피스톤에 연결된 피스톤 로드

(piston rod)로 외부에 힘을 낸다. 압축공기의 입·출구를 **포트**(port)라고 하고, 포트가 양단에 설치되어 양방향으로 이동이 가능한 것을 **복동 실린더**라 한다. 포트가 1개로 압축공기에 의해 실린더 로드가 이동하고, 복귀에는 스프링 또는 외력을 이용하는 것을 **단동 실린더**라 한다. 그리고 피스톤 로드가 실린더의 한 쪽에 있는 것을 **편로드 실린더**, 양측에 설치되어 있는 것을 **양로드 실린더**라 한다.

그림 3.31의 복동 실린더를 이용하여 구체적으로 동작 원리를 설명하면 다음과 같다. 그림과 같이 압축 공기를 포트 A에 공급하면, 피스톤이 압력을 받아 피스톤과 피스톤의 로드가 우측으로 움직인다. 이때에 포트 B로 주입된 압축 공기는 배출된다. 반대로 압축공기를 포트 B에 주입시키면, 피스톤 로드는 좌측으로 움직인다.

압축공기에 의해 피스톤 로드가 받는 힘이 실린더의 출력이 된다. 피스톤의 면적을 A[mm^2], 공기압을 P[MPa]이라 하면, 출력 F[N]은

$$F = PA \tag{3.9}$$

와 같다. 여기서 실린더의 실제 출력은 여러 가지의 손실을 감안하여 식(3.9)의 이론 계산의 약 80~90%가 된다.

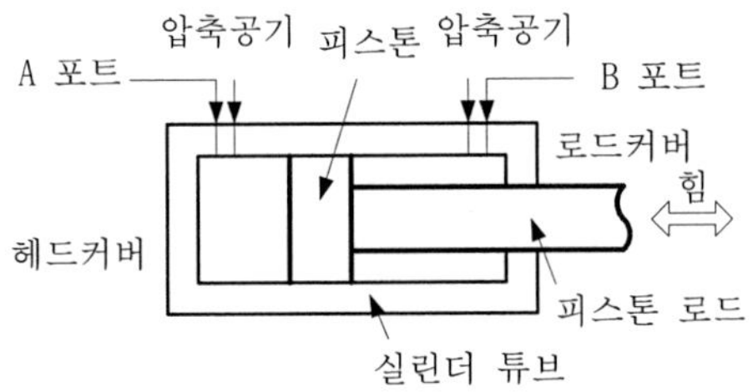

그림 3.31 공압 실린더의 원리

(1) 피스톤

피스톤은 공기의 압력을 받는 실린더 튜브 안에서 미끄럼 운동을 하며, 때로는 고속으로 헤드커버와 충돌하기도 한다. 따라서 충분한 강도와 내마모성이 요구된다. 피스톤 둘레에는 피스톤과 튜브 사이를 실링하는 패킹이 설치되어 있다. 피스톤의 재질은 부하 정도에 따라 플라스틱, 알루미늄 합금, 강 등이 사용된다.

(2) 피스톤 로드

피스톤 로드는 작용하는 부하에 따라 압축, 인장, 굽힘, 진동 등의 하중에 견딜 수 있는 충분한 강도와 내마모성이 요구된다. 재질로는 구조용 탄소강, 합금강 등이 사용된다. 피스톤 로드의 표면 거칠기는 1.6 s 이하로 하여 내마모성을 향상시키고, 또한 경질크롬 도금을 하기도 한다. 행정거리가 긴 경우 좌굴이 생기므로 설계시에 주의가 필요하다.

(3) 실린더 튜브

실린더 튜브는 피스톤 움직임을 안내하는 것으로, 피스톤의 미끄럼운동 및 내압이 걸리므로 내마모성과 내압성이 요구된다. 내마모성을 향상시키기 위해 경질크롬 도금을 하고 표면 거칠기를 1.6 s 이하로 가공하여 사용한다. 재질은 강관, 알루미늄 합금 등이 사용된다.

(4) 헤드커버

실린더 튜브 양단에 설치되어 피스톤 행정의 위치를 결정한다. 완충기구가 내장된 것은 헤드 커버에 설치되어 있고, 피스톤 로드를 지지하고 있는 피스톤 로드 부싱(bushing)과 로드 실용 패킹이 장착되어 있다. 재질은 알루미늄 합금, 합금강 등이 있다.

(5) 로드 부싱

왕복운동을 하는 피스톤 로드를 안내하는 것으로서 커버가 베어링 역할을 하므로 메탈재나 무급유 베어링 등 여러 종류가 있다. 피스톤 로드가 전진할 때 피스톤 로드에 걸리는 운동 방향 하중을 로드 부싱으로 지지해야 하므로, 이 때 걸리는 하중은 실린더 출력의 1/20로 규정하고 있다.

3.3.5.2 공기압 실린더의 종류

공기압 실린더는 구조 및 작동 방식, 쿠션의 유무, 지지 형식 및 크기에 의해 분류된다. 여기서는 구조 및 작동 방식에 의해 분류하여 본다.

(1) 편로드 복동 실린더

편로드의 한 쪽에만 로드가 있는 실린더를 편로드 실린더라 한다. 이 실린더는 피스톤 로드가 한쪽만 있으므로 압축 공기를 피스톤의 양쪽에 공급할 수 있어 로드의 양 방향의 운동 제어가 가능하다. 그림 3.32는 편로드 왕복 실린더의 동작 원리를 나타낸다.

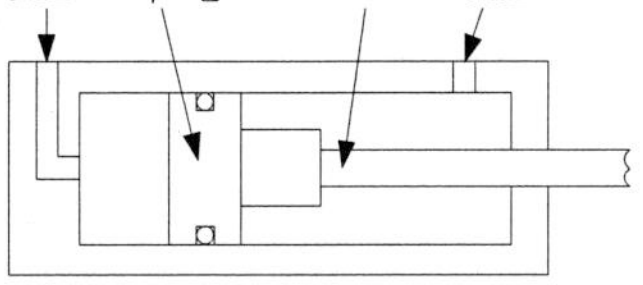

그림 3.32 편로드 왕복 실린더의 원리

(2) 양로드 복동 실린더

피스톤의 양쪽에 로드가 있는 실린더이다. 그림 3.33은 양 로드 복동 실린더의 원리를 나타낸다. 이 실린더는 압축공기를 피스톤의 양쪽에 공급할 수 있어 양측의 피스톤 로드로써 양 방향으로 힘을 제어할 수 있다.

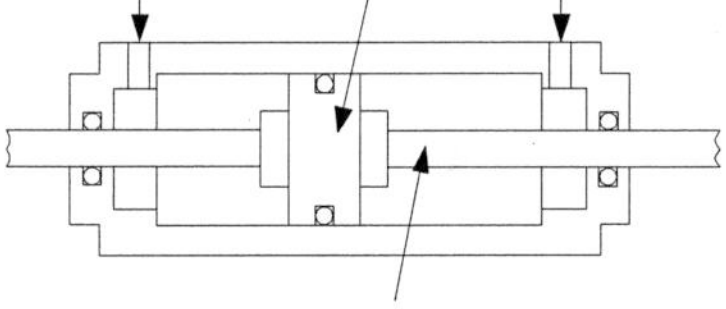

그림 3.33 양로드 실린더의 원리

(3) 단동 실린더

그림 3.34는 단동 실린더의 원리를 나타낸다. 그림과 같이 압축공기를 한쪽으로만 공급하고, 되돌아오는 것은 외력 또는 스프링의 힘으로 되돌아온다.

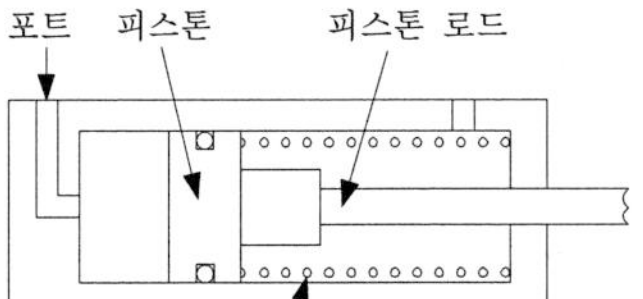

그림 3.34 단동 실린더 원리

(4) 램형 실린더

그림 3.35와 같이 피스톤의 직경과 로드의 직경이 거의 같은 크기로 되어있는 실린더를 **램형 실린더**(ram type cylinder)라 한다. 이 실린더는 출력축으로 사용되는 로드의 강도를 필요로 하는 경우에 사용된다.

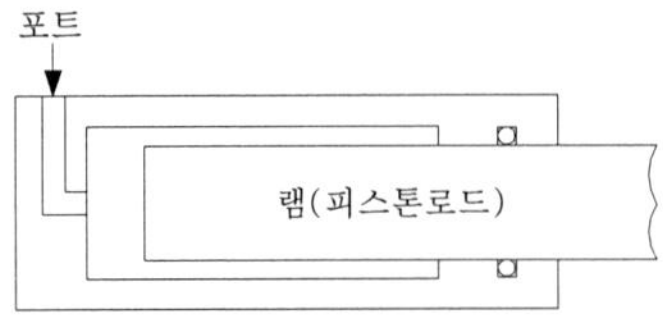

그림 3.35 램형 실린더

(5) 다이어프램형 실린더

다이어프램형 실린더의 구조를 그림 3.36에 나타낸다. 이 실린더는 압력을 받아 움직이는 가동부에 다이어프램 또는 벨로즈(bellows)를 사용한 실린더이다. 이 실린더는 작동 거리는 짧으나 밀폐능력이 좋으며, 마모가 작은 것이 특징이다.

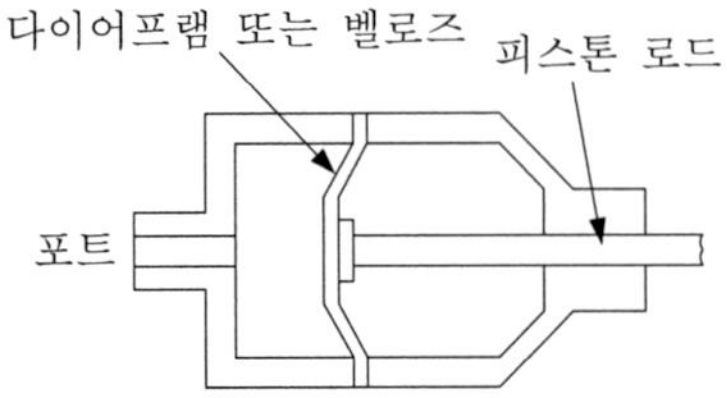

그림 3.36 다이어프램형 실린더

표 3.4에 공압 실린더의 구조 및 작동 방식에 따른 대표적인 실린더를 나타낸다.

표 3.4 구조 및 작동 방식에 따른 공압실린더의 분류

분류		기호	기능
피스톤 형식	피스톤형		가장 일반적인 실린더로 단동, 복동, 차동형이 있다.
	램형	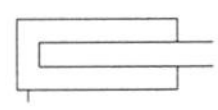	피스톤과 로드경 차가 없는 수압가동 부분을 갖는 실린더
	다이어프램형	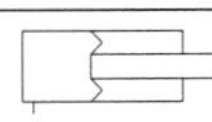	수압가동 부분에 다이어프램을 사용한 실린더
작동 형식	단동형	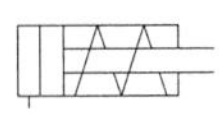	공기압을 피스톤 한 쪽에만 공급할 수 있는 실린더
	복동형	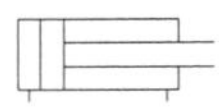	공기압을 피스톤 양쪽에 공급할 수 있는 실린더
	차동형	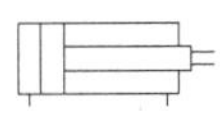	실린더 양쪽에 유효 면적의 차를 이용하는 실린더
피스톤로드 형식	편로드	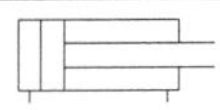	피스톤 한 쪽만 피스톤 로드가 있는 실린더
	양로드	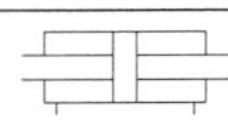	피스톤 양쪽에 피스톤 로드가 있는 실린더

3.3.5.3 공압 실린더의 선정시 주의 사항

그림 3.37은 공압 실린더를 선정할 때 주의하여야 할 점 등을 플로차트로 나타낸다. 특히 주의하여야 할 몇 가지를 나열하면 다음과 같다.

(1) 실린더의 출력

- 정지하기 직전의 실린더 출력은 실린더의 추력 계수를 고려하여 계산하고 실린더 내경을 결정한다.
- 공압 실린더의 작동 속도는 부하율에 따라 변화하므로, 비교적 지속적으로 사용할 때는 60~70%의 부하율이 되도록 실린더의 내경과 공기 압력을 결정한다. 고속으로 작동시킬 때에 주하율이 높으면, 부하 변동이나 압력 변동이 발생시 작동 속도가 변한다.
- 내경은 보수, 교환이 쉽도록 KS규격에 규정된 값을 사용한다.

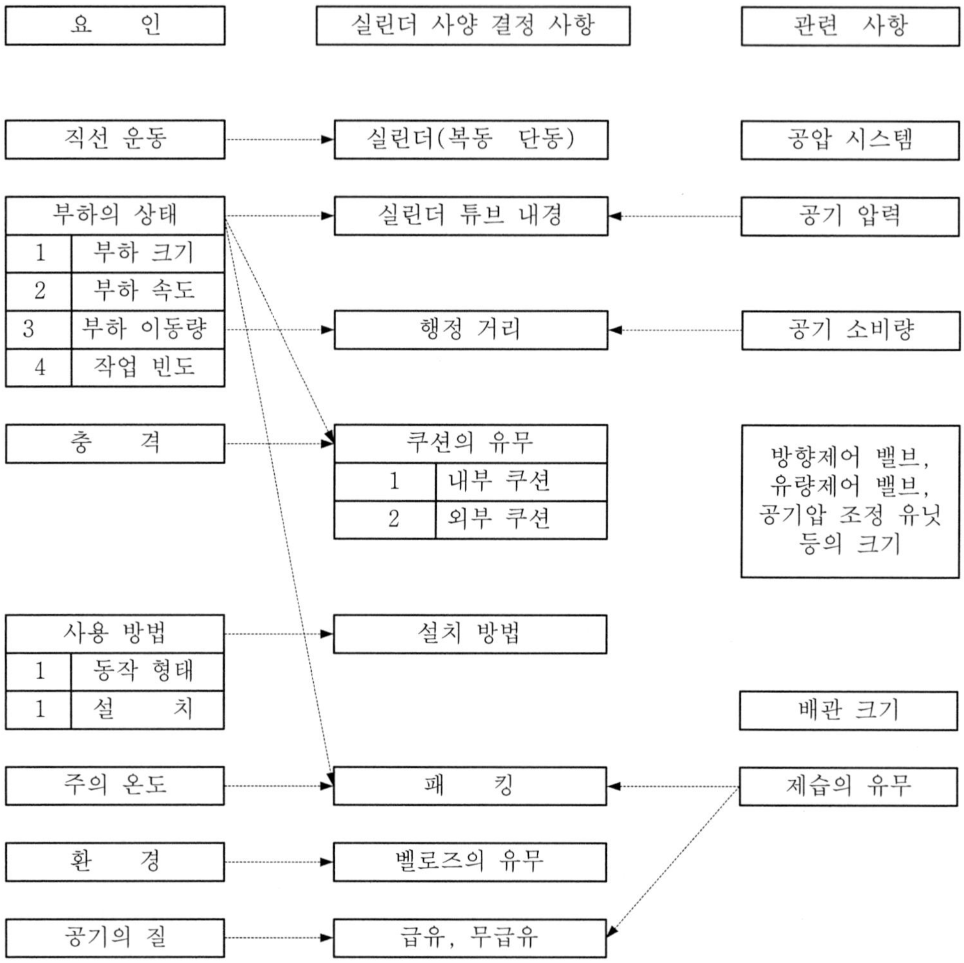

그림 3.37 공압 실린더의 선정 플로우 차트

(2) 피스톤 로드 직경과 최대 행정거리

- 피스톤 로드 직경 및 선단의 나사는 KS규격에 규정된 치수를 사용한다.
- 사용 가능한 최대 행정 거리는 좌굴 강도에 의해서 결정된다. 이것은 피스톤 로드 직경 및 실린더 설치 형식에 따라 달라지므로 주의가 필요하며, 각 메이커의 카탈로그를 참조한다.

(3) 완충장치

- 공기의 압축을 이용한 완충장치에는 사용범위의 한계가 있으므로 부하의 중량 및 작동 속도를 검토한다.
- 완충장치의 내구성을 카탈로그로 확인한다.

- 외부 완충 장치도 검토하여 본다.

(4) 실린더의 작동 속도

- 일반적으로 공압 실린더의 작동 속도는 50~500[mm/s]가 이상적이다.
- 고속으로 작동시킬 때는 패킹의 재질, 형상 등이 고속작동에 적당한가를 검토하여야 한다. 부하율은 50% 이하로 한다. 그리고 압력강하가 작도록 배관하며, 공압기기는 유효 단면적이 큰 것을 사용한다.
- 저속으로 작동시킬 때는 슬립 현상을 일으키는 최저 속도를 확인하며, 속도제어나 윤활이 잘 이루어지도록 사용기기의 성능을 확인한 후 사용한다.

(5) 실린더의 설치 형식

- 피스톤 로드에 옆 하중과 굽힘 모멘트가 걸리지 않도록 한다.
- 사용 조건에 적합한 설치 형식을 선정한다.

3.3.5.4 사용상의 주의 사항

공압 실린더를 사용할 때는 다음의 사항을 주의한다.

- 사용온도는 범위가 5~60℃가 이상적이다. 이 범위를 초과하여 사용할 때는 패킹 재질 등에 관하여 주의하여야 한다. 5℃ 이하에서 사용할 때는 에어 드라이어를 사용하여 수분에 의해 동결되는 현상을 방지한다.
- 필터를 사용하여 항상 깨끗한 압축 공기를 사용하여 적당한 윤활유가 공압 실린더에 공급되도록 한다.
- 소음기의 배압에 의해 실린더 작동 속도에 영향이 없도록 한다.
- 배관설치는 압력강하가 생기지 않도록 설치한다.

3.3.6 유압식 액추에이터

유압 펌프로부터 공급된 작동유의 압력 에너지를 기계적 에너지로 변환하는 장치를 **유압 액추에이터**(oil hydraulic actuator)라 한다. 유압 액추에이터는 밸브에 의해 압력과 유량을 자유롭게 변환할 수 있다.

또한 공압 액추에이터에 비해 속도 안전성이나 중간 정지 특성도 양호하여 장치 설계상 많은 이점이 있다. 유압 액추에이터를 기능에 따라 분류하면 다음과 같다.

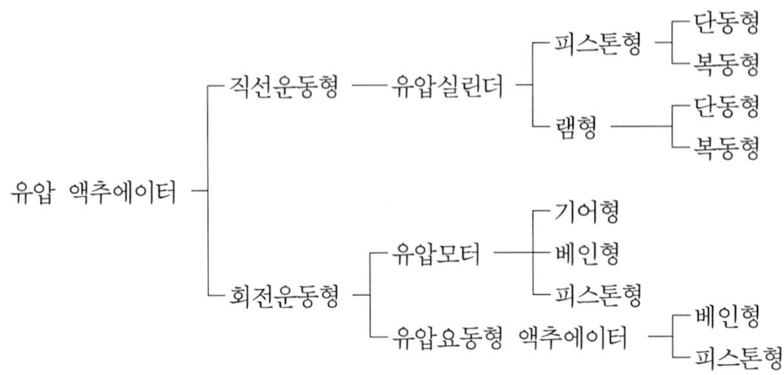

3.3.6.1 유압 액추에이터의 특징

유압 액추에이터를 기능에 따라 분류하면 **유압 실린더**(oil hydraulic cylinder), **유압모터**(oil hydraulic motor), **요동형 액추에이터** 등이 있다.

유압 실린더는 유압에 의해 직선 운동을 이용하는 것으로, 큰 것은 토목 건설기계 등에 사용되며, 작은 것들은 제어 장치의 각 부에 이용된다. 유압 모터는 유압에 의해 회전 운동을 이용하는 것이며 콘크리트 믹서기, 자동차용 윈치 등에 사용되고 있다.

요동형 액추에이터는 한쪽 방향으로 연속 회전하는 것이 아니라 어떤 각도 범위 내에서 요동하는 것이다. 수문의 개폐장치와 같이 각도의 회전 장치 등에 이용된다. 유압 액추에이터는 공기압 액추에이터와 비교하면, 다음과 같은 장점이 있다.

- 비교적 소형의 장치로 큰 힘을 얻을 수 있다.
- 위치 및 속도제어 등 고정밀 제어가 가능하다.
- 진동이 적어 매끄러운 동작을 한다.

그러나 유압 액추에이터는 유압에너지를 이용하므로 다음과 같은 단점이 있다.

- 작동유의 온도 변화가 제어정도에 악영향을 준다.
- 작동유의 누설로 주위가 깨끗하지 못하며, 작동유의 보수 점검이 필요하다.
- 작동유의 점성으로 고속 동작이 곤란하다.

3.3.6.2 유압 실린더의 원리와 구조

유압실린더는 유압에 의해 물건을 밀거나 당기는 것으로, 한 쪽 방향의 운동에만 유압을 사용하고 반대 방향의 운동은 스프링 힘으로 되돌아오는 단동 실린더가 있으며, 유압을 피스톤의 양쪽에 번갈아 공급하여 전진 및 후진 운동을 시키는 복동 실린더로 분류된다. 그리고 피스톤의 양측 유효면적의 차를 이용한 차동 실린더도 있다.

동작원리 및 각 부의 명칭은 공기압 실린더와 동일하다. 유압 P[MPa]가 피스톤측에서 공급될 경우, 실린더 내경을 d_1[mm]라 하면 작용하는 힘 추력(thrust) F[N]를 구하여 보면 다음과 같다.

$$F = \frac{P \times \pi {d_1}^2}{4} \tag{3.10}$$

그리고 유압이 피스톤 로드측에서 공급될 경우, 피스톤의 직경을 d_2[mm]라 하면 추력 F[N]은

$$F = \frac{P \times \pi ({d_1}^2 - {d_2}^2)}{4} \tag{3.11}$$

와 같다. 일반적으로 산업 현장에서 사용되는 공기압 회로의 압력은 0.5 [MPa] 정도이며, 유압 회로의 압력은 상대적으로 높아 3.5~20 [MPa] 정도로 사용되고 있다. 그림 3.38은 유압실린더의 원리를 나타낸다.

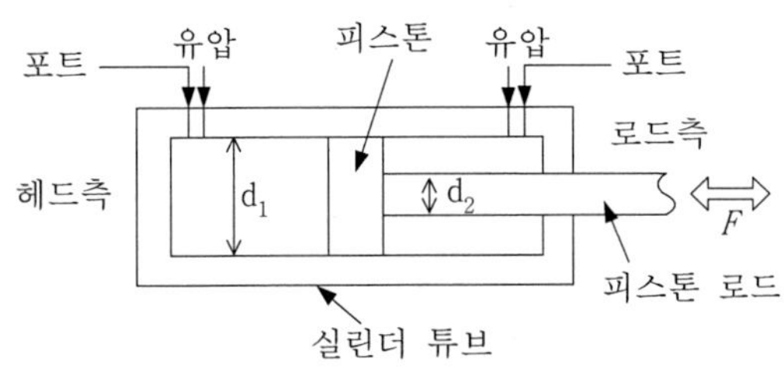

그림 3.38 유압실린더의 원리

유압실린더의 구조는 앞 절의 공압 실린더와 거의 동일하며, 쿠션기구가 부착되어 있는 것이 특징이다. 그림 3.39는 유압 실린더의 구조를 나타낸다.

(1) 실린더 튜브

실린더 튜브는 피스톤의 움직임을 안내하는 것으로 압력 용기로서의 내압성, 내식성, 내마모성 등의 조건을 만족해야 한다. 실린더 튜브의 재질로 기계구조용 탄소 강관이 많이 사용되며, 용도에 따라 주강, 특수강, 알루미늄 합금 등이 사용되기도 한다. 내면은 실린더의 이동을 원활하게 하기 위해서 연삭가공을 하고 정밀크롬도금을 하는 것이 일반적이다.

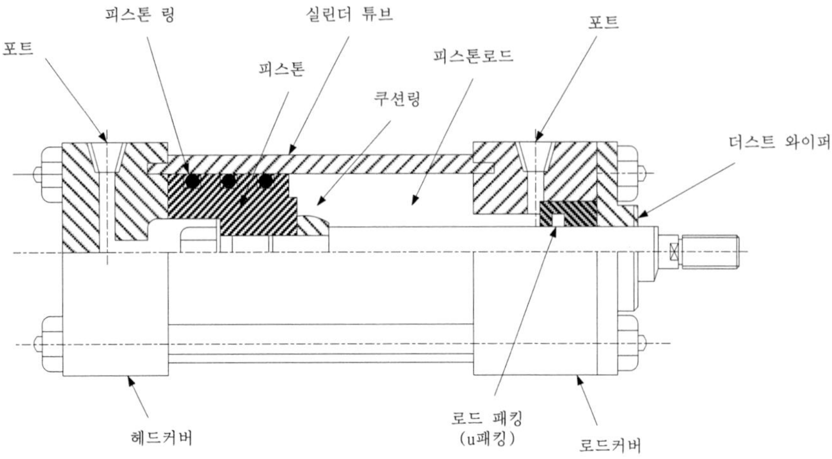

그림 3.39 유압 실린더의 구조

실린더 튜브의 두께는 KS에서 다음과 같이 규정하고 있으며, 고압에 대한 안정계수를 충분히 고려하여야 한다.

$$t = \frac{PD}{2\,\sigma_\omega} \tag{3.12}$$

여기서 t = 두께 [mm]

P = 최고 사용 압력 [MPa]

D = 실린더의 내경 [mm]

σ_ω = 허용 인장응력 kgf/cm^2] (단 $\sigma_\omega = \sigma/5$)

(2) 피스톤

피스톤은 압력을 받는 실린더 튜브 안에서 미끄럼 운동을 하므로, 충분한 강도와 내마모성이 요구된다. 재질로는 일반적으로 탄소강이 사용되고 피스톤의 외경에는 패킹을 끼워서 기밀을 유지하고, 작동유의 누설을 방지하고 있다. 패킹의 형상은 L형, V형, U형 등이 있으며, 재질로 합성고무, 가죽 등이 있다.

(3) 피스톤 로드

피스톤 로드는 압축, 인장, 굽힘, 충격하중을 받으므로 이러한 하중에 견디도록 설계되어야 하고 내마모, 내식성이 요구된다. 재질로는 기계구조용 탄소강이 많이 사용되고 있다. 표면에는 실린더 튜브와 같이 경질 크롬 도금을 하는 것이 일반적인 예이다.

(4) 헤드커버, 로드커버

헤드커버, 로드커버는 실린더 튜브의 양단에 설치되어 있으며, 피스톤의 행정위치를 결정한다, 쿠션기구가 내장된 것은 이 커버에 설치되어 있고, 피스톤 로드를 지지하고 있는 로드 커버에는 피스톤 로드 부싱과 로드 실용 패킹이 설치되어 있다. 재질은 주강 탄소강이 많이 사용된다.

(5) 쿠션 기구

실린더는 질량이 큰 부하를 이동시키는 관계로, 스트로크 끝에서 큰 관성력에 따른 충격력이 발생하여 실린더의 강도 저하나 조작상의 불안정을 일으킬 수 있다. 이 때에 유압 실린더에는 기계의 손상을 방지할 목적으로 쿠션 기구가 사용된다.

3.3.6.3 유압 실린더의 종류

유압 실린더는 구조 및 작동 방식에 따라 단동형, 복동형, 편로드, 양로드 등으로 분류된다. 각종 유압 실린더의 구조 및 동작은 공압 실린더와 동일하다. 표 3.5에 구조 형식 및 각종 기능에 따른 분류를 나타낸다.

표 3.5 구조형식에 따른 유압 실린더의 종류

구분	명칭	표시 기호	동작 원리
단동형	램형 실린더 (ram type cylinder)	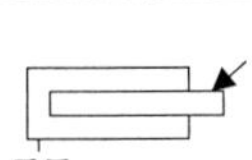	ram을 주요 부품으로 하는 실린더이며 피스톤은 없다. 복귀 행정은 자중 또는 부하로 가압되어 복귀한다.
	편로드 실린더 (single rod cylinder)	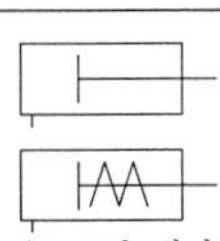	유압을 피스톤 한 쪽에만 공급할 수 있어서 로드가 피스톤 한 쪽에만 있는 구조의 실린더이며, 복귀 행정에는 보통 스프링의 힘, 중력 및 외력 등을 이용한다.
	양로드 실린더 (double rod cylinder)	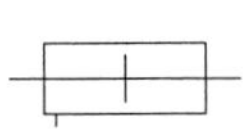	유압을 피스톤 한 쪽에만 공급하여 로드가 피스톤 양쪽에 있는 구조의 실린더이며, 복귀 행정에는 보통 스프링 힘·중력 및 외력 등을 이용한다.
	텔레스코프 실린더 (telescopic cylinder)	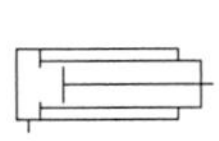	짧은 실린더로 긴 작동 스트로크를 얻을 수 있는 다단 튜브형 로드를 지닌 실린더이며, 복귀는 통상 외력을 이용한다.

복동형	편로드 실린더 (single rod cylinder)	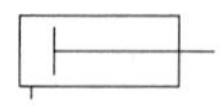	유압을 공급하는 포트가 피스톤 양쪽에 있으며, 피스톤 한 쪽에 로드가 있는 실린더이다.
	양로드 실린더 (double rod cylinder)	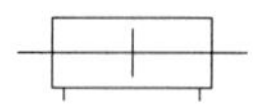	유압을 공급하는 포트가 피스톤 양쪽에 있으며, 피스톤 양쪽에 로드가 있는 실린더이다.
	더블 실린더 (double rod cylinder)	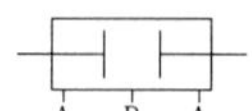	유압을 공급하는 포트가 피스톤 양쪽에 있지만, 포트 A에 유압을 공급할 경우 로드가 후진하고 B에서 공급할 경우 로드가 동시에 전진하는 실린더이다.
	텔레스코프 실린더 (telescopic cylinder)	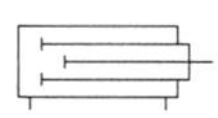	짧은 실린더로 긴 작동 스트로크를 얻을 수 있는 다단 튜브형 로드를 갖춘 실린더이며, 복귀도 유압으로 작동시키는 방식이다.

3.3.7 그 밖의 액추에이터

기술의 발전과 함께 최근에는 여러 종류의 액추에이터가 개발되어 사용되고 있다. 여기서는 최근에 개발되어 사용되고 있는 초음파 모터와 형상기억합금 그리고 리니어 모터에 대하여 설명한다.

3.3.7.1 초음파 모터

결정에 힘을 가하여 압축하면, 전압이 발생하는 현상을 **압전 효과**(piezoelectric effect)라 한다. 이것은 주로 센서(senser)에 이용되고 있다. 그리고, 반대로 결정에 전압을 가하면 변형이 생기는 것을 이용한 액추에이터가 **압전 액추에이터**라 한다. 압전 액추에이터를 그림 3.40에 나타낸다.

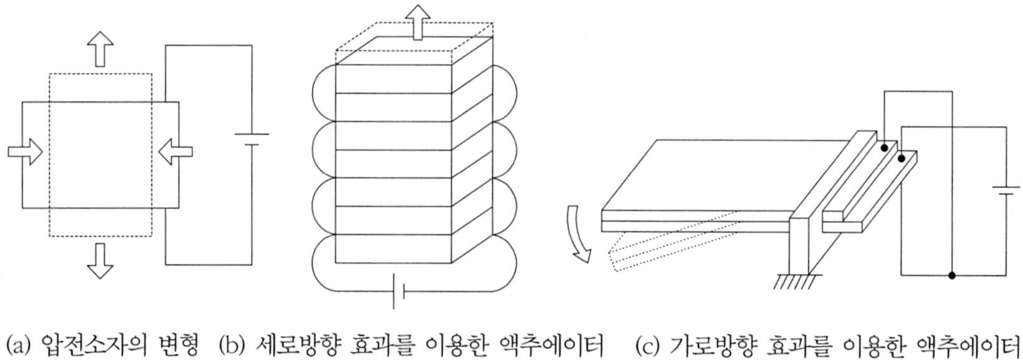

(a) 압전소자의 변형 (b) 세로방향 효과를 이용한 액추에이터 (c) 가로방향 효과를 이용한 액추에이터

그림 3.40 압전 액추에이터

그림 3.40의 (a)와 같이 압전 소자의 특정한 방향에 전압을 입력시키려면, 전압이 입력된 방향으로 신장하고, 직각 방향으로 수축한다. 그리고 반대 방향으로 전압을 입력시키면, 변형은 반대 방향으로 발생한다.

압전 액추에이터는 그림(b)와 같이 다수의 소자를 적층하여 세로 방향의 효과를 이용하여 직선 변위를 얻는다. 그림(c)와 같이 소자를 얇은 2장을 접합하여 신축이 반대로 일어나도록 전압을 입력시켜 굽힘 변화를 일으키고 있다.

그리고, 압전 소사에 높은 주파수의 반복 전계를 입력시켜 기계적 공진이 일어나는 변위를 이용하는 경우가 있다. 이와 같은 액추에이터를 초음파 모터(ultrasonic motor)라 한다. 그림 3.41에 초음파 모터의 기본 구성을 나타낸다.

초음파 모터는 고주파 전원이 필요하고 마찰력을 이용하기 때문에 내구력에 문제가 있지만, 다음과 같은 특징을 가지고 있어 카메라의 자동 초점 등에 이용되고 있다.

- 소형, 경량이다.
- 변위의 분해도가 높다.
- 효율이 높다.
- 코일이 없어 구조가 간단하다.

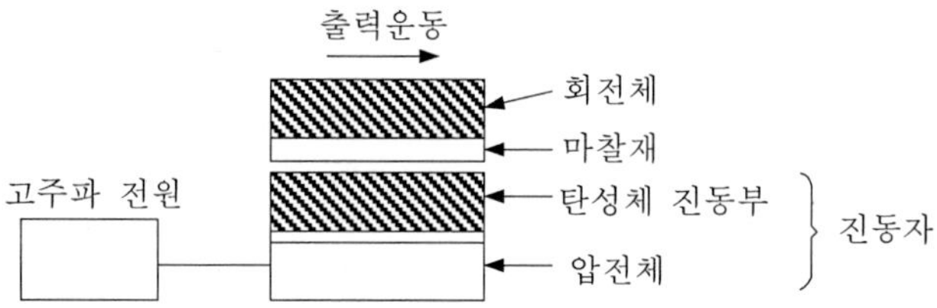

(a) 초음파 모터의 구성

(b) 초음파 모터 예

그림 3.41 초음파 모터의 구성

3.3.7.2 형상기억 합금

그림 3.42(a)와 같이 일반적인 금속은 탄성변형영역에서는 힘을 가하면 변형하고, 힘을 제거하면 금속은 원래의 형상으로 되돌아온다. 그러나 탄성 변형영역 이상의 힘을 가하면 나중에 힘을 제거하여도 금속은 원형의 형상으로 돌아오지 않는다. 그러나 티탄(Ti)과 니켈(Ni)을 약 50% 정도로 혼합한 합금은 그림(b)와 같이 탄성변형영역 이상으로 변형을 시켜 힘을 제거한 후 가열하면 완전히 원형의 형상으로 되돌아온다. 이와 같은 금속을 **형상기억합금**(shape memory alloy)이라 한다.

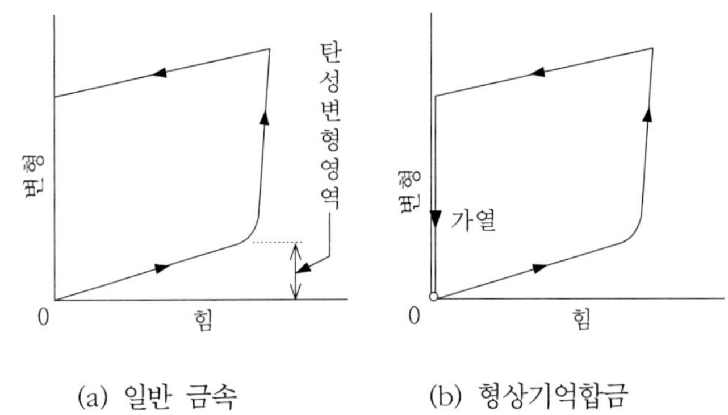

그림 3.42 금속의 변형

금속 결정에 힘을 가하여 변형을 시킬 경우 그 형태는 그림 3.43(b)와 같이 원자의 위치가 이동하여 변형된 경우와, 그림 (c)와 같이 원자의 위치는 이동하지 않고 넘어진 상태로 변형하는 경우가 있다. 앞의 (b)와 같은 현상을 **확산 변태**, 뒤의 (c)와 같은 현상을 **마르텐사이터 변태**(martensite ; M 변태)라 한다.

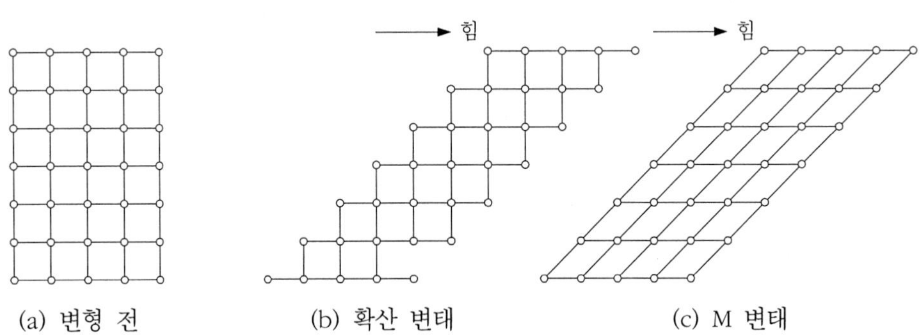

그림 3.43 금속 결정의 변형

형상기억합금은 어느 온도 이하로 되면 M 변태층이 증가, 변형을 증가시켜도 온도를 높이면 변형전의 형태로 되돌아온다. 그림 3.44에 Ti-Ni합금의 온도와 M 변태의 관계를 나타낸다. 온도를 낮추었을 때 M 변태층이 증가를 시작하는 온도를 **M변태 개시온도**라 한다. 냉각 후 다시 온도를 높여 M 변태층이 없어지는 온도를 **M역변태 종료온도**라 한다. M 변태종료는 그림 3.45에 나타나는 것과 같이 Ti와 Ni의 함유량에 따라 크게 변화한다.

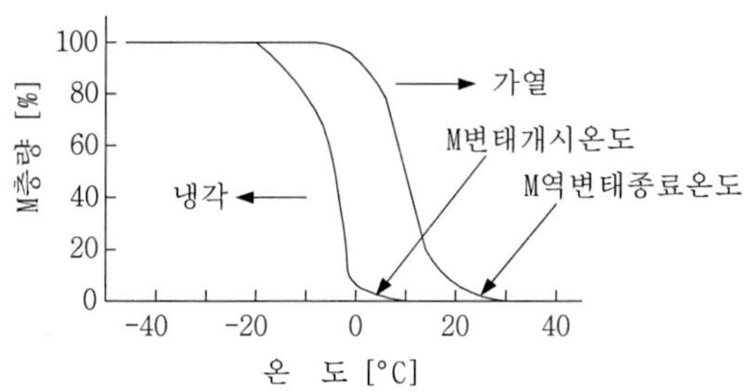

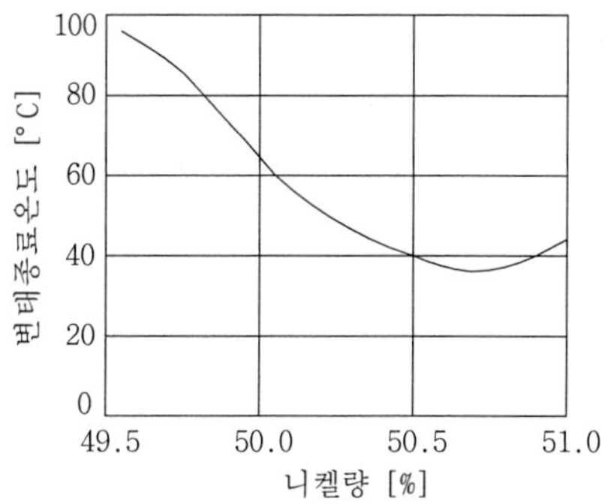

그림 3.44 형상기억합금의 온도와 M층량 그림 3.45 Ti-Ni합금의 Ni량과 M역변태종료온도

형상기억합금은 Ti-Ni합금 외에 Cu-Zn-Al합금 등도 있다. 형상기억합금은 센서와 액추에이터의 기능을 가지고 있으며, 냉난방용 에어컨의 바람출구의 자동제어, 전자밥솥의 증기압 조절 밸브 등 여러 곳에 이용되고 있다.

3.3.7.3 리니어 모터

최근 컴퓨터, 로봇, 자동화기기 등으로 대표되는 산업기기나 정밀 전자부품 제조장치의 진보가 매우 급속도로 이루어지고 있으며 이에 따라 구동부품에 대한 요구도 고도화되었다.

리니어 모터(liner motor)란 전기에너지를 직접 직선적인 힘으로 변환시키는 모터를 말한다. 직선운동이 필요할 때, 회전형 모터의 경우, 래크 피니언(rackpinion), 크랭크 기구, 볼스크류 등을 이용하여 회전 운동을 직선운동으로 바꾼다. 그러나 이러한 동력 전달 기구를 사용하면, 백래시(back lash)가 생겨서 전달 효율이 나쁜 단점이 있다. 또, 볼 스크류의 경우는 속도 제한이 있는 단점 등이 있어, 이것들을 해결하는 방법으로 리니어 모터가 개발되어 사용되고 있다.

(1) 리니어 교류 모터

리니어 모터의 구조를 그림 3.46에 나타낸다. 그림에서 알 수 있듯이 리니어 모터는 회전형 모터의 고정자와 회전자를 직선으로 펴놓은 구조이다. 예를 들어 회전형의 유도모터, 동기 모터를 직선형으로 바꾸면 **리니어 유도모터, 리니어 동기 모터**가 된다.

리니어 유도모터에서는 회전형 유도 모터처럼 고정자가 만드는 자속과, 그것에 의해 회전자에 생긴 전자유도 전류와의 사이에 추진력이 작용하게 된다. 따라서, 고정자와 회전자의 간격을 크게 하면 자속이 작아지고, 전자유도가 약해지기 때문에 좋지 않다.

리니어 동기 모터는 회전형 동기 모터처럼 회전자가 본래 자화되어 있으므로 리니어 유도 모터처럼 고정자와 회전자의 간격에 대한 제한이 엄격하지 않다.

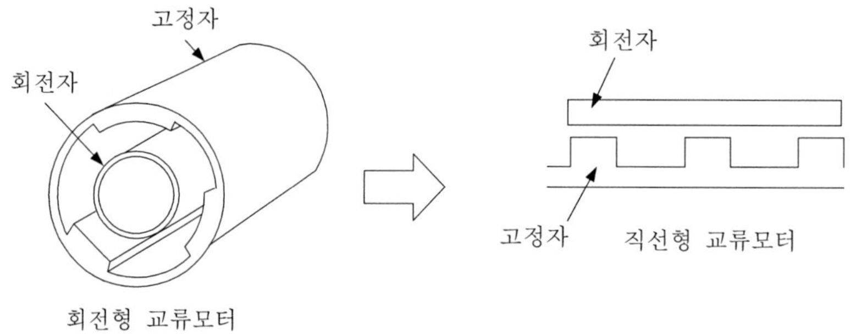

그림 3.46 리니어 교류 모터의 구조

(2) 리니어 스테핑 모터

리니어 스테핑 모터는 입력 펄스신호에 의하여 코일의 여자조건이 바뀔 때마다 정확하게 일정한 피치(step)씩 직선방향으로 전진 운동을 하는 모터이다. 회전형 스테핑 모터(stepping motor)가 입력 펄스 신호에 따라 일정한 회전각씩 회전하는 것과 기본 원리는 동일하기 때문에 양자의 특성에는 유사성이 있고, 회전 스테핑 모터와 같은 방식으로 사용할 수 있다.

그림 3.47는 리니어 스테핑 모터의 구조와 스텝 동작을 나타낸다. 그림과 같이 영구자석 양극 끝에 전자석이 달려있다. 여기서, 전자석의 4극에 자속이 집중되는 순서를 제거함으로써 오른쪽 또는 왼쪽으로 이동시킨다.

즉, a → b → c → d → a의 순서로 자속을 집중시키면 매번 1/4피치씩, 한 사이클 거치면 1피치 오른쪽으로 이동하게 된다.

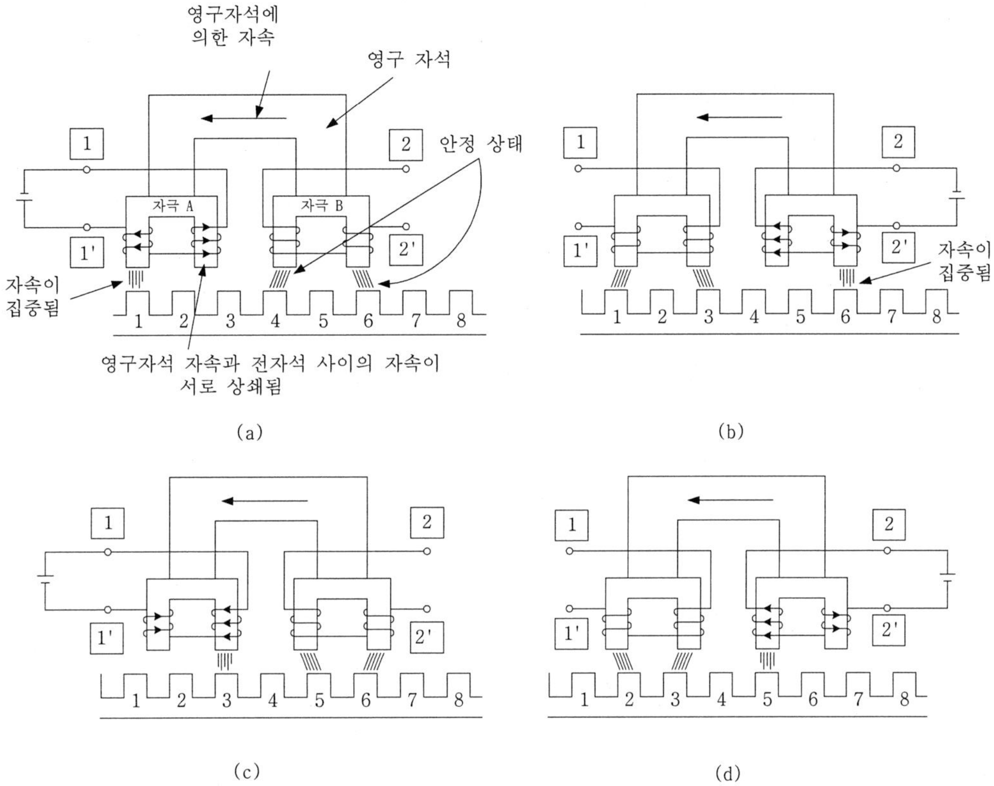

그림 3.47 리니어 스테핑 모터의 구조와 동작원리

리니어 스테핑 모터는 스텝 동작으로 직선운동이 가능하기 때문에 자기 디스크의 헤드 이송, X-Y플로터 펜 이송, CNC동작기계의 테이블 이송 등의 액추에이터로 사용된다. 표 3.6은 리니어 모터의 분류와 특징을 나타낸다.

표 3.6 리니어 모터의 분류와 특징

리니어 모터의 분류	발생하는 힘의 종류	특 징	응용예
리니어 직류 모터	전류력	고속 서보 기능을 갖는다. 추력/중량비가 크다. 피드백 제어가 필요	로봇 자기 디스크 장치
리니어 펄스 모터	자기력	오픈제어의 위치설정을 할 수 있다. 보유력이 있고 위치고정이 가능 과부하나 충격에 탈조한다.	전자미싱 X-Y플로터 타이프 라이터 X-Y테이블
리니어 유도 모터	전류력	피동체의 일부를 모터로 하여 이용할 수 있는 회전형 유도체 모터에 비하여 효율이 낮다.	알루미늄 압출 견인 장치 박강판 반송장치
리니어 동기 모터	전류력	정속 주행이 가능 리니어 유도모터보다 효율이 높다. 변속에는 주파수 변환 장치가 필요	초고속 열차
리니어 진동 모터	자기력	회전기에 의한 진동에 비하여 심플 스트로크 크기가 작다.	콤프레서

CHAPTER 4

센서

4.1 센서의 기초
4.2 기계량을 검출하는 센서
4.3 물체를 검출하는 센서
4.4 그 밖의 센서

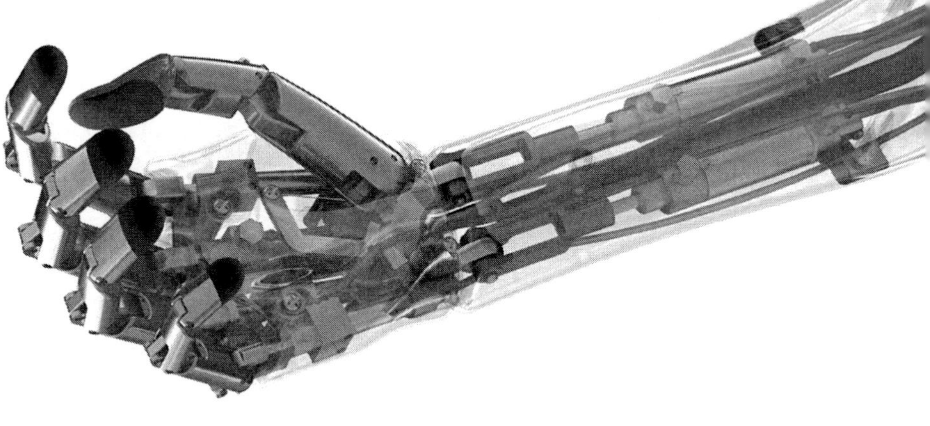

메카트로닉스에서는 변위, 속도, 가속도, 힘, 압력 등의 물리량이나 PH, 가스성분 등의 화학량이 제어의 대상이 된다. 이것들은 어느 것이나 전압이나 전류 등의 전기량으로 변환되어 제어부인 컴퓨터가 처리하기 쉬운 형식의 신호로 변환하여 컴퓨터로 넘겨주는 부분이 센서이다. 이 장에서는 메카트로닉스에서 주로 많이 사용되고 있는 센서의 종류, 신호형식, 센서를 선정할 때의 주의할 점 등에 대하여 설명한다.

4.1 센서의 기초

4.1.1 센서란

센서(sensor)란 제어대상의 정보를 얻기 위해 신호의 변환을 일으키는 메카트로닉스시스템의 최초의 요소이다.

인간의 눈·귀·피부·코 및 혀는 각각 시각·청각·촉각·후각 및 미각의 오감을 담당하는 감각기관이다. 인간은 이것들의 오감을 통하여 형상·색깔·음량·압력·온도·냄새·맛 등을 알아서 인간의 행동 제어를 하고 있다. 센서는 인간의 오감에 해당한다고 할 수 있으며, 그리고 메카트로닉스의 작동에 필요한 정보를 검출·변환하는 요소이다. 인간의 감각기관과 메카트로닉스시스템에서의 센서를 대응시키면 표 4.1과 같다.

표 4.1 감각기관과 센서

감각기관	센서	상태량	센서소자의 예
눈	광 센서	조도	CdS 셀, 포토 트랜지스터, 포토 다이오드
귀	초음파 센서	음	압전소자, 마이크, 초음파
피부	접촉 센서	변위	마이크로 스위치
	압력 센서	압력	압전소자, 스트레인 게이지
	온도 센서	온도	열전대, 스미스터, 측온저항
	습도 센서	수증기 농도	세라믹 습도 센서
코	가스 센서	가스농도	반도체 가스 센서, 세라믹 가스 센서
혀	미각센서	이온	이온 센서
		산소	산소 센서
		미생물	미생물 센서

센서는 그림 4.1과 같이 계측하고자 하는 각 종류의 물리량, 화학량을 처리하기 쉬운 신호로 변환하는 장치이며, 대부분은 전압, 전류 등의 전기신호로 변환한다.

센서와 비슷한 용어로 트랜스듀서(transducer)가 있다. **트랜스듀서**란 측정량에 대하여 처리하기 쉬운 출력 신호를 변환하는 변환기라 정의되고 있다. 이것은 공업계측의 분야로 변위·속도·가속도·압력·온도 등의 물리량 계측에 이용되는 요소로, 넓은 의미로는 시스템에서 어떤 종류의 에너지를 받아 이것을 다른 종류의 에너지로 변환하는 요소이다. 트랜스듀서의 많은 종류가 메카트로닉스의 센서로 사용될 수 있다.

일반적으로 메카트로닉스는 외부로부터 정보를 수집하여, 미세한 동작을 제어하면서 기계 자신의 내부 상황을 파악하는 일도 한다. 따라서 앞의 전자를 위하여 사용되는 센서를 **외계센서**(external sensor)라 하고, 후자와 같이 자신의 위치·자세·속도 등을 검출하기 위해 사용되는 센서를 **내계센서**(internal sensor)라 한다.

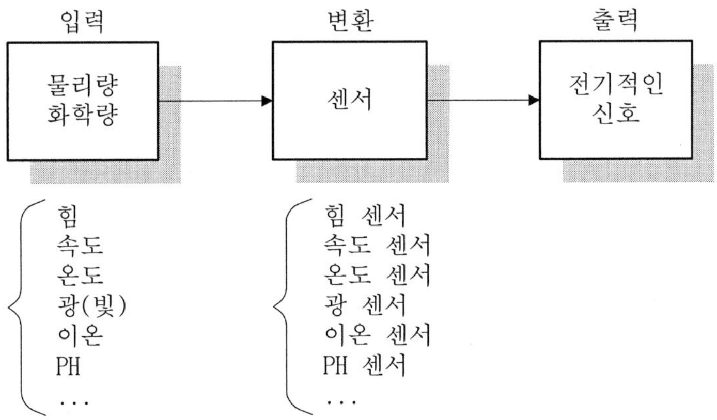

그림 4.1 센서의 입력량과 출력량

4.1.2 센서의 분류

센서의 종류는 상당히 많다. 그래서 센서의 입·출력 신호의 변환원리, 기능, 사용방법, 용도 등에 따라 여러 가지로 분류할 수 있다. 센서를 개발하거나 선택할 때 이러한 것들이 고려되어야 한다.

(a) 사용형태에 따른 분류

■ 접촉식 센서

측정대상물에서 신호를 측정할 때 센서의 검출부를 측정대상물에 고정 또는 접촉시켜 사용하는 형식을 **접촉식 센서**라 한다. 접촉식 센서는 환경의 영향은 별로 받지 않으며, 변환이 확실하다는 장점이 있다. 그리고 측정 현장에서 측정하기 전에 센서를 만든 제조회사 등에서 교정(calibration)하여 두면, 측정 현장에서 별도의 조정 없이 그대로 사용이 가능한 장점도 있다. 그러나 측정 대상물의 측정부분에 흠집이 생길 수 있는 단점이 있다. 접촉식 센서의 적용 분야는 좌표 측정기, 기계식 표면 거칠기 측정기, 리미트 스위치 등이 있다.

■ 비접촉식 센서

측정 대상물에서 신호를 측정할 때 센서의 검출부를 측정대상물에 접촉시키지 않고 신호를 측정하는 형식을 **비접촉식 센서**라 한다. 비접촉식 센서는 접촉식 센서와는 달리 환경의 영향을 받기 쉬운 결점이 있으나, 측정 대상물에 직접 접촉하지 않으므로 측정부분에 흠집이 생길 염려가 없는 장점이 있다. 그리고 주의할 점은, 비접촉식 센서는 사용하는 현장에서 꼭 교정이 필요하다. 비접촉식 센서의 예로써 빛, 초음파, 그리고 전자기의 특성인 정전용량, 전자유도, 와전류(eddy current) 등을 이용한 센서로 광전 센서, 근접 센서, 초음파 센서 등이 있다. 표 4.2는 접촉식 센서와 비접촉식 센서의 장·단점을 나타낸다.

표 4.2 접촉식 센서와 비접촉식 센서의 장단점

	접촉식 센서	비접촉식 센서
환경의 영향	받기 어렵다	받기 쉽다
설치의 자유도	고정	이동
교정	사전에 받음	현장에서 받음

(b) 측정 대상에 따른 분류

온도, 조명, 자기, 위치, 속도, 가속도, 힘, 음량, 압력 등 측정 대상에는 여러 종류의 상태량이 있다. 어떤 양이라도 몇 가지의 변환원리를 기본으로 하는 측정방법이 있으며, 각각 특징을 가지고 있다.

메카트로닉스에서 많이 사용되는 센서는 기계량을 검출하는 센서, 물체를 검출하는 센서, 그 밖의 센서로 분류할 수 있다.

4.1.3 센서의 선택

센서를 선택할 때 먼저 유의하여야 할 점은 목적에 따라 계측하여야 할 상태량을 적절히 결정하는 것이다. 상태량이 결정되면 일반적으로 표 4-3에 나타내는 평가항목을 기준으로 목적 및 사용조건에 적당한 센서를 결정한다. 측정범위, 정도, 분해능력 등은 필요 이상의 것은 구입하지 말고, 허용값 이내의 종류에서 환경특성, 수명, 안정성 등 사용하기 쉬운 것에 관하여 종합적으로 검토를 하는 것이 매우 중요하다.

환경특성에 관하여서는 사용온도의 범위가 한정되어 있는 것이 많으므로 선정할 때 특히 유의하여야 한다. 그리고 센서가 사용 중에 그 온도가 변화하여 감도, 동작점이 변화해 버리는 경우도 많다. 이와 같은 경우 센서가 온도에 의해 특성변화를 없앨 수 있도록 보상회로를 설치하여 정밀도를 확보한다.

표 4.3 센서 설정을 위한 주요한 평가항목

측정범위	센서는 각각 종류에 따라 측정범위가 있다. 일반적으로 측정범위가 큰 것은 정밀도가 뒤떨어지는 경우가 많다.
정밀도	일반적으로 측정값은 측정할 때마다 값이 다르다. 측정값과 참값과의 차인 오차도 그 때 그 때 다르다. 정밀도는 오차가 이 값을 넘을 수 없다는 한계의 값으로 나타내는 경우가 많다. 예를 들면 정밀도가 1[mA] 이하라는 의미이다.
분해 능력	측정값을 읽을 수 있는 측정량의 최소변화를 분해 능력이라 한다. 예를 들면 시간은 연속해서 경과하지만 디지털 시계는 1초보다 낮은 시각은 표현할 수 없다. 이 경우의 분해 능력은 1초이다.
감도	출력량의 입력량에 대한 비를 감도라 한다. 예를 들면 1℃의 온도변화를 100[mA]의 전류변화로 변환하는 센서의 감도는 100[mA/℃]이다.
주파수 특성	동특성의 일종으로 입력량이 여러 종류의 주파수로 정현파 상태로 변화시켰을 경우의 출력량의 변동특성을 주파수 특성이라 한다.
재현성	동일한 입력량에 대하여 동일의 출력량을 얻는 것이 가장 이상적이다. 그러나 현실적으로 측정을 반복하다 보면 시간의 경과와 함께 동일 입력에 대하여 동일 출력값이 재현되지 않으며 측량값의 산란이 많다. 산란폭이 작을 수록 재현성이 좋다.
선형성	입력값에 대하여 출력값이 직선으로 비례하는 것을 선형성이 있다고 한다.

4.1.4 센서의 신호형식

컴퓨터 내부에서 사용되는 값은 0, 1로 표시되는 2진수의 숫자이며, 디지털(digital)신호라 한다. 그러나, 센서에서 출력되는 신호형식은 꼭 디지털만은 아니다. 따라서 센서와 컴퓨터를 직접 접속시킬 수는 없다.

여기서는 센서의 출력신호 및 컴퓨터가 사용하는 디지털신호와 어떻게 접속할 것인가 등에 대해 알아 본다.

■ 디지털 신호

그림 4.2는 디지털시계의 시간적인 경과를 나타낸다. 시간의 경과는 연속적이지만 표시되는 시각은 1초 간격의 계단식 숫자이다. 이와 같이 불연속적인 숫자로 표현되는 신호량을 **디지털량**이라 한다.

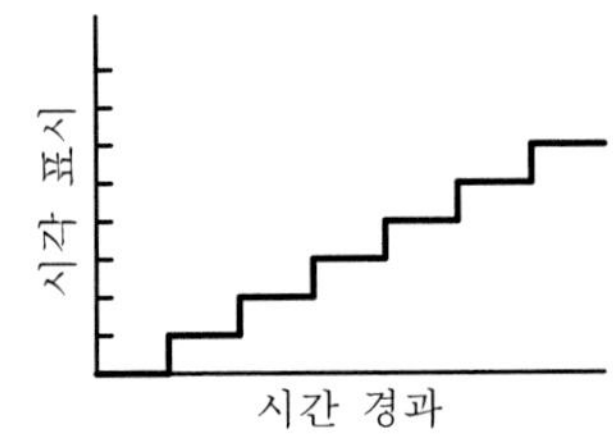

그림 4.2 디지털 신호

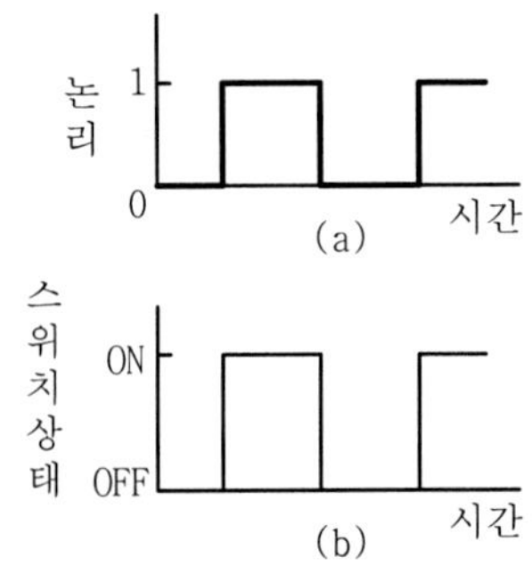

그림 4.3 2진수

현재 많이 사용하고 있는 컴퓨터의 신호형식은 그림 4.3(a)에 나타낸다. 그림에서 알 수 있듯이 0과 1로 구분하는 2진수 논리형식이다. 전기 스위치, 공작기계, 로봇 등의 한계 위치 검출용으로 많이 사용하고 있는 리미트 스위치는 (b)와 같이 나타낼 수 있는데, 이것은 스위치의 상태가 ON, OFF의 두 방향으로만 되기 때문에 위의 (a)와 동일하게 2진수로 생각할 수 있다.

■ 아날로그 신호

예를 들어 교류의 전압과 전류는 그림 4.4와 같이 시간에 따라 시시각각으로 그 크기가 변화한다. 그리고 변화의 상태는 연속적이다. 이와 같은 연속적으로 변화하는 신호량을 **아날로그량**이라 한다. 변위, 속도, 가속도, 힘, 압력, 온도 등은 아날로그량이다. 아날로그 신호는 그 크기와 파형이 자체의 의미를 포함하고 있으므로 선형성이 좋은 센서를 필요로 한다.

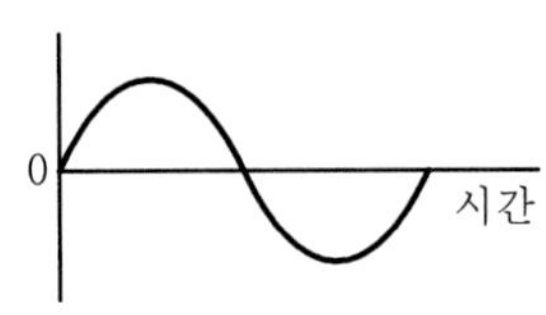

그림 4.4 아날로그 신호

■ 신호변환

공학기술의 중요한 요소로 물질과 에너지가 있으며 최근에는 정보가 추가되고 있다. 센서에서는 신호의 검출 감도 및 응답의 속도 그리고 변환되는 신호의 정도와 신뢰성이 중요하며 이것들에 의해 센서는 평가된다. 그래서 신호의 검출 및 변환의 과정으로 그것에 직접적으로 관련되는 정보의 질과 양은 신호변환에서 상당히 중요하게 취급된다.

대상물체에서 신호가 검출되어 컴퓨터에 입력될 때까지의 일반적인 과정을 온도 센서를 예로 들어 그림 4.5에 나타낸다.

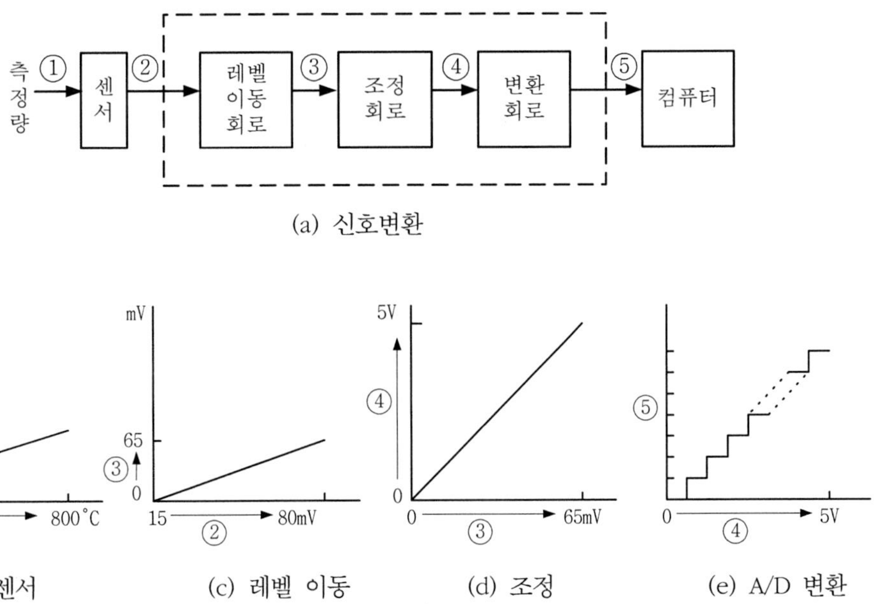

그림 4.5 신호변환

(a) 1단계(검출, 변환)

그림(b)는 센서의 입력과 출력의 특성을 나타낸다. 센서의 입력신호는 0~800℃(①)이다. 이것에 대응하는 출력신호의 범위는 15~80[mV](②)이다.

(b) 2단계(레벨이동)

신호(②)15[mV]를 0[V]로 변환시켜 0[V]부터 시작하는 신호로 변환한다. 신호(②)는 레벨이동 회로에 입력되어 0~65[mV]의 ③의 전압으로 변환되어 그림(c)와 같이 된다.

(c) 3단계(조정)

센서의 출력신호는 ②와 같이 아주 약한 전압이 대부분이다. 그리고 A/D 변환기의 입력전압의 최대값은 그림(d)와 같이 5[V]로 되도록 증폭할 필요가 있다. 조정회로의 출력전압은 0~5[V] ④와 같이 된다.

(d) 4단계(A/D 변환기)

④의 0~5[V]의 아날로그 전압을 A/D 변환기에 입력시키면 디지털 신호로 변환된다. 디지털 신호로 변환된 신호는 컴퓨터에 입력이 가능하다. 신호변환 회로의 예를 그림 4.6에 나타낸다.

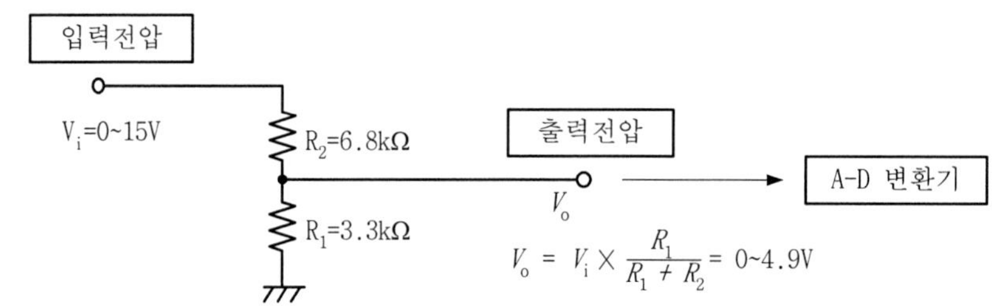

(a) 저항 분압에 의한 조정

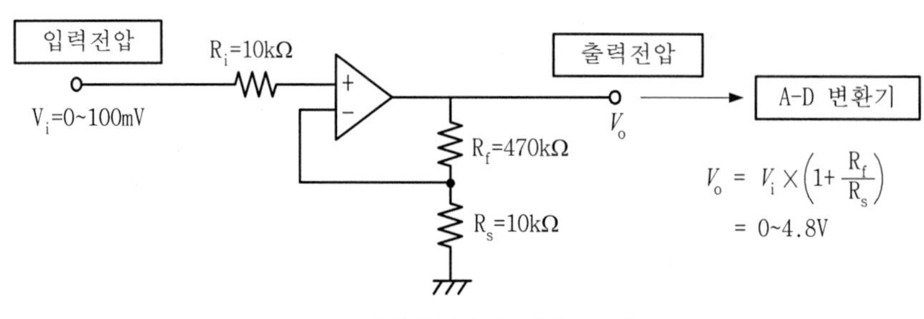

(b) 연산증폭기에 의한 조정

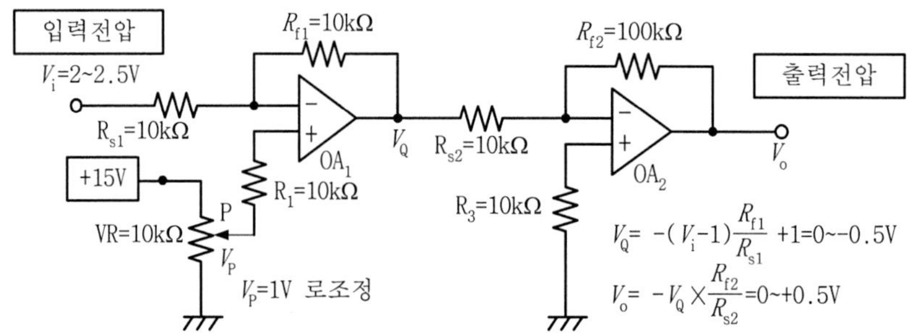

(c) 연산증폭기에 의한 레벨 이동과 조정

그림 4.6 신호 변환 회로

그림(a)는 저항을 이용한 분압회로의 예를 나타내고 있다. 0∼15[V]의 전압을 0∼4.9[V]의 전압으로 조정하고 있다. 그림(b)는 연산증폭기(operational amplifier ; OP Amp)를 사용한 조정기 회로의 예를 나타낸다. 0∼100[mV]의 전압을 0∼4.8[V]의 전압으로 조정하고 있다. 그림(c)는 연산증폭기를 사용한 변환회로로서 레벨이동과 조정을 같이 하여 2∼2.5[V]의 전압을 0∼5[V] 전압으로 변환하고 있다.

4.2 기계량을 검출하는 센서

4.2.1 변위 센서

물체의 이동거리 및 위치의 측정은 기계량 측정의 기초가 된다. 변위 센서(displacement sensor)는 다음과 같이 **직선 변위 센서**와 **회전각 센서**로 구분할 수 있다.

- 변위 센서
  - 직선 변위 센서
    - 차동 변압기
    - 포텐쇼미터(직선)
    - 자기식 스켈
    - 광학식 스켈
  - 회전각 센서
    - 회전형 차동 변압기
    - 포텐쇼미터(회전)
    - 로타리 인코더
    - 펄스 발전기

4.2.1.1 차동 변압기

인덕턴스의 변화를 이용한 변위 센서의 종류로 직선성이 뛰어나며, 회전각 측정용의 **차동 변압기**(differential transformer)도 있다.

그림 4.7은 차동 변압기의 구조와 원리를 나타낸다. 철심 중앙에 1차 코일, 그 양단에는 2차 코일이 있으며, 2차 코일은 차동적으로 접촉되어 있다. 1차 코일과 2차 코일 사이의 상호 인덕턴스가 철심의 변위에 의해 변화한다. 철심의 위치가 중앙이면 2개의 2차 코일의 전압은 동등하므로 출력전압은 0[V]가 된다. 만약 철심이 변위하면 변위에 비례하는 교류의 출력전압이 나온다. 출력전압이 변위에 비례하는 범위는 직선범위로는 0.01∼100[mm] 정도가 시중에서 판매되고 있다.

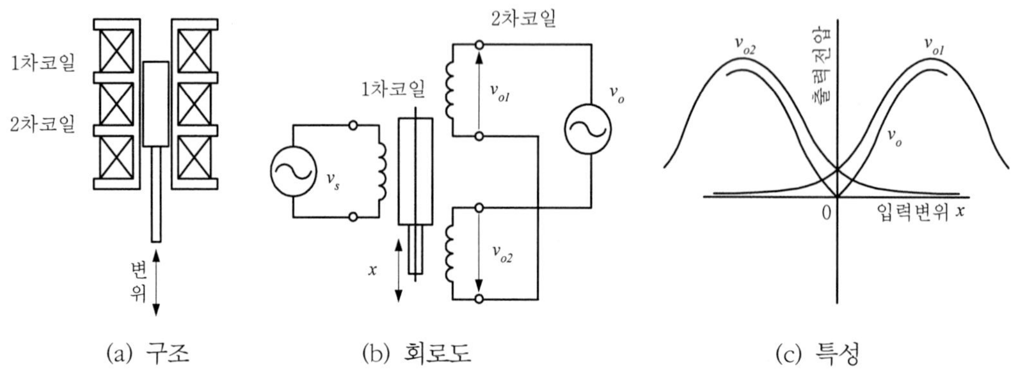

그림 4.7 차동 변압기

차동 변압기의 특징을 정리하면 다음과 같다.

■ **장점**

① 구조가 간단하며, 고장이 적다.
② 철심의 구동력이 작다.
③ 소형, 경량이다.
④ 감도가 높으며, 직선성이 양호하고 히스테리시스(hysteresis)도 작다.
⑤ 영점이 안정적이다.

■ **결점**

① 자계의 영향을 받는다.
② 온도오차 및 주파수 오차가 있다.

차동 변압기의 사용법은 차동 변압기의 1차 코일에 교류의 여자전압을 공급하고, 2차 단자에는 출력전압을 읽을 수 있는 회로를 접속한다. 그림 4.7(b)와 같이 2차 단자에 교류 전압계를 직접 접속하여도 좋다. 그러나 일반적으로 교류 전압계는 감도가 높지 않기 때문에 변위의 크기는 측정되지만, 방향 판별이 되지 않기 때문에 이 방법은 별로 사용되지 않는다. 많이 사용되는 방법의 블록선도 및 입·출력 특성을 그림 4.8에 나타낸다.

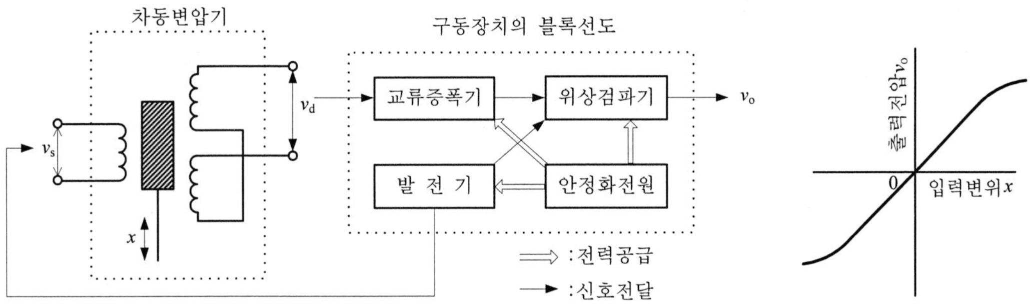

(a) (b)

그림 4.8 차동 변압기의 블록선도 및 입출력 특성

4.2.1.2 포텐쇼미터

직선변위 및 회전각 등의 기계적 변위를 전기신호로 변환하는 변위 센서이다. 그림 4.9는 직동형 **포텐쇼미터**(potentiometer)의 원리를 나타낸다. 저항선의 양 단자 A, B 사이에 일정한 전압 V_{BA}[V]를 입력하면, 출력전압 V_{PA}[V]는 가동자의 위치 X[m]에 비례하는 것을 이용한 것이다. 저항선의 길이를 L[m]라 하면 출력량 V_{PA}는

$$V_{PA} = V_{BA} \cdot X/L \tag{4.1}$$

가 된다. 그림(b)는 회전형이다.

포텐쇼미터의 종류 및 특성을 표 4.4에 나타낸다. 포텐쇼미터의 저항체는 동-니켈 합금 및 니켈크롬 합금을 원형으로 감은 권선형, 도전성 플라스틱 소자 및 금속분말과 탄소분말을 혼합하여 만든 서미트 소자를 이용한 피막형, 자기저항소자를 이용한 비접촉형 등이 있다.

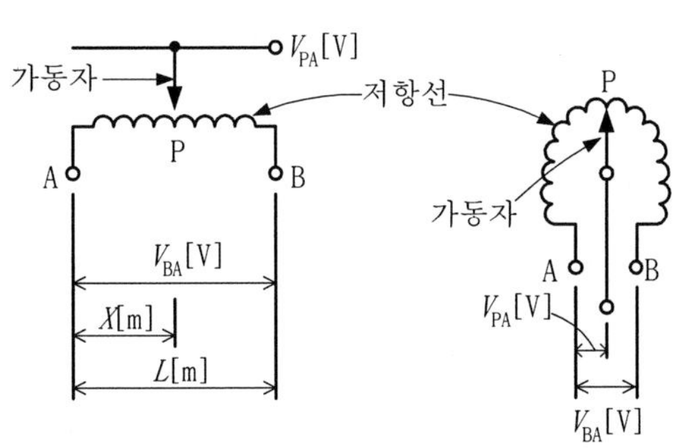

(a) 직선형 (b) 회전형

그림 4.9 포텐쇼미터

사용할 때의 주의사항으로, 정밀한 장소에 사용할 경우 백래시(back lash)는 안정성을 저하시키는 요인이 되므로 스프링 등을 사용하여 백래시를 제거할 필요가 있다. 또한 부하 저항이 작으면 직선성이 좋지 않다.

표 4.4 포텐쇼미터의 종류 및 특성

분류 \ 특징		장점	단점
접촉형	권선형	저항값의 범위가 넓다. 안정성이 있다. 잔류저항이 적다.	수명이 짧다. 분해 능력이 낮다.
	피막형	가동자의 노이즈가 적다. 수명이 길다. 분해 능력이 높다. 추종성이 좋다.	잔류 저항이 크다. 온도·시간적 안정성이 나쁘다.
비접촉형		가동자의 노이즈가 없다. 수명이 길다. 분해 능력이 높다. 회전토크 및 마찰이 적다.	출력감도의 정확성이 나쁘다. 온도의 편차가 크다.

4.2.1.3 로터리 인코더

로터리 인코더(rotary encoder)는 제어용 모터의 회전각의 검출용으로 많이 사용되고 있다. 디지털 신호를 직접 출력시키므로 디지털회로에 직접 접속이 가능하며 각도 및 회전 속도의 제어용으로 많이 사용되고 있다.

그림 4.10은 광전식 로터리 인코더의 구조를 나타낸다. 발광소자 a, b, z의 광축을 각각 일치시킨다. 양 소자 사이에 슬리트(slit)되어 있는 고정판 및 회전원판이 들어 있는 구조로 되어있다. 발광소자는 항상 발광하고 있지만, 수광소자가 수광되는 것은 고정판 및 회전원판의 슬리트가 광축선 위에 있는 시간뿐이다. 로터리 인코더의 출력 파형은 (b)와 같다.

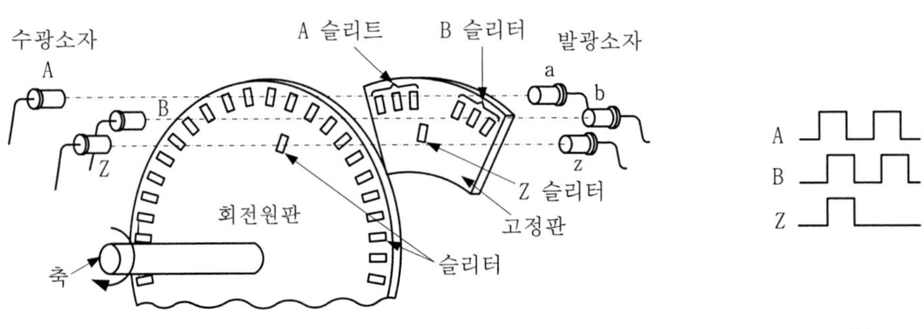

그림 4.10 로터리 인코더

로터리 인코더는 검출방식에 의해 **광전식·자기식·브러시**의 세 가지 방법이 있으나 이 중에서 광전식 방식이 가장 많이 사용되고 있다. 광전식 방식의 장점은

- 분해 능력이 높다.
- 정밀하여 정밀도가 높다.
- 주파수 특성이 좋다.
- 수명이 길다.

등이 있다. 그리고 출력 방식에 따라 분류하면 **앱솔루트 인코더**(absolite encoder)와 **인크리멘털 인코더**(incremental encoder)로 구별된다. 앱솔루트 인코더는 회전원판의 어떤 상태를 원점으로 하여 이 원점에서의 회전각을 출력하는 것. 인크티멘텔 인코더는 회전원판이 어떤 상태에서 다른 상태로 회전하였을 때 그 회전각을 출력하는 것. 인크리멘텔 인코더는 공업용으로 많이 사용되고 있는 방식이다.

그림 4.10은 인크리멘텔 인코더의 구성 예를 나타낸 것이다. 발광소자 a와 수광소자 A(A상용)의 사이에 슬릿으로 되어 있는 원판을 회전시킨다. 이 때 광선의 통과, 차단에 의해 수광소자는 그림(b)와 같이 A상 펄스를 출력한다. 이 펄스의 발생수를 계수하면 회전각을 알 수 있다. 그러나 원판을 역회전하여도 펄스는 동등한 수를 발생시키므로 회전 방향은 알 수 없다. 따라서 발광소자 b와 수광소자 B(B상용)를 추가로 설치한다. 단, 고정판의 A슬릿에 대하여 B슬릿을 1/4피치만큼 다르게 만들어 놓는다. 그러면 A상과 B상의 펄스는 그림 4.11과 같이 1/4주기 위상차를 가지게 된다. 이 때에 B상의 H레벨 시점에서 A상을 조사한다. 만약 A상이 H(1)이면 정 회전으로 판단하며, L(0)이면 역회전으로 생각한다.

그림 4-12는 원숏 멀티바이브레이터(one shot multivibrator)와 D플립플릅(flip flop)을 이용한 회전방향 검출 회로의 예를 나타낸다. 일반적으로 인크리멘털 인코더 방식은 Z상을 설치하여 원점 위치를 알 수 있게 한다. Z상은 원판 1회전에 1펄스가 출력된다.

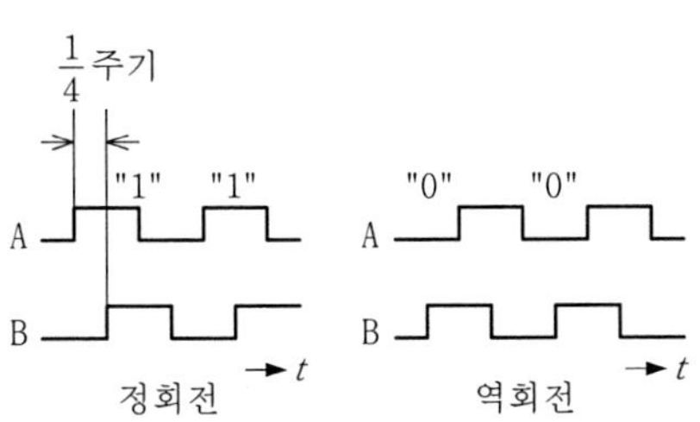

그림 4.11 회전방향 검출

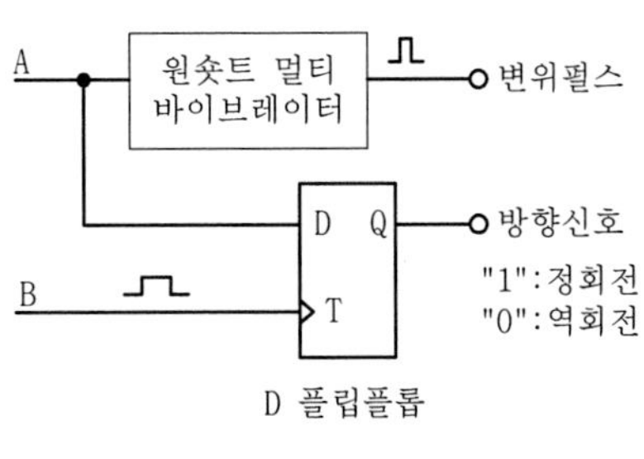

그림 4.12 회전방향 검출 회로

4.2.2 속도 센서

물체의 단위시간당 변위를 **속도**(velocity)라 한다. 회전운동에 있어서 단위시간당 회전각의 변위를 **각속도**(angular velocity)라 한다. 일정한 속도로 회전하는 모터축 등은 단위시간당 회전수를 사용하는데 이것을 **회전속도**(rotational speed)라 한다.

물체가 t[s] 사이에 S[m] 변위하였다면, 평균속도 V[m/s]는 다음과 같이 구할 수 있다.

$$V = \frac{S}{t} \tag{4.2}$$

식(4.2)에서 알 수 있듯이 변위 S와 시간 t를 측정하면 속도 V를 구할 수 있다. 그림 4.13과 같이 고정된 근접 스위치의 근처에 피치 P의 기어의 래크와 같은 물체가 이동하고 있다면 시간 t 사이에 통과하는 래크 기어의 수 n을 근접 스위치로 검출하여 카운터 등으로 수를 헤아리면 속도를 구할 수 있다. 즉, $S=nP$이므로 다음의 식을 구할 수 있다.

$$V = \frac{nP}{t} \tag{4.3}$$

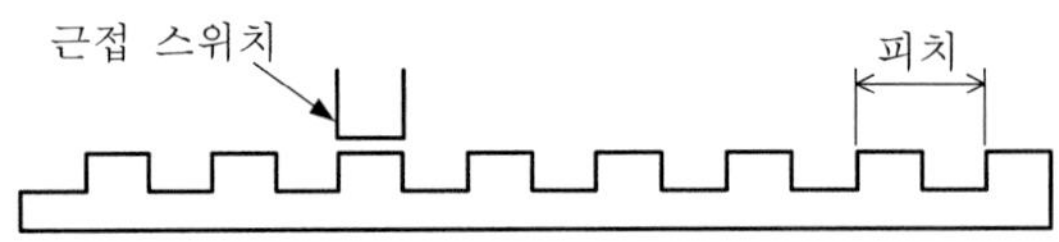

그림 4.13 속도 센서

4.2.3 스트레인 게이지

스트레인 게이지는 "금속체는 외력을 가하면 변형한다"라는 당연한 것에서, 금속 저항체를 당기면 길어지는 동시에 가늘어지고, 전기저항이 증가한다는 원리이다. 또 그 반대로, 압축되면 줄어들고 전기저항은 감소한다. 이 원리를 응용해서 만들어진 것이 **스트레인 게이지**(strain gage)이다.

인장, 압축, 굽힘, 비틀림 등의 응용측정 및 가속도 센서, 힘 센서 등에는 주로 스트레인 게이지가 많이 사용되고 있다.

그림 4.13(a)와 같이 길이 l[m]의 금속 저항선이 있으며, 이 금속선을 전기저항 R[Ω]라 한다. 그림(b)와 같이 힘을 양쪽에서 당기면 길이는 Δl[m]만큼 늘어난다. 길이의 증가율 즉, $\Delta l/l$를 **스트레인**(strain)이라 하며, ϵ로 나타낸다.

$$\epsilon = \frac{\Delta l}{l} \tag{4.4}$$

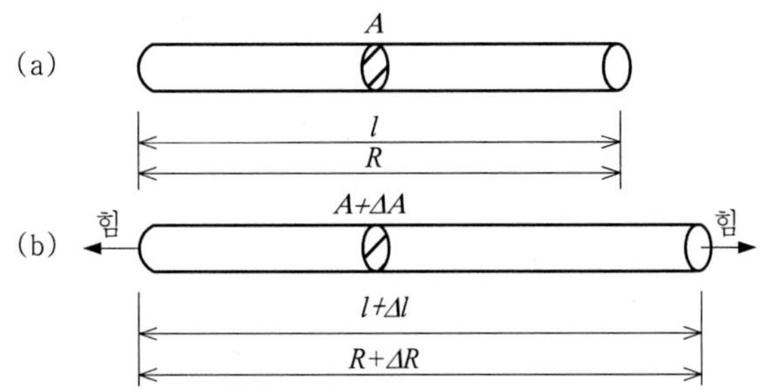

그림 4.14 금속 저항선의 변형

그리고 저항 $R(\Omega)$은 식(4.5)와 같이 저항율 $\rho[\Omega \cdot m]$, 길이 $l\,[m]$ 및 단면적 $A\,[m^2]$에 의해 결정된다. 즉,

$$R = \rho\frac{l}{A} \tag{4.5}$$

그림(b)에 의한 저항의 증가분을 $\Delta R[\Omega]$라 하면 식(4.6)의 관계가 성립한다.

$$\frac{\Delta R}{R} = K[\Omega] \tag{4.6}$$

여기서, K는 재질의 종류에 따른 정수로 **게이지 계수**(gage factor)이라 한다. 이것은 스트레인 게이지의 감도를 나타낸다.

스트레인 게이지는 일반적으로 다음과 같은 성질이 요구된다.

- 게이지 계수가 크다
- 온도계수가 작다.
- 화학적으로 안정적이다.

스트레인 게이지의 재료로는 크게 2종류로 금속과 반도체로 구분할 수 있다. 먼저 금속은 구리와 니켈 합금(cu 54%, Ni 46%), 니크롬계 합금 등이 많이 사용되고 있다. 이것들의 금속 스트레인 게이지 계수는 그 종류로 그림 4.15(a)와 같이 아주 가는 금속선을 플라스틱 필름에 접착한 **저항선 스트레인 게이지**(wire strain gauge), 그림(b)와 같이 금속선 대신에 얇은 금속판을 접착한 **저항박 스트레인 게이지**(foil strain gauge)가 있다.

반도체 스트레인 게이지는 게이지 계수가 높아 50~120 정도이다. 그러나 주위 온도에 의해 특성이 크게 변화하므로 온도에 따라 보상이 필요하다.

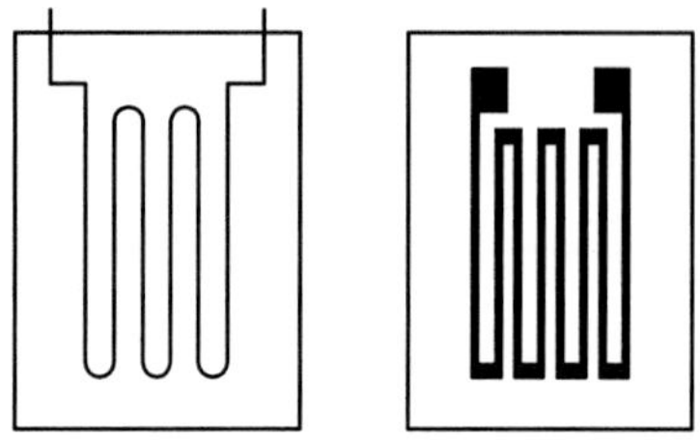

(a) 저항선 (b) 저항박

그림 4.15 스트레인 게이지

4.2.1.3 브리지 회로

일반적으로 피측정물에 발생하는 스트레인은 아주 작아 그것에 접착되어 사용되는 스트레인 게이지에 발생하는 스트레인도 아주 작다. 따라서 미소한 스트레인을 검출하기 위해 그림 4.16과 같은 **브리지**(bridge)회로가 사용된다.

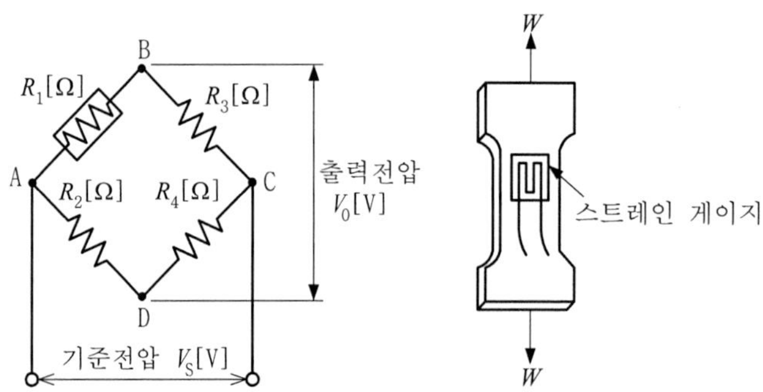

(a) (b)

그림 4.16 브리지 회로

그림 4.16(a)에 의해 AB 사이에 스트레인 게이지를 접속하고, 각 저항이 전부 동등하게 $R_1 = R_2 = R_3 = R_4 = R[\Omega]$이라 하면, AC 사이에 기준 전압 V_s[V]를 걸면, BD 사이의 전위차 V_o[V]는 0이 된다.

현재 AB 사이에 스트레인 게이지가 그림(b)와 같이 금속판에 접착되어 있으며, 인장하중 W[N]가 작용하고, 저항이 $R+\Delta R[\Omega]$로 되었다면, BD 사이의 전압 V_o[V]는 다음 식과 같다.

$$V_o = \frac{V_s}{4} \times \frac{\Delta R}{R} = \frac{V_s}{4} K\epsilon \quad (4.7)$$

따라서 하중 W에 의해 발생한 스트레인 게이지는 다음 식으로 구할 수 있다.

$$\epsilon = \frac{4}{K} \times \frac{V_o}{V_s} \quad (4.8)$$

금속판 재료의 **종탄성계수**(modulus of longitudinal elasticity)를 E[N/mm^2]라 하면 **후크법칙**(Hooke's law)에서 금속판에 발생하는 응력(stress) σ[N/mm^2]는

$$\sigma = E\epsilon \quad (4.9)$$

로 구할 수 있다. 금속판의 단면적을 A[mm^2]라 하면 하중 W[N]는 다음 식으로 구할 수 있다.

$$W = A\sigma \quad (4.10)$$

4.2.3.2 스트레인 게이지의 응용

스트레인 게이지를 탄성체에 접착하므로 인장·압축·굽힘·비틀림과 응력 또는 그 원인으로 작용하는 힘 및 모멘트를 측정할 수 있다. 몇 가지의 응용 예는 다음과 같다.

(a) 가속도 센서

이동물체의 가속도 및 충격의 세기를 알기 위해서는 가속도(acceleration)센서가 필요하다. 그림 4.17은 판스프링식의 **가속도 센서**의 원리를 나타낸다. 스트레인 게이지를 양면에 접착시킨 판스프링의 선단에 질량 m[kg]이 고정되어 있다. 스프링의 지지 프레임이 판스프링의 직각 방향으로 가속도 α[m/s^2]로 움직이면, 판스프링에는 다음과 같은 힘 F[N]가 발생한다.

$$F = m\alpha \quad (4.11)$$

이 힘 F의 크기에 비례하여 스프링은 굽힘이 발생하게 되어, 스트레인 게이지에도 스트레인이 발생한다. 따라서 여기서 역으로 스트레인을 측정하면 가속도를 알 수 있다.

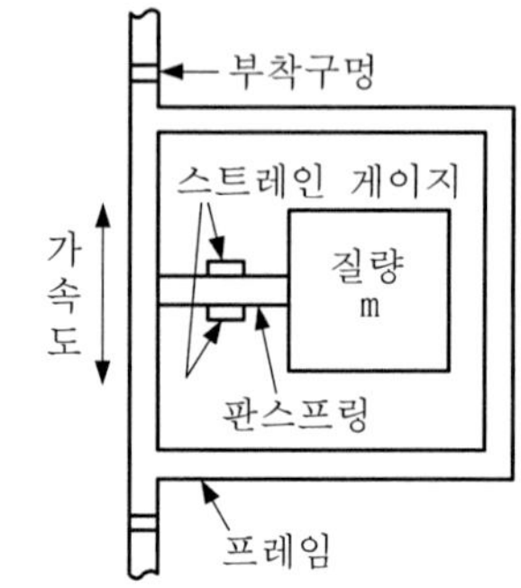

그림 4.17 가속도 센서

(b) 힘 센서

힘 센서(force sensor)의 대표적인 것으로 **로드 셀**(load cell)이 있다. 로드 셀은 그 말과 같이 하중계를 나타낸다. 작은 것은 가정용 저울부터 큰 것으로는 자동차의 하중을 측정하는 저울까지 폭 넓게 사용되고 있다. 그림 4.18은 로드 셀의 구조를 간단히 나타낸다. 로드 버턴에 하중이 걸리면 A부가 압축되어, A부에 접착되어 있는 스트레인 게이지가 변형되며, 전기저항은 하중에 비례하여 변화한다.

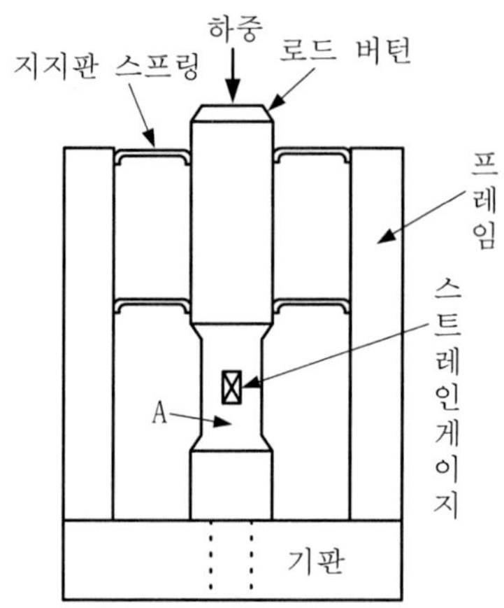

그림 4.18 로드 셀

(c) 압력 센서

유체가 고체벽 또는 유체속의 가상으로 한 면에 직각으로 미치는 단위면적당 힘을 압력이라 한다. 유체 또는 기체의 압력을 검출하고, 계측, 제어에 사용하기 쉬운 전기신호로 변환하는 장치 및 소자가 **압력 센서**(pressure sensor)이다.

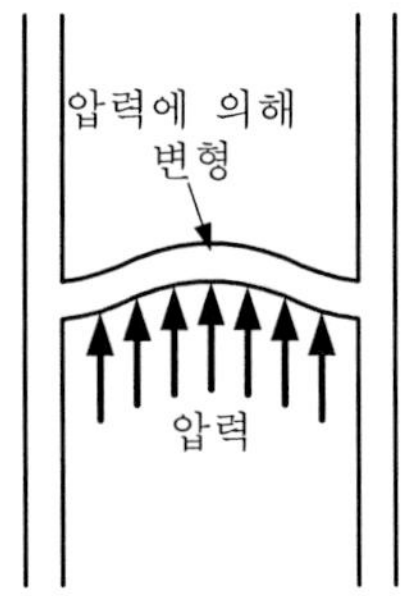

그림 4.19 다이어프램

압력 센서의 변환부는 그림 4.19와 같이 압력에 의해 수압부의 다이어프램(diaphragm)이 변형하는 것을 이용하고 있다. 다이어프램의 재료로는 내식성을 고려하여 스텐레스강(stainless steel)이 많이 사용되고 있다. 그리고 다이어프램의 변형량은 스트레인 게이지에 의해 전기신호로 변환되므로 이것을 컴퓨터 등으로 처리하면 압력을 알 수 있다.

4.3 물체를 검출하는 센서

로봇 팔에는 결정된 동작 범위가 있다. 그 범위를 초과하면 로봇에 설치되어 있는 리미트 스위치는 로봇 팔이 동작범위를 초과하는 것을 검출하여 모터를 정지시킨다. 또, 만약 동작 범위내에 사람이 있어서 위험하게 되면 시각 센서는 인간을 검출하여 로봇동작을 멈추게 한다.

음료수를 생산하는 공장에서 음료수를 넣을 병이 음료수를 주입하는 위치에 오게 되면, 광전 스위치가 검출하여 밸브를 자동적으로 열어 음료수를 주입시킨다. 이와 같이 물체의 검출센서는 위험을 검출하거나 산업 현장의 자동화 시스템에 많이 사용되고 있다. 이 물체 검출센서에는 다음과 같은 종류가 있다.

물체 검출센서
- 마이크로 스위치
- 광전 스위치
- 근접 스위치
- 시각 센서
- 그 외의 센서

4.3.1 마이크로 스위치

마이크로 스위치(micro switch)는 전기회로를 ON, OFF하는 소형 스위치로 미소 접점 간격과 스냅 액션(snap action)기구가 있고, 정해진 힘과 작동으로 개폐하는 접점 기구를 케이스로 감싸고 있으며, 그 외부에 액추에이터가 있는 소형 스위치를 말한다. 이 스위치의 접점은 COM(common)과 NC(normally closed), NO(normally open)의 세 단자가 있다. COM은 공통 단자이며 NC단자를 b접점, NO단자를 a접점으로 사용하면 된다. 그림 4.20은 마이크로 스위치의 외형과 기호를 나타낸다.

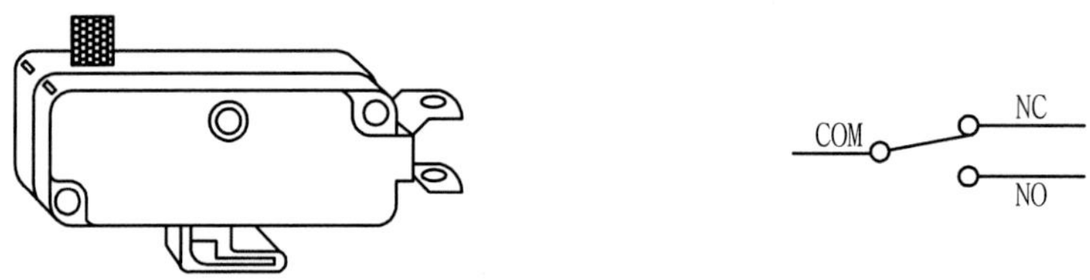

(a) 외형 (b) 기호

그림 4.20 마이크로 스위치

그림 4.21은 로봇에 사용되는 마이크로 스위치의 예를 나타낸다. 로봇 팔의 동작범위가 120°, 즉 ∠AOB가 120°이며, 이와 같을 때 팔의 동작 한계 범위에 마이크로 스위치를 고정시킨다. 로봇 팔이 회전하여 정하여진 위치에 가면 마이크로 스위치의 롤러를 눌러 접점이 ON되어 컴퓨터에 신호가 보내진다. 이와 같이 신호가 들어오면 컴퓨터는 로봇의 모터를 정지시키는 명령을 보낸다. 따라서 로봇은 지정된 작업범위 내에서 안전한 작업을 할 수 있다.

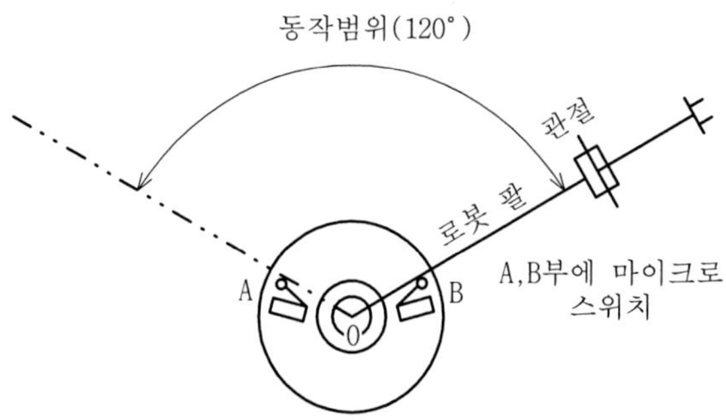

그림 4.21 마이크로스위치의 응용

4.3.2 광전 스위치

광전 스위치는 물체의 검출을 목적으로 발광소자와 수광소자를 조합한 비접촉형의 스위치이다. 응답은 빠르고, 장수명으로 신뢰성이 높은 등의 특징을 가지고 있어, 기계의 자동화 등에 많이 사용되고 있다.

빛을 발사하는 발광 다이오드의 발광부와 빛을 받는 포토트랜지스터의 수광부 사이에 물체가 광선을 차단 또는 일부분을 반사하면, 수광부가 변화한다. 광전 스위치는 이 수광량의 변화를 전기량으로 변화시켜 스위치를 동작시킨다. 따라서, 물체의 유무·위치·상태 등을 검출하는 스위치이다. 그림 4.22는 **광투과형**, **광반사형**의 광전 스위치의 원리 및 회로도를 나타낸다.

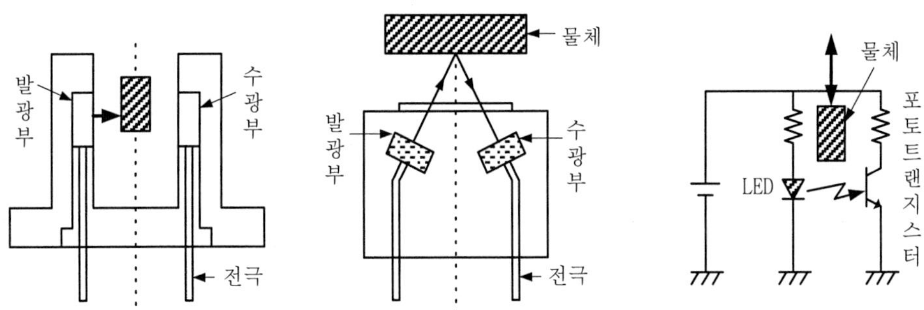

(a) 광투과형 (b) 광반사형 (c) 전기회로

그림 4.22 광전 스위치

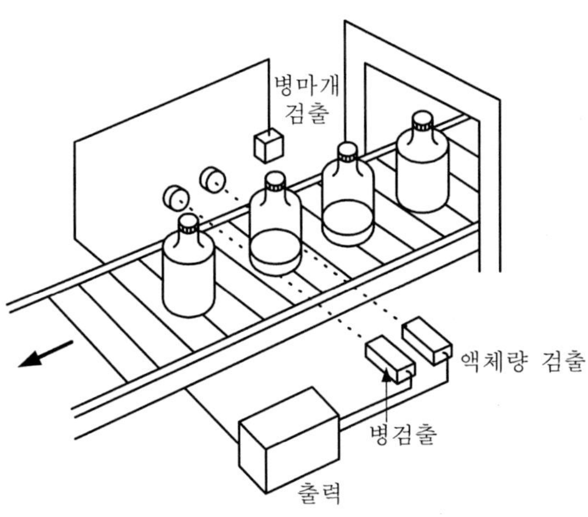

그림 4.23 음료수 주입 공정

그림 4.23은 음료수 주입 공정의 자동화 시스템을 나타낸다. 음료수의 양과 높이 및 병마개의 유무를 검사하는 시스템의 일부분을 나타낸다. 광전 스위치를 사용할 때의 주의 사항은 다음과 같다.

① 광전 스위치의 배선을 동력선과 동일 배관내에 배선하면, 오동작할 수 있으므로 동력선과 분리 배선한다.
② 먼지 및 부식성 가스가 많은 장소, 물 및 기름 등이 분사되는 장소, 옥외 및 태양광선이 비치는 장소 등에는 오동작할 수 있으므로 주의가 필요하다.
③ 전원 전압, 주위 온도는 허용 범위 내에서 사용한다.
④ 진동 등으로 부착 부분이 풀리게 되면, 광선이 틀리게 되어 사용이 불가능하다.

4.3.3 근접 스위치

근접 스위치(proximity switch)는 물체 검출 센서의 종류로 자체 에너지를 이용하여 검출헤드(detecting head)에 근접해 오는 금속체를 기계적으로 접촉하지 않고 비접촉 상태로 물체를 검출한다. 기계적인 스위치에 비하여 고속성·장수명·고신뢰성·방수성 등의 장점을 갖고 있다.

근접 스위치의 동작 원리로써 분류하면 **고주파 발진식**, **정전 용량식**, **자기식**, **광전식**으로 구분할 수 있다. 일반적으로 근접 스위치라 하면 고주파 발진식 또는 정전 용량식이 많이 사용되고 있다.

(a) 고주파 발진식

그림 4.24는 고주파 발진식의 근접 스위치를 나타낸다. 발진회로의 발진코일을 검출헤드로 사용하고 있다. 헤드의 근처에 금속체가 없을 때는 발진 상태이며, 금속체가 근처에 근접하면 전자유도작용에 의해 금속체에 과전류가 흐른다. 이 때문에 발진코일의 저항분이 증가하여 발진이 정지된다. 따라서 금속체의 유·무를 알 수 있다.

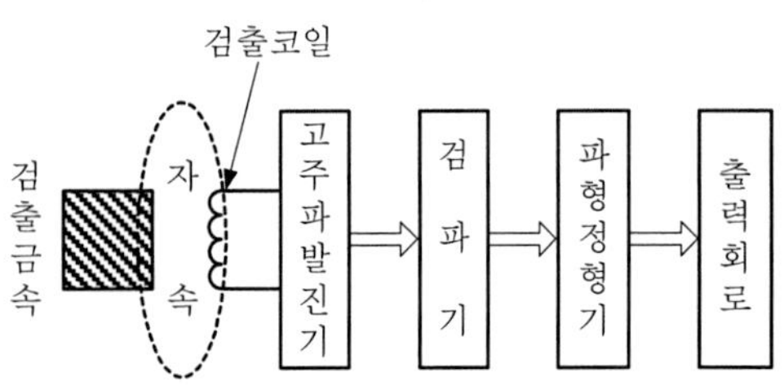

그림 4.24 고주파 발진식

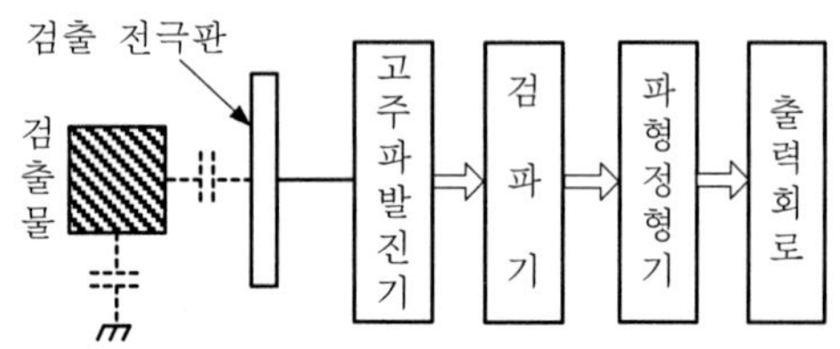

그림 4.25 정전 용량식

(b) 정전 용량식

그림 4.25는 정전 용량식 근접 스위치를 나타낸다. 정전 용량식은 수백 kHz~수 MHz의 고주파 발진회로의 일부분을 검출 전극판에 유도하여 고주파 전계를 발생시킨다. 이 전계 중에 물체가 오게 되면 **분극현상**(phenomenon of polarization)이 일어나 정전용량이 증가한다. 이것 때문에 발진의 진폭이 증가하고, 기준 레벨을 넘어 서게 되면 동작한다. 근접 물체로는 유도체이면 더욱 좋고, 플라스틱, 종이, 목재, 액체 등을 검출할 수 있다.

4.3.4 시각 센서

작업 대상물의 유무, 형상, 대소, 색깔, 문자 등의 인식은 종래에는 전부 인간의 눈으로 확인 검사가 되었다. 그러나 최근에는 센서, 컴퓨터, 화상처리 기술의 발달로 여러 부분에 **시각 센서**(vision sensor)가 사용되고 있다.

시각 센서의 시스템은 제어기, 카메라, 광원, 모니터로 구성되어 있다. 그림 4.26은 프린트 기판의 구멍 위치를 측정하여, 설계도면과 비교 검사하여 불량품을 판정하는 시스템이다.

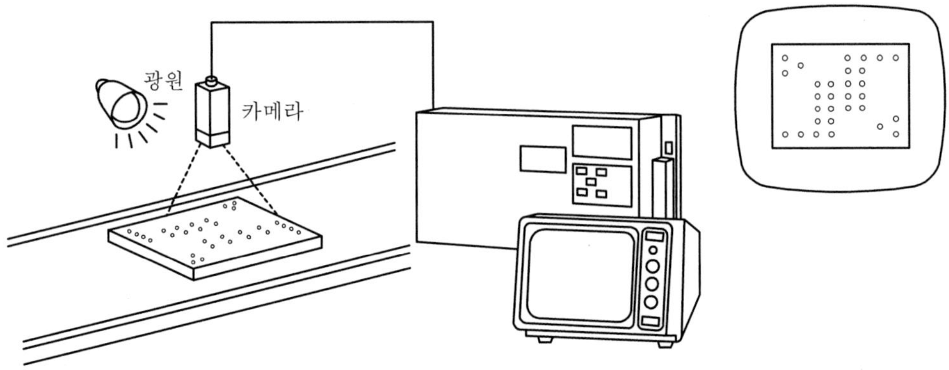

그림 4.26 프린트 기판의 검사시스템

4.4 그 밖의 센서

기계량 센서 및 물체 검출 센서 외에 상당히 많이 사용되는 센서가 있다. 예를 들면 물리적, 화학적인 변화량의 검출에는 온도 센서, 자기 센서, 광 센서, 습도 센서, 각종 가스 센서 등이 사용되고 있다. 이것들을 정리하면 다음과 같다.

4.4.1 온도 센서

온도는 우리들 일상생활에 관계가 깊은 물리량이다. 현재 산업에서는 반도체 제조·제철소·화력 발전 등 많은 분야에서 정밀한 온도제어를 필요로 하고 있다. **온도 센서**는 접촉형 온도센서와 비접촉형 온도 센서로 분류된다.

접촉형 온도 센서는 센서 자체를 대상 물체에 접촉시켜 온도를 측정하는 방식이다. 그러나 **비접촉형 온도 센서**는 측정 대상물에서 방사되는 적외선을 측정하여 온도를 측정하는 방식이다.

4.4.1.1 서미스터

서미스터(thermistor)는 온도 변화에 의해 전기저항이 크게 변화하는 것을 이용한 감온 반도체이다. 특히 온도에 있어서 안정적이고, 온도 특성의 재현성이 뛰어난 것이 장점이다. 서미스터의 재료로는 Mo, Ni, Co 등의 금속산화물을 주요성분으로 하는 반도체가 사용되고 있다. 대부분의 서미스터는 이 재료를 고온에서 성형한 것으로 **세라믹 서미스터**라 부른다. 세라믹 서미스터는 재료의 성분 비율, 성형조건, 형상, 치수 등에 의해 특성이 많이 다르다.

그림 4.27은 세라믹 서미스터의 형상에 의한 분류로 **칩형**, **비이드형**, **디스크형**을 나타낸다.

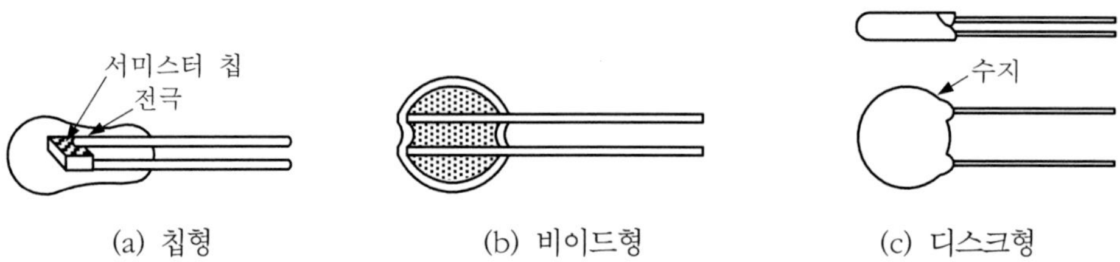

그림 4.27 서미스터의 형상

서미스터를 특성에 의해 분류하면, 온도상승과 함께 저항값이 특정 온도에서 급하게 증가하는 PTC(positive temperature coefficient) 서미스터, 역으로 급하게 감소하는 CTR(critical temperature resistor) 서미스터, 지수 함수적으로 감소하는 NTC(negative temperature coefficient) 서미스터가 있다. 그림 4.28은 서미스터의 특성을 나타낸다.

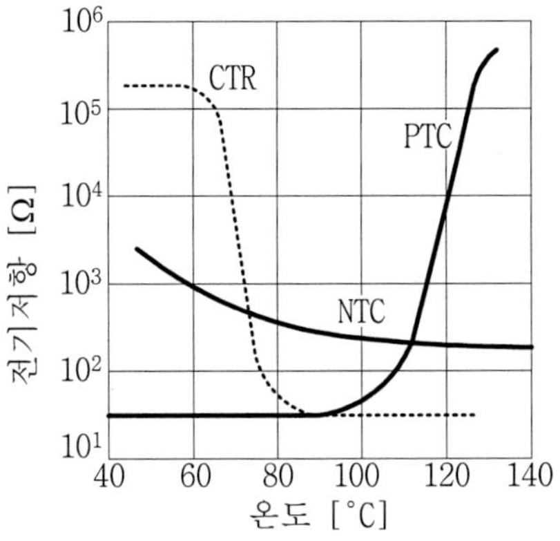

그림 4.28 서미스터의 특성

(a) PTC 서미스터

상온에서 어떤 온도까지는 거의 저항값이 변화하지 않지만, 특정한 온도부터는 급격하게 저항값이 증가한다. 저항값의 급변온도는 50℃에서 300℃까지 만들어지고 있다. PTC 서미스터는 그 특이한 저항온도의 특성으로 전기밥솥, 전기난로, 건조기, 전기 드라이 등의 온도 스위치로 많이 사용되고 있다.

(b) CRT 서미스터

특정의 온도영역에서 온도상승과 함께 급격히 전기저항이 감소하는 저항체로, VO_2계의 것은 20~80℃ 사이에 급변하는 온도 영역이 있다. 10℃ 온도가 상승하면 저항값은 십 단위 이상 저항값이 감소한다. 따라서 온도 경보기 등에 사용된다.

(c) NTC 서미스터

NTC 서미스터는 주로 금속산화물 반도체로 만들어진다. 유기물계, Si계 등도 있다. NTC 서미스터는 그림 4.28과 같이 음(−)의 온도계수를 갖고 있다. 전기저항이 평탄하게 지수 함수적인 변화를 한다. 이와 같은 특성으로 트랜지스터 회로의 온도보상, 온도의 측정, 제어, 통신기의 자동 게인 조절 등에 사용되고 있다.

서미스터의 일반적인 구동회로는 브리지 회로 및 정전류회로가 사용된다. 소자 자체의 저항값이 큰 것은 자기 가열의 원인이 되기 때문에 방열 및 사용한계에는 주의가 필요하다. 그리고 서미스터는 저항값의 오차가 비교적 크기 때문에 회로에 사용할 때 호환성을 얻기 위해 여러 가지의 결합 방법이 있다. 그림 4.29는 서미스터의 결합 방식을 나타낸다. 그림(a)는 소자 호환식이며, 소자 자체의 특성이 직선성을 얻는 장점을 갖고 있다. 그림(b)는 병렬연결, (c)는 직렬접속법으로 특성은 (a)와 거의 동등하다. 그림(b), (d)는 합성저항식으로 높은 정도를 얻을 수 있는 특징이 있다. 그림(f)는 **비율식**이라 하며 회로에서 자유적으로 직선성을 얻을 수 있어 측정기 등에 많이 사용된다.

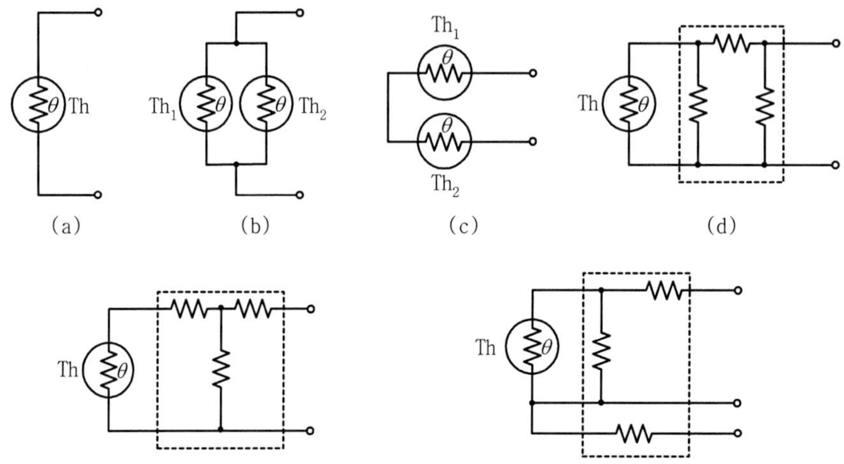

그림 4.29 서미스터의 결합 방식

4.4.1.2 측온 저항 온도 센서

일반적으로 금속의 전기 저항은 다음과 같이 온도에 의해 변화한다.

$$R = R_0(1 + \alpha t) \tag{4.12}$$

여기서, t : 측정온도[℃], α : 저항온도계수 [℃$^{-1}$], R_0 : 0[℃] 때의 저항[Ω], R : t[℃]일 때, 저항 [Ω]. 그림 4.30은 저항비 R/R_0와 온도 t의 관계를 나타낸다. 그림 4.30 및 식(4.12)에서 알 수 있듯이 저항을 측정하면 온도를 알 수 있다. 측온 저항제로는 백금, 니켈, 동이 사용된다. 표준 온도계 및 공업계측에는 고순도(99.999% 이상)의 백금이 사용된다. 이것들의 금속선을 운모 및 유리로 감은 코일형상의 외측을 세라믹 및 스텐레스 등으로 보호하는 구조로 되어 있다.

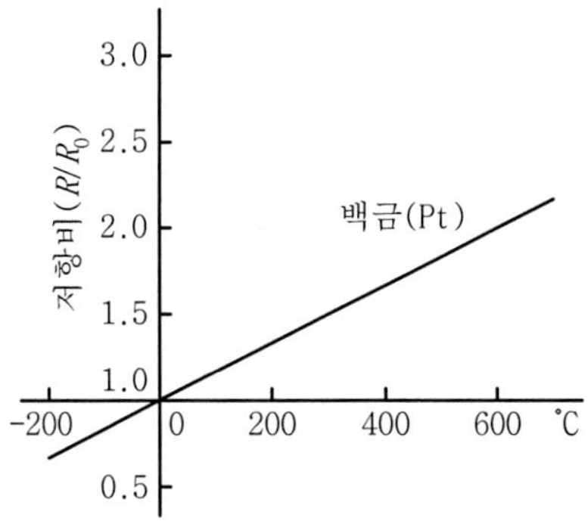

그림 4.30 백금 측온 저항제의 온도 특성

측온 저항 온도 센서의 측정은 일반적으로 브리지 회로가 많이 사용된다. 백금 측온 저항체는 저항값이 100[Ω]으로 상당히 낮아, 브리지에서 측온 저항체까지의 도선저항이 측정값의 오차를 발생시키는 원인이 된다. 결선 방법에는 2선식, 3선식, 4선식 등이 있다. 그림 4.31은 결선방식을 나타낸다. 여기서 R_t : 측온 저항체의 저항값 [Ω], R_0 : 평행사변형의 저항값[Ω], R_1 : 비례변의 저항값, r : 도선의 저항값 [Ω]이다.

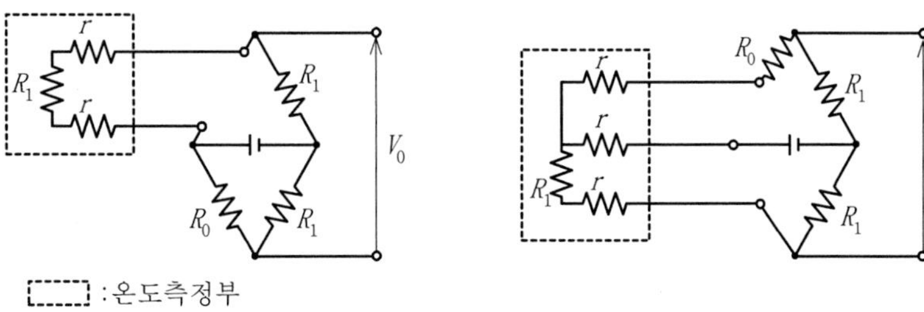

(a) 2선식　　(b) 3선식

그림 4.31 결선 방식

4.4.1.3 집전형 온도 센서

자연계에 존재하고 있는 물체들은 온도에 따라 각각 다른 파장의 적외선을 방사하고 있다. 고온 물체는 파장이 짧은 적외선을, 그리고 저온 물체는 파장이 긴 적외선을 방사하고 있다.

집전형 온도 센서는 강유전체 세라믹의 집전효과를 이용하여 방사체의 온도 측정을 하는 것이다. 집전형 센서의 특징은 적외선의 파장에 관계없이 감도가 거의 일정하여야 한다. 그리고, 비접촉형 센서이기 때문에 대상의 상태를 건드리지 않고 측정할 수 있어야 한다. 이동 물체의 온도 측정 및 원격 측정이 가능하며, 취급도 간단하고, 가격 또한 싸야 한다. 에너지 변환형 센서이므로 출력은 작다.

집전형 온도 센서의 구조를 4.32에 나타낸다. 센서 칩은 응답을 빠르게 하기 위해 열용량을 작게 할 필요가 있다. 그러기 위해, 칩은 얇게 그리고 열의 발산이 적은 구조로 할 필요가 있다. 집전형 온도 센서는 출력 전압이 작고, 출력 임피던스가 크기 때문에 증폭기를 내장하고 있다.

집전형 온도 센서는 대상 물체가 방사하는 적외선을 측정하기 때문에 광원이 필요 없다. 따라서 방범. 방화 등의 분야에 많이 사용된다. 즉, 침입자의 검지, 조명기구의 자동점등, 자동도어, 소변기의 사용자 검지, 조리기 등에 응용이 많다.

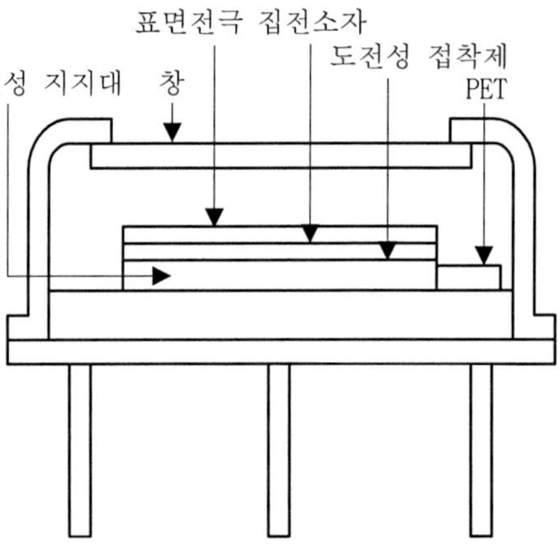

그림 4.32 접전형 온도 센서의 구조

4.4.1.4 열전대 온도 센서

열전대는 비교적 고온 측정에 사용되는 온도 센서이다. 두 종류의 서로 다른 금속 A, B를 그림 4.33과 같이 접속하여 폐회로를 만든다. 두 접점 P, Q를 각각 온도 t_1, t_2를 갖고 있으면, 이 회로에는 전류가 흐른다. 이 현상을 **제백 효과**(seeback effect ; 열전효과)라 한다. 흐르는 전류를 **열전류**라 한다. 전류가 흐른다는 것은 기전력이 발생하고 있다는 의미이므로 이 기전력을 **열기전력**(thermoelectromotive)이라 한다. 이것을 온도 센서에 이용한 것을 **열전대 온도센서**라 한다.

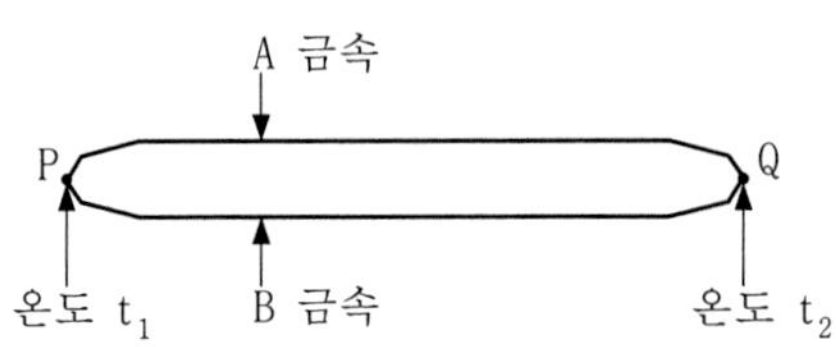

그림 4.33 열전대 온도센서

열전대의 특징은 구조가 간단하며, 열용량이 적기 때문에 변화가 빠른 온도의 연속측정이 가능하다. 접촉형 센서 중에서 측정가능 온도가 최고이다. 그러나 열전대는 기본적으로 기준 접점의 온도를 일정하게 유지시키지 않으면 안 되기 때문에 취급이 복잡하였다. 최근에는 열전대 신호처리의 전용 IC가 개발되어 취급이 간단하게 되었다. 열전대 온도 센서는 고온에 접촉되므로 다음과 같은 조건을 만족하여야 한다.

① 내열성이 우수할 것.
② 열기전력이 클 것.
③ 재료가 안정되고 산화나 조직 변화를 일으키기 어려울 것.
④ 가격이 비싸지 않을 것.
⑤ 특성의 편차가 작으며 호환성이 있을 것.

그림 4.34는 대표적인 열전대의 온도 특성을 나타낸다.

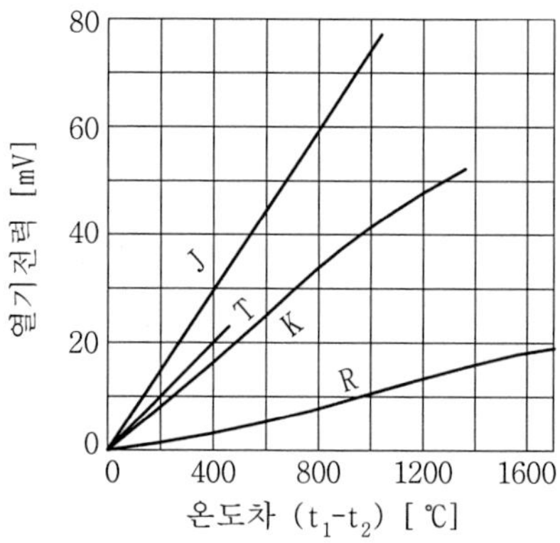

그림 4.34 열전대의 온도 특성

여기서 J(크로멜/콘스탄탄), T(동/콘스탄탄), K(크로멜/알멜), R(백금, 로듐13/백금)이다.

4.4.2 자기 센서

자기 신호를 검출하는 센서가 자기 센서이다. 자기 센서는 각종의 물리현상이 이용되고 있다. 자기센서의 종류는 다음과 같다.

- 자기 센서
  - 흡인력형
    - 나침반
    - 리드 스위치
  - 고체 자기 센서
    - 홀 소자
    - 자기저항소자
      - 반도체 자기저항소자
      - 강자성체 자기저항소자

4.4.2.1 리드 스위치

그림 4.35는 불활성 가스를 주입한 가스관내에 연질 강자성체의 리드판으로 구성되어 있는 리드 스위치를 나타낸다. 외부의 자계에 의해 리드판이 자화된다. 백금·금 등으로 도금된 접점부는 서로 다른 N극과 S극으로 자화되어 흡인력을 발생시킨다. 이 흡인력이 리드판의 기계적 탄성보다 크게 되면, 접점이 닫혀 전기회로가 ON 된다. 외부의 자계가 없어지면 리드판의 자기도 없어지므로, 리드판의 탄성에 의해 접점은 열리게 된다. 따라서 회로는 OFF 상태가 된다.

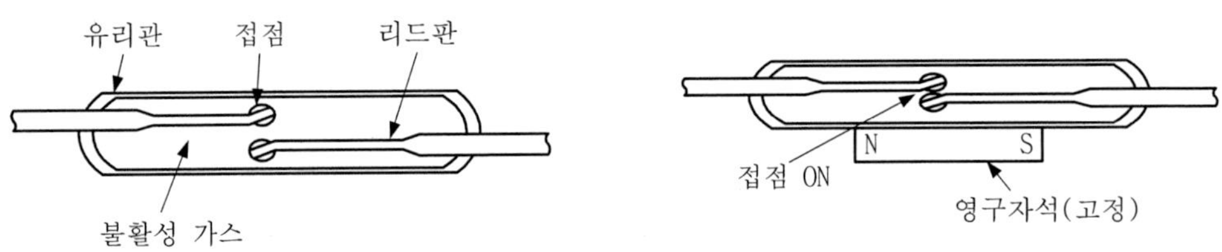

(a) 오픈형 리드 스위치　　　(b) 크로스형 리드 스위치

그림 4.35 리드 스위치의 종류

리드 스위치의 종류는 그림 4.35와 같이 외부의 자계가 없을 때 접점이 열리고, 어떤 레벨 이상의 외부자계가 있으면 접점이 닫혀지는 **오픈형 리드스위치**(a)와 이것의 반대로 동작하는 **크로스형 리드 스위치**(b)가 있다. 리드 스위치의 장점은 다음과 같다.

① 접점부가 외부와 차단되어 있어 동작이 안정적이다.
② 소형, 경량, 저가격이다.
③ 동작 속도가 빠르다.
④ 내전압성 및 정밀도가 좋다.
⑤ 수명이 길다.

그림 4.36은 리드 스위치를 이용한 소형의 모터를 구동하는 회로이다. 모터와 같이 유도성 부하를 ON, OFF할 경우는 접점 사이에 큰 **서지 전압**(surge voltage)이 발생하기 때문에 아크에 의해 접점이 노화한다. 따라서 서지 전압의 발생을 방지하기 위해 리드 스위치의 접점 부분에 병렬의 CR회로를 접속한다(그림 a). 그리고 부하와 병렬로 CR회로를 접속하는 방법(그림 b), 또는 부하와 병렬로 다이오드를 접속하는 방법(그림 c) 등이 있다.

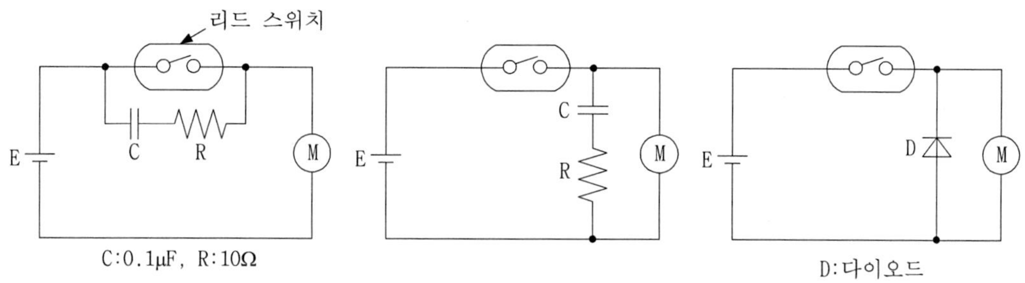

(a) 접점 사이에 CR 회로 구성　(b) 부하에 CR 회로 구성　(c) 부하에 다이오드 회로 구성

그림 4.36 리드 스위치 사용법

큰 출력의 모터 등과 같은 전력기기를 제어할 경우, 큰 전류를 제어하여야 한다. 그러나 리드 스위치는 작은 전류를 통과하므로 큰 전류를 제어하기 위해서는 전력 증폭 회로가 필요하다. 트랜지스터 등을 이용하여 전력 증폭회로를 구성하여 리드 스위치를 사용한다.

4.4.2.2 홀 소자

그림 4.37과 같이 반도체의 얇은 판에 일정한 전류를 흐르게 하고, 이것의 직각 방향으로 자계 H를 주게 되면, 전류는 자계의 직각 방향에 전압 V_H가 발생한다. 이 전압을 측정하면, 자계의 크기를 알 수 있으므로, 자기 센서로 사용할 수 있다. 이 현상을 발견자의 이름을 따서 **홀 효과**(hall effect)라 부른다.

홀 소자를 사용할 때 주의사항은

① 정전압 구동법과 정전류 구동법이 있다. **정전압 구동법**은 온도 변화에 대하여 출력전압의 변화가 작으나, 정전류 구동법은 자계에 비하여 출력 전압의 직선성이 좋은 특징이 있으므로 목적에 맞는 구동법을 선택 사용한다.

② 동일한 전류가 흐를 경우, 내부저항이 크면 전력소비가 크게 되어 열의 발생이 많게 되므로, 온도 상승에 의한 특성이 나쁘게 된다. 따라서, 가능하면 내부저항이 작은 소자를 선택 사용한다.

③ 부하 저항은 출력단자 사이의 내부저항의 4~7배 정도로 한다.

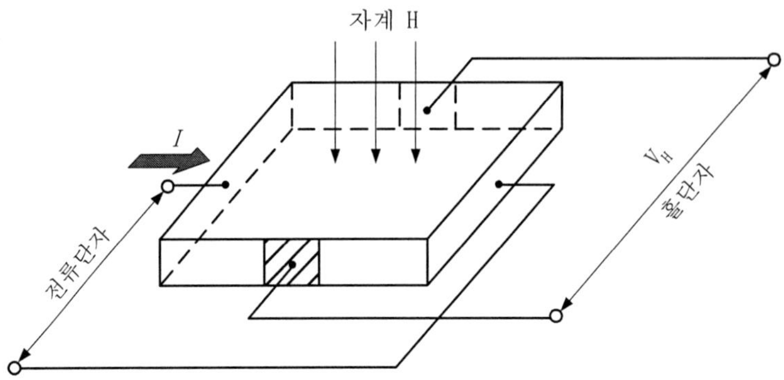

그림 4.37 홀 소자

4.4.2.3 반도체 자기 저항 소자

그림 4.38은 반도체의 양 단자에 금속판 전극을 붙인 소자내의 전자의 흐르는 모양을 나타낸다. 그림의 (a)와 같이 자계가 주어지면, 전자는 양 전극사이의 최단거리 방향으로 이동한다. 그림 (b)와 같이 자계가 주어지면, 전자는 양 전극사이 방향에 대하여 어떤 각도를 가진 방향으로 이동한다. 그러므로 자계가 주어지는 것에 따라 전자의 흐르는 경로가 길어지며, 저항은 증가한다.

자기 저항 소자는 자계의 극성에 관계없이 동등한 출력을 얻을 수 있다. 그리고 자기를 저하시키는 영역은 홀 소자에 비교하면 크다. 또한, 온도에 의한 저항 변화가 크기 때문에 온도보상이 필요하다.

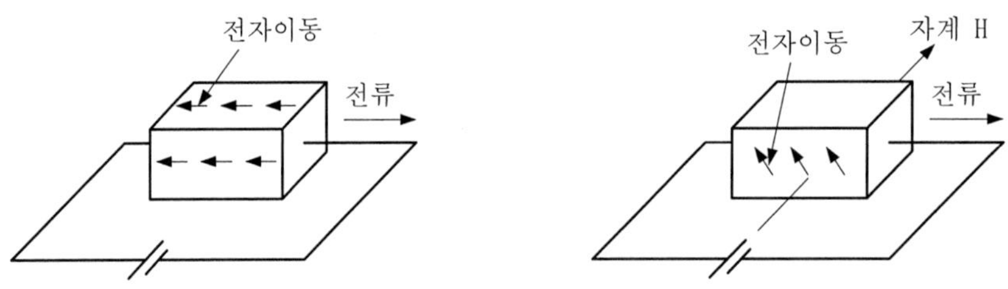

(a) 자계 $H=0$ (b) 자계 $0 \rightarrow H$

그림 4.38 반도체 자기 저항 소자의 원리

4.4.3 광 센서

광 센서(optical sensor)란 자외광에서 적외광까지 광파장 영역의 광선을 검지하여 이것을 전기신호로 출력하는 전자 디바이스의 총칭으로 **포토 센서**(photo sensor)라고도 한다.

광 센서의 특징은

① 동작이 고속이다.
② 비접촉형 센서이다.
③ 주위에 잡음을 내지 않는다.

광 센서의 분류 및 종류는 다음과 같다.

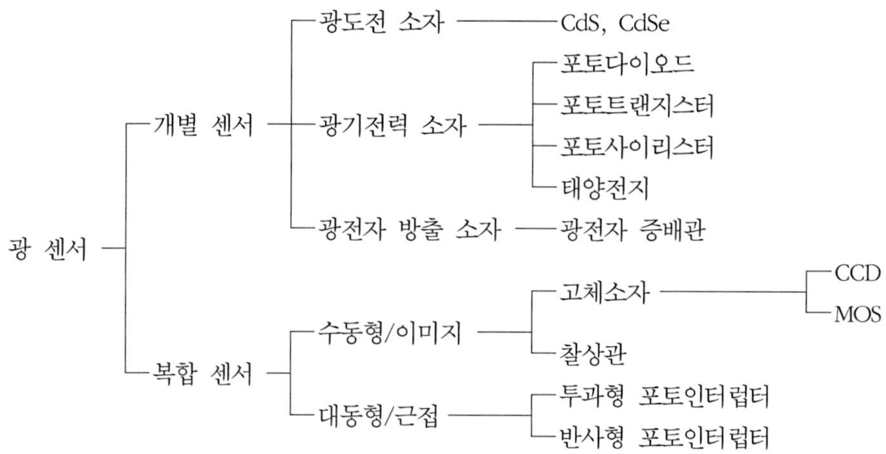

광 센서는 광(빛)의 검출을 목적으로 하는 개별 센서와, 광을 사용하여 다른 물리양을 측정하는 복합 센서로 분류된다. **개별 센서**는 그 검출원리에서 광도전 소자, 광기전력 소자, 광전자방출 소자로 분류된다. **복합 센서**는 수동형과 능동형으로 분류된다.

각 소자의 광전변환 원리에는 광도전 효과(photoconductive effect), 광기전력 효과(photovoltaic effect), 광전자 방출(photoelectric emission) 등이 있다.

(a) 광도전 효과

반도체에 빛이 닿으면 자유전자와 자유전공이 증가하고 빛의 양에 비례하여 전류증가가 일어나는 현상을 **광도전 효과**라 한다. 카메라의 조도계로써 오래 전부터 알려져 있는 유화카드뮴(CdS)광 센서가 대표적인 예이다. 광도전 물질을 이용한 촬상관도 이 분야에 포함된다.

(b) 광기전력 효과

p형 반도체와 n형 반도체의 접합면 즉, pn접합면에 빛을 조사하면, 전극 사이에 기전력이 발생하는 현상을 **광기전력 효과**라 한다. 이 센서는 입력 전압을 필요로 하지 않으므로 이용방법

이 간단하다. 태양 전지. 포토다이오드, 포토트랜지스터, CCD 등이 이 종류의 광 센서이다.

(c) 광전자 방출

물질의 표면에 빛을 쬐이게 되면, 빛의 세기, 파장에 따라서 전자가 그 표면에서 뛰어나온다. 이 전자를 **광전자**라 하며 이 현상을 **광전자 방출**이라 한다. 대표적인 것으로 광전자 증배관이 있다. 이것은 방출된 광전자를 붙잡아 $10^5 \sim 10^6$배의 전류를 증배하는 구성으로 되어있는 고감도의 광전관이다.

4.4.3.1 CdS 셀

CdS를 이용한 광도전형 센서를 **CdS 셀**이라 한다. 광도전 셀에는 CdSe, CdTe, PbS, PbSe, ZnO, ZnS 등도 있다. 인간이 볼 수 있는 가시광용으로는 CdS, CdSe, CdTe가 사용된다.

그림 4.39는 CdS 셀의 구조를 나타낸다. 세라믹 기판 위에 광도전성의 물질이 도포 형성되어 있다. 광도전 셀은 빛의 에너지에 따라서 전기저항을 바꾸고, 빛의 파장에 따라 감도가 서로 다르다. 이것을 **분광감도 특성**이라 한다.

광도전 셀의 감도는 규정광원에 의한 규정조도로 수광면을 조사하였을 때, 셀의 저항값으로 나타낸다. 저항값이 낮을수록 감도가 높은 것을 의미한다.

즉, CdS 셀의 저항값은 쬐이는 빛이 강해지면 낮아지고, 빛이 약해지면 높아진다. 다시 말하면 빛이 강하게 쬐이면 CdS 셀의 저항값이 감소하기 때문에 부하에 흐르는 전류는 증대하고 반대로 빛이 약해지면 부하에 흐르는 전류는 감소한다. CdS 셀의 특징은 다음과 같다.

① 소형, 경량, 가격이 싸다.
② 비교적 큰 전력을 얻을 수 있다.
③ 분광감도 특성이 인간의 눈에 가깝다
④ 직선성이 좋지 않다
⑤ 응답이 늦어 정밀측정에는 맞지 않다.

CdS셀은 가로등의 자동 점멸기, 도로 표지등, 카메라의 조광용, 화제 감지용, 광전 릴레이 등에 응용되고 있다.

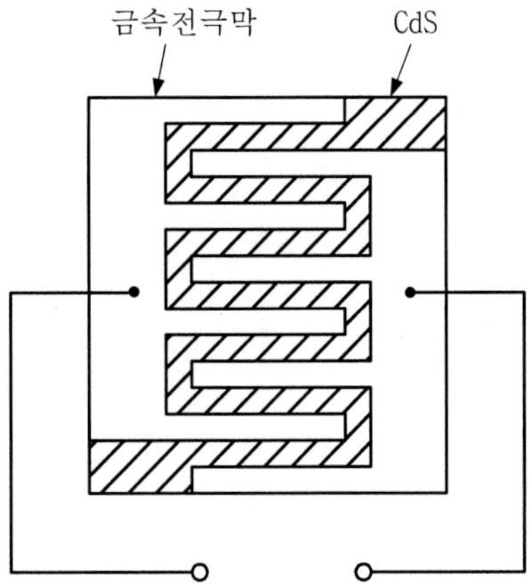

그림 4.39 CdS 셀의 구조

4.4.3.2 포토다이오드

포토다이오드(photodiode)는 n형 기판상에 p형층을 형성시킨 pn 접합부에 발생하는 광기전력 효과를 이용한 소자이며 입사광을 유효하게 이용하기 위해 표면에 반사 방지층이 설치되어 있다. 포토다이오드의 재료는 pn접합을 형성할 수 있는 것, 예를 들면 Si, Ge, GaAs, InGaAs 등이 사용된다.

재료, 형상, pn 접합의 위치 등에 의해서 수광 파장 영역이 다르다. 그림 4.40은 포토다이오드의 구조를 나타낸다. 입사광의 에너지가 반도체의 공핍층 전계에 의해서 정공은 p형으로, 전자는 n형으로 이동해 분리되고 p형은 정(+)으로 n형은 부(−)로 된다. 이 양단 애노드(anode)와 캐소드(cathode)를 결선하면, 애노드에서 캐소드 쪽으로 전류가 흐르고, 빛이 쬐이고 있는 동안은 외부 전원이 없이 전류가 흐른다.

포토다이오드의 수광영역은 주로 접합의 구조에서 정해지지만 일반적으로 400~1100[nm]의 파장 영역에서 사용할 수 있고, 특히 700~900[nm]에서 감도가 최대가 된다. 입사광에 대한 광전류 출력의 직선성이 양호하므로 아날로그를 동작시키는데 적당하다. 기타 특징으로서 응답속도가 빠르고 신뢰성이 높고 수명이 길며, 잡음이 작은 특징을 가지고 있다.

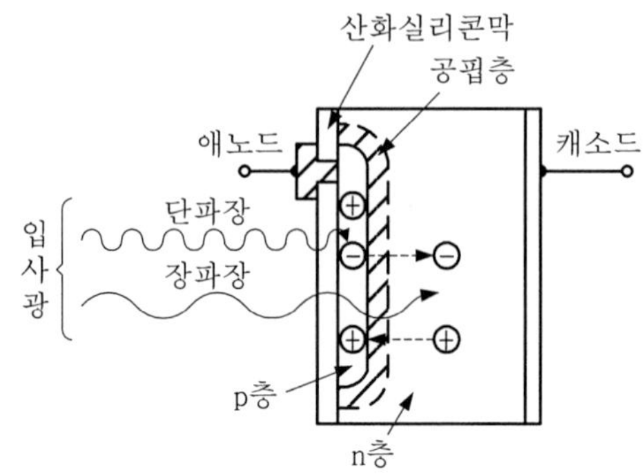

그림 4.40 포토다이오드의 구조

4.4.3.3 포토트랜지스터

npn형 포토트랜지스터의 구조를 그림 4.41에 나타낸다. n형 기판상에 p형의 베이스(base)영역을 형성하고, 또한 n형의 이미터(emitter)로 형성된 구조로 되어 있다. 반도체 재료는 대부분 Si이고 약간의 Ge가 사용되고 있다. 베이스 표면에 빛이 쬐이게 되면 역바이어스된 베이스-켈렉터(collector) 사이에 광전류가 흐르고 이 전류가 트랜지스터에 의해 증폭되어 외부로 흐른다.

현재 가장 많이 사용되고 있는 수광 소자로써 일반적으로 500~160[nm]의 파장영역에서 사용할 수 있다. 포토다이오드에 비해 출력되는 광전류가 크고, 신호는 동일 칩 내에서 증폭되고 있으므로 전기적 노이즈가 적다. 또한 특징의 장점으로 신뢰성이 높으며, 소형화할 수 있고, 전류 증폭율도 크며, 기계적으로 강하다. 단점으로는 포토다이오드에 비해 입사광에 대한 광전류의 직선성이 나쁘고 고감도일수록 응답 속도가 늦고, 포화 전압이 높은 결점도 있다.

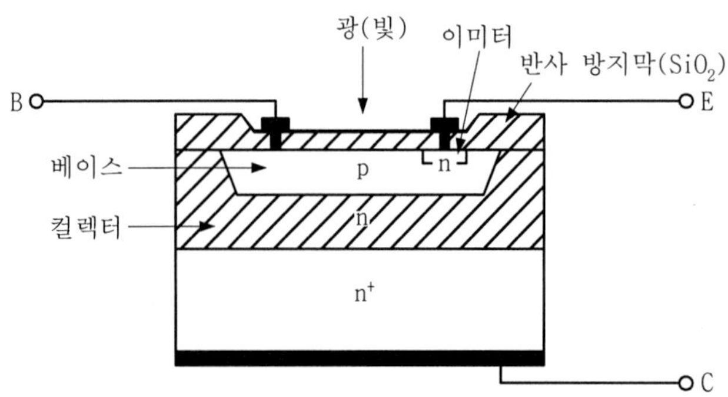

그림 4.41 포토트랜지스터의 구조

CHAPTER 5

기계 메커니즘의 요소

5.1 부품의 체결
5.2 동력의 전달
5.3 베어링
5.4 축과 축이음
5.5 기계 제작 순서

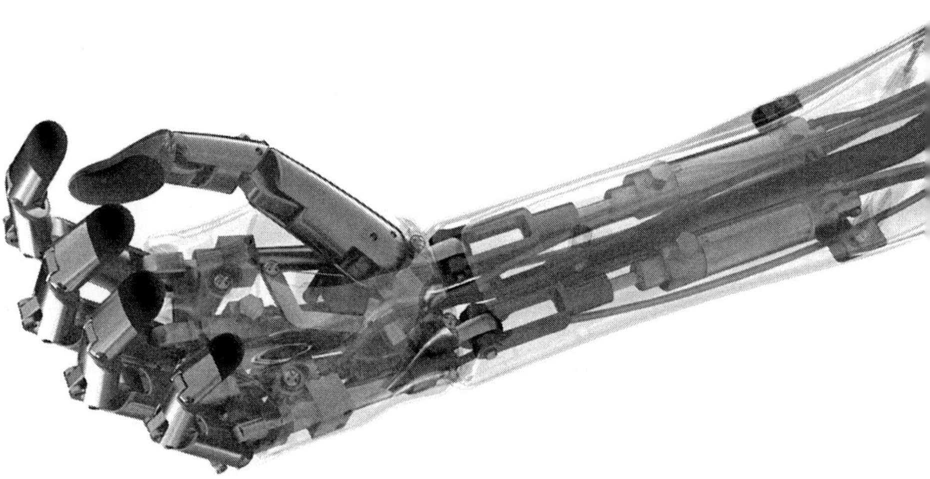

인간은 현대의 사회생활에 있어서 직접 혹은 간접적으로 기계의 틈바구니 속에서 생활을 하고 있다. 가정에서는 전기밥솥, 가스레인지, 냉장고, 세탁기, 텔레비전, 에어컨 등의 가전기기 속에서 생활하며 회사 혹은 학교 등과 같은 직장생활 및 문화 활동을 위한 외출을 하게 되면 자동차, 기차, 자전거, 오토바이 등의 운송기계를 사용한다. 직장에서 사무직의 경우는 컴퓨터, 복사기, 전화기, 팩시밀리 등의 사무용 기기 속에서 생활하며 생산직에 종사하는 경우에는 생산기계 속에서 하루를 보낸다. 이처럼 현대의 생활 속에서는 기계의 틈바구니에서 지내고 있으며 기계로부터 해방되는 시간은 겨우 잠자는 시간 뿐이다.

사람의 생활을 편리하게 해 주는 것은 건물, 도구, 기구 및 기계로 분리할 수 있다. 구조물은 철근 콘크리트 건축물, 목조건물, 철골구조의 다리 등과 같이 움직임이 없는 정적인 특성을 가진 것으로 정의하며, 도구는 인간의 생활이 편리하도록 지원하는 것으로서 가위, 나사를 조이는 드라이버, 망치 등과 같이 사람의 손 혹은 발의 기능을 보조하는 것으로서 그 자체로서는 움직임이 없으며 다른 어떠한 도움 없이는 아무 것도 할 수 없는 것으로 정의한다. 기구는 시계, 저울, 치수를 측정하는 버니어캘리퍼스 및 마이크로미터, 동력을 전달하는 기어, 나사, 스프링 등과 같이 정교한 움직임으로 사람의 인지능력을 도와주는 것으로서 정의하며 사람을 대신하여 직접 일을 하지는 않는다. 기계는 자동차, 전기세탁기, 냉장고, 로봇 등과 같이 석유 혹은 전기 등의 에너지를 사용하여 사람을 대신하여서 작업을 수행하거나 물건을 운반하고 세탁하는 유효한 일을 행하는 것을 말한다.

기계의 구성요소는 시스템의 전체 골격을 유지하는 요소로서 구조물, 운동발생장치, 상태의 측정장치로 구분할 수 있다. 구조물에는 부품을 연결하는 **체결용**(나사, 볼트, 너트), **동력 전달용**(기어, 벨트, 체인, 캠, 볼나사) 등이 있으며 운동발생장치는 **회전운동**(AC 모터, DC 모터, 스테핑 모터)과 **직선운동**(공압 실린더, 유압 실린더, 리니어 모터)을 발생시키는 액추에이터(actuator)를 의미한다. **센서**는 상태량(변위, 압력, 회전량)을 측정하는 요소로서 엔코더, 리니어 스케일, 레이저센서, 압력센서, 광량센서, 스위치 등을 의미한다.

그림 5.1은 **기계의 정의**를 나타내는 것으로서 에너지, 물질 및 정보를 입력으로 받아들여서 변환 혹은 전달하여 새로운 유용한 에너지를 생성하거나 물질, 정보를 변환하여 인간의 생활을 도와주고 지원하는 일을 수행하는 것을 기계라고 정의한다.

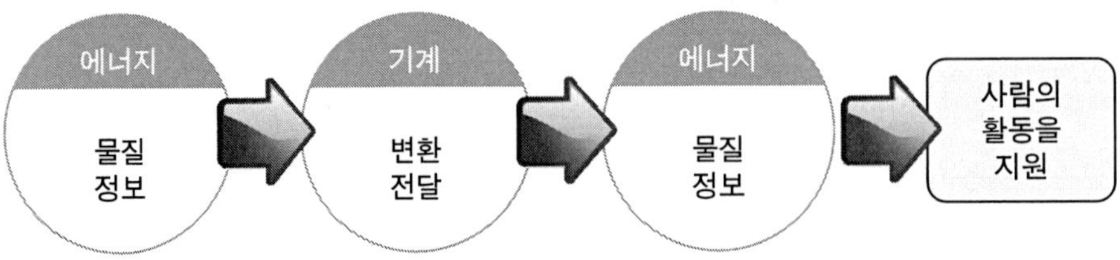

그림 5.1 기계의 정의

5.1 부품의 체결

부품과 부품을 고정하기 위해서는 여러 가지 방법이 있으며 재료, 용도, 강도, 진동, 열팽창에 대한 영향 등을 충분히 고려하여 목적 달성에 가장 적합한 체결방법을 사용하여야 한다. 또한 부품의 고정 시에는 분해를 필요로 하는가에 따라서도 체결방법이 다르다. 사용 중에 고장이 발생하거나 수리를 필요로 하는 곳에는 부품의 분해가 필요하므로 볼트와 너트를 사용하여 체결하고 분해할 필요가 없는 부품의 체결에는 리베팅 혹은 용접을 하여 체결한다.

5.1.1 나사

나사는 나선상의 홈을 이용하여 두 가지의 부품을 체결하는 것과 동력을 전달하는 것으로 구분할 수 있다. 그림 5.2와 같이 나사산의 모양에 따라 체결용과 동력 전달용으로 구분하여 사용한다. 체결용 나사산의 모양은 삼각형이고 동력 전달용 나사의 경우는 산의 모양이 사각형 혹은 사다리꼴의 형태를 가진다.

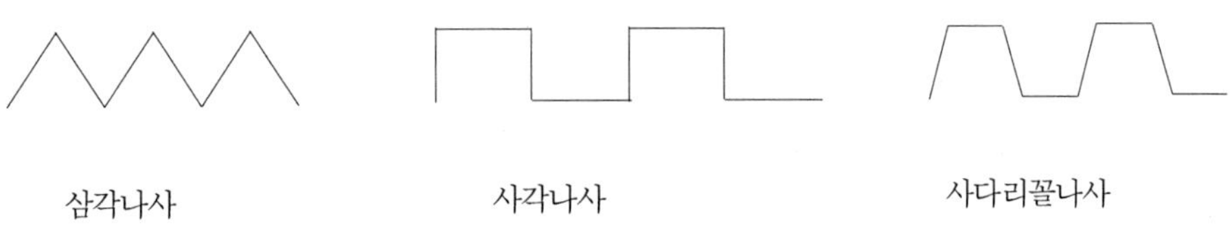

그림 5.2 나사산의 모양

삼각나사는 ISO(국제 표준화 기구) 규격에 의해 호환성을 유지하며 인치계열과 미터계열로서 분류하고 주로 부품의 체결용으로 사용된다.

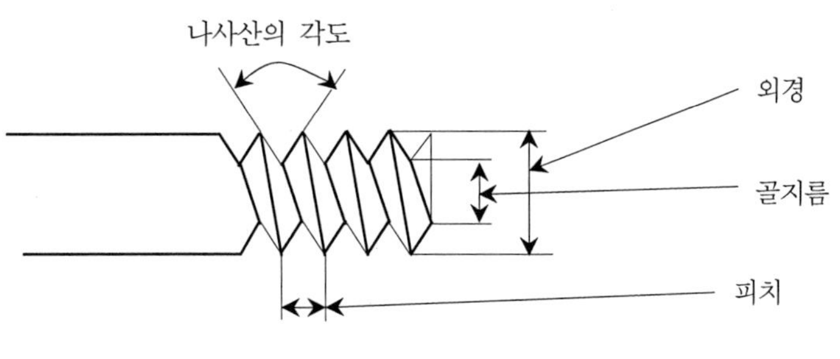

그림 5.3 나사의 명칭

그림 5.3은 나사의 명칭을 나타내고 있다. 나사의 리드 l은 나사가 1회전할 경우에 이동하는 거리로서 나타낸다.

$$l = np \tag{5.1}$$

여기서, n은 나사의 줄 수를 나타내며, p는 나사의 피치이다.

예제 5.1

나사의 피치가 1.25[mm]이고 3줄 나사를 가진 삼각나사의 리드는 얼마인가?

(풀이)
리드를 구하는 공식은 $l = np$이므로 $p=1.25$, $n=3$을 대입하면 된다.

$$l = np = 3 \times 1.25 = 3.75\,[\mathrm{mm}]$$

그림 5.4는 볼나사를 사용하여 스테핑 모터의 회전운동을 직선운동으로 변환하는 운동전달 메커니즘(mechanism)을 나타내고 있다.

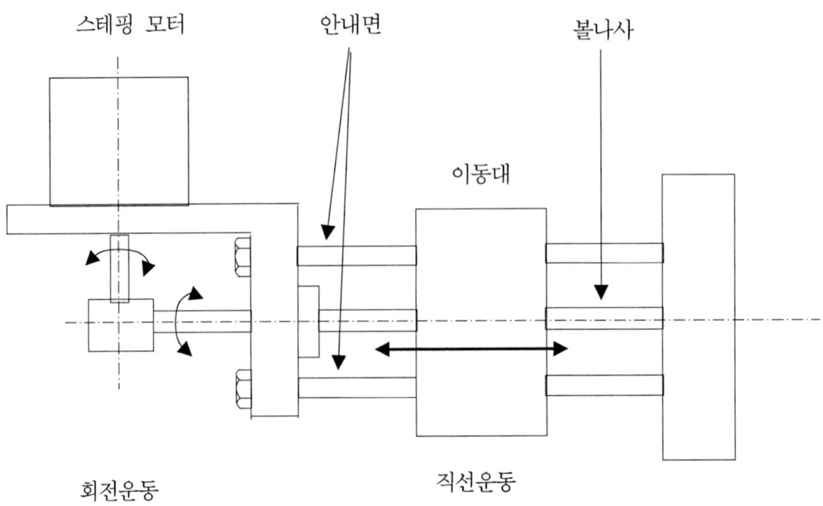

그림 5.4 스테핑 모터에 의한 직선운동 메커니즘

스테핑 모터에 의해 발생된 회전운동은 기어의 조합에 의해 구성된 방향 전환 메커니즘을 통하여 회전운동의 방향이 전환된다. 방향이 변환된 회전운동은 볼나사를 통하여 직선운동으로 변환된다. 직선운동은 이동대의 양쪽에 구축되어 있는 안내면에 의해 운동방향이 제약되고 이동대의 이동거리는 스테핑 모터의 회전에 따라 회전하는 볼나사의 리드에 의존한다. 직선운동의 이동속도는 스테핑 모터의 회전속도와 볼나사의 리드에 제약을 받고, 이동대의 위치 정밀도는 스테핑 모터의 분해능, 볼나사의 리드, 직선운동의 안내면 마찰력의 크기에 제약을 받는다.

스테핑 모터의 분해능을 R_s[°/펄스]라고 하고, 볼나사의 리드는 l[mm], 볼나사의 피치는 p[mm], 이동대의 이동거리를 L[mm]이라고 한다. 스테핑 모터의 목표치를 펄스량으로 입력할 경우에 이동대의 이동거리와 이동대의 최소 이동거리 P_a[mm]를 구한다. 먼저, 스테핑 모터가 1회전할 경우에 발생하는 총 펄스량 N[펄스]은 다음과 같다.

$$N = \frac{360}{R_s} \tag{5.2}$$

스테핑 모터의 입력을 R_N[펄스]이라고 하면 이동거리는 다음의 식에 의해 구한다.

$$L = \frac{l}{N} R_N = \frac{np}{N} R_N \tag{5.3}$$

이동대의 최소 이동거리는 다음과 같다.

$$P_a = \frac{l}{360} R_s \tag{5.4}$$

단, 안내면의 마찰력을 무시한다.

예제 5.2

그림 5.4의 직선운동 메커니즘에 있어서 스테핑 모터의 분해능은 1.8[° /펄스], 피치가 5[mm], 나사산의 줄 수가 1인 볼나사를 사용하며 안내면의 마찰력은 무시한다. 테이블의 최소 이동거리(위치 정밀도)를 구하고 스테핑 모터에 480[펄스]를 입력할 경우에 이동대가 이동하는 거리를 구하라.

(풀이)

스테핑 모터가 1회전할 경우에 발생하는 총 펄스량은

$$N = \frac{360}{R_s} = \frac{360}{1.8} = 200 \text{ [펄스]}$$

이므로 이동거리는

$$L = \frac{np}{N} R_N = \frac{1 \times 5}{200} \times 480 = 12\,[\mathrm{mm}]$$

가 된다. 스테핑 모터의 1펄스 회전하였을 경우에 이동대가 움직이는 최소 단위의 이동거리는 다음과 같다.

$$P_a = \frac{\ell}{360} \times R_s = \frac{5}{360} \times 1.8 = 0.025\,[\mathrm{mm}]$$

5.1.2 나사에 의한 부품체결

나사 체결부는 볼트와 너트로 구성된 나사의 체결부품과 피 체결부품으로 구성되며, 이것이 일체가 되는 것을 체결기능을 만족한다고 한다. 볼트와 너트는 두 개의 부품을 체결하기 위하여 사용되는 요소로서 기계의 구조물 형성에 많이 사용된다.

그림 5.5는 볼트와 너트를 나타내는 기호이다. 크기를 표시할 경우에는 그림 5.5에서 나타낸 것처럼 미터 나사의 경우에는 M10(지름 : 10 [mm])으로 표시하고 화살표는 외경을 나타내는 선에 60[°]의 각도로 입사하는 형태로 나타낸다.

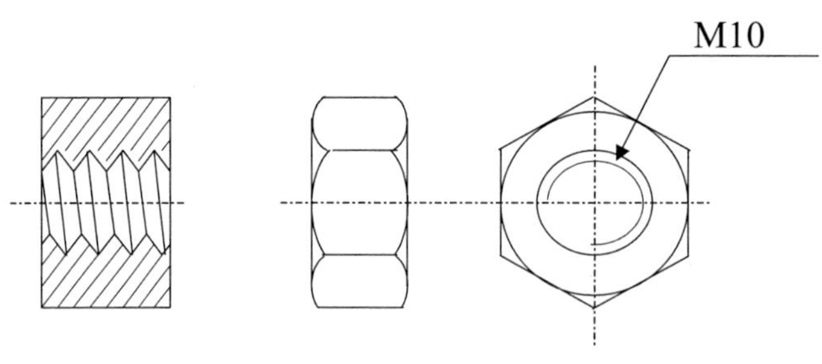

(a) 너트의 표시

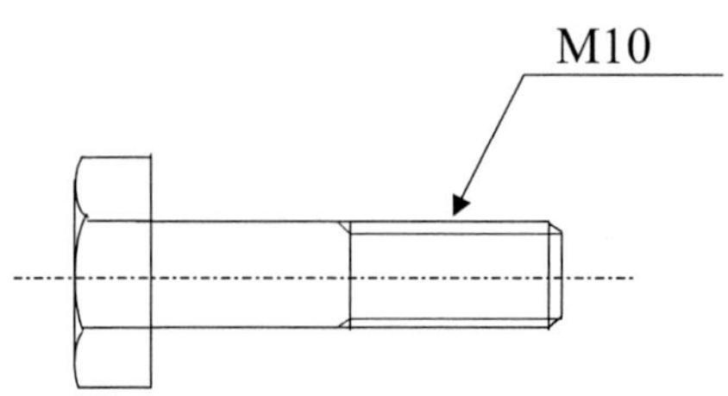

(b) 볼트의 표시

그림 5.5 볼트와 너트

나사 체결부의 강도적인 신뢰성을 확보하기 위하여 필요한 3대 신뢰성은 다음과 같다.

- 체결부품의 신뢰성(볼트와 너트)
- 강도설계의 신뢰성(나사 체결부)
- 체결력 관리의 신뢰성

볼트와 너트가 결함이 없는 양호한 부품의 선정이 중요하며 체결부의 설계 시에는 사용 중에 작용하는 외력을 충분히 고려하여 재료와 두께를 설계하여야 한다. 체결력의 관리는 조립현장에서 고려해야 하는 중요한 관리요소로서 특수한 경우에는 체결방법, 체결을 위한 토크를 사전에 지시할 필요가 있다.

그림 5.6은 볼트를 사용하여 체결하는 체결부품을 체결본체에 고정시키는 사례를 나타낸다. 체결본체에는 드릴을 사용하여 충분한 크기의 구멍을 가공하고 나사를 만들 수 있는 텝(tab)이라고 하는 나사 형성공구를 사용하여 나사산을 만든다. 체결부품에는 볼트의 호칭 크기보다 약간 크게, 즉 볼트가 충분히 통과할 수 있도록 드릴을 사용하여 구멍을 가공한다. 와셔는 체결부품과 볼트의 사이에 삽입되어 부품의 체결을 확실하게 도와주는 역할을 하며 스프링와셔와 평와셔로 분류할 수 있다.

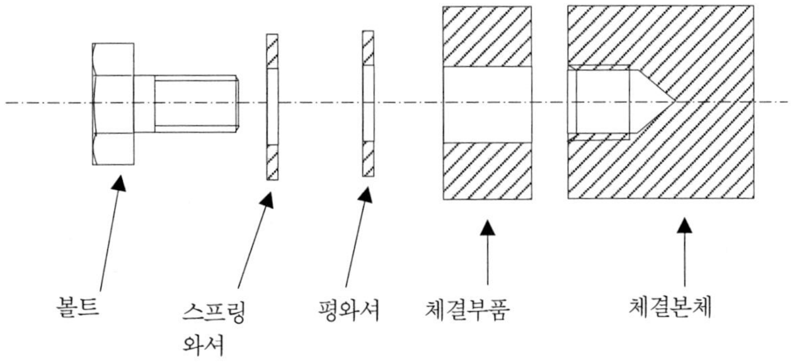

그림 5.6 볼트에 의한 부품의 체결 방법

스프링와셔는 고정을 확실하게 하고 스프링의 역할을 하도록 그림 5.7과 같은 형상을 가지고 있으며 나사가 풀리는 현상을 방지하는 역할을 한다. **평와셔**는 부품의 채결부위가 평면이 아닐 경우에 체결력을 일정하게 하여 풀리는 현상이 일어나지 않도록 하기 위하여 사용한다.

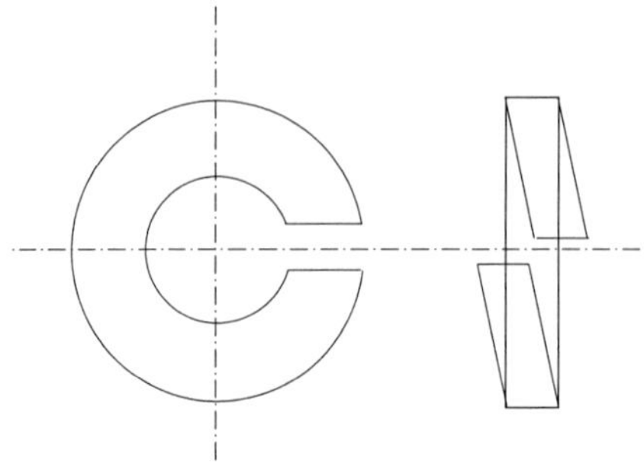

그림 5.7 스프링 와셔

그림 5.8은 볼트와 너트를 사용하여 두 개의 부품을 체결하는 방법을 나타낸다. 먼저 드릴을 사용하여 체결할 부품에 볼트의 직경보다도 약간 크게 구멍을 가공한다. 스프링와셔를 볼트에 삽입한 상태에서 체결부품에 볼트를 끼워 넣는다. 볼트를 체결부품에 끼운 상태에서 **평와셔**를 볼트의 나사산이 있는 쪽에 끼우고 너트를 사용하여 고정을 시킨다.

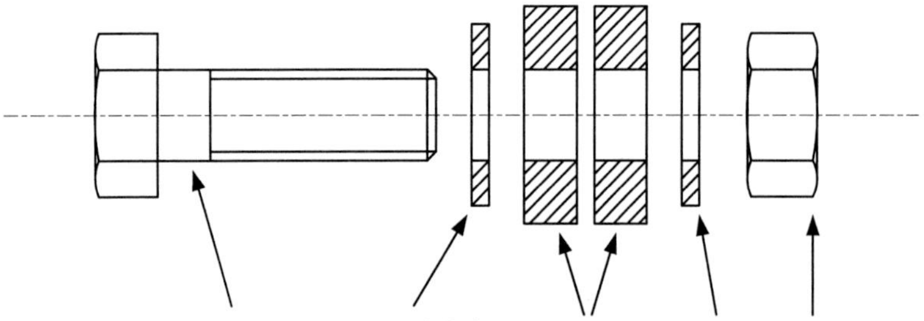

그림 5.8 볼트와 너트에 의한 부품의 체결방법

그림 5.9는 두 개의 부품을 볼트를 사용하여 체결한 경우와 볼트와 너트를 사용하여 체결한 경우를 나타낸다.

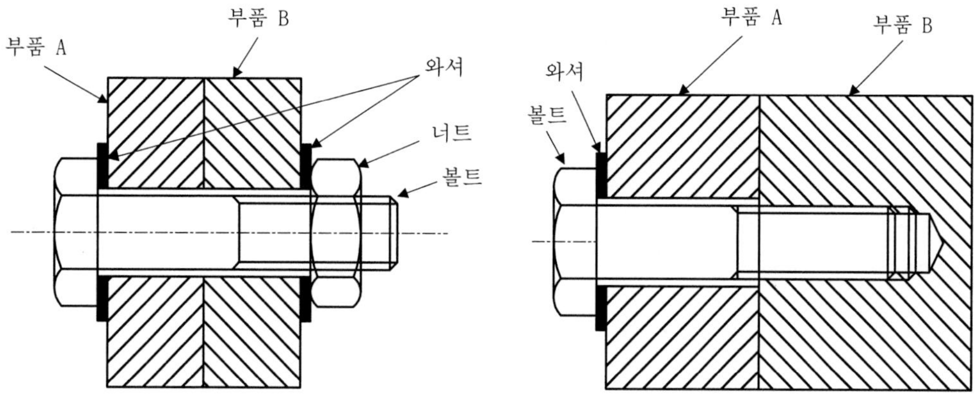

(a) 볼트와 너트에 의한 부품 체결 (b) 볼트에 의한 부품 체결

그림 5.9 두 개의 부품의 체결 방법

5.1.3 리벳에 의한 부품체결

분해할 필요가 있는 부품을 체결할 경우에는 볼트를 이용하여 체결하거나 볼트와 너트를 사용하여 체결한다. 분해할 필요가 없는 경우에는 **리벳**을 사용하거나 **용접** 등과 같은 방법으로 두 부품을 결합한다. 두꺼운 철판과 같은 경우에는 금속을 녹여서 붙이는 **전기용접**을 사용하여 결합하고 얇은 판의 경우에는 **가스용접** 혹은 리벳으로 고정을 한다.

그림 5.10은 리벳을 사용하여 부품을 고정하는 방법을 나타낸다. 접합하기 위한 두 개의 얇은 판에 구멍을 내고 리벳을 구멍에 끼운다. 고정구에 리벳의 머리를 올려놓고 고정한 상태에서 리벳의 머리형상을 가진 스냅을 리벳의 위에 고정시킨다. 스냅을 망치와 같은 것으로 타격함으로써 머리를 만들어 고정시킨다. 이러한 **리벳**에 의한 부품의 접합 방법은 분해할 필요가 없으며 강도가 요구되는 곳에 사용되는데 주로 보일러, 선박, 비행기, 다리 등의 제작에 있어서 외관 및 철골의 고정에 많이 사용한다.

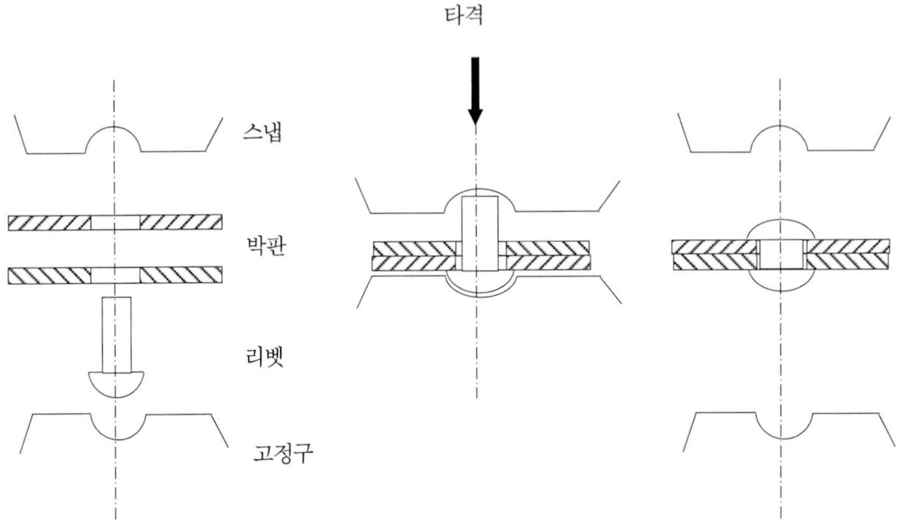

그림 5.10 리벳에 의한 부품의 체결방법

5.2 동력의 전달

동력은 일반적으로는 회전운동의 전달을 나타내며, 회전운동을 전달하는 가장 기본적인 기계요소는 축이다. 모터 혹은 엔진 등에 의해 발생된 회전운동은 축에 의해 다른 동작부분으로 전달되는데 동력을 전달방법으로서는 그림 5.11과 같이 기어 및 벨트 등을 사용한다.

동력을 전달하는 두 개의 축간 거리가 짧은 경우에는 **기어**를 사용하여 동력을 전달하고 축간 거리가 긴 경우에는 **벨트**를 사용한다. 자동화 기계에서는 주로 타이밍 벨트를 많이 사용한다. 회전운동을 직선운동으로 변화시키는 경우에는 볼나사를 사용하여 운동을 변화시킨다. 모터에 의한 회전운동은 원동축을 통하여 원동축에 고정되어 있는 기어 혹은 풀리에 전달된다. 기어의 잇수 혹은 풀리의 직경비에 따라 회전비가 결정되어 원동축의 회전운동을 종동축에 전달한다.

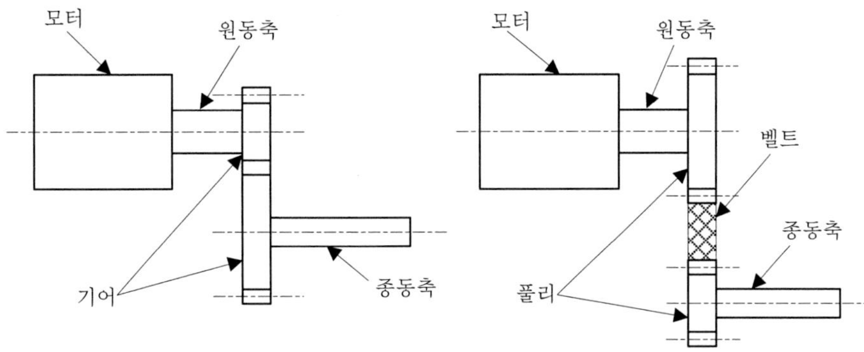

(a) 기어에 의한 동력 전달　　(b) 벨트에 의한 동력 전달

그림 5.11 동력의 전달 방법

5.2.1 기어에 의한 동력 전달

동력을 확실하게 전달하는 방법으로서 기어를 많이 사용하는데 시계와 같은 작은 기계에서 선박, 항공기 등과 같은 대형 기계에 이르기까지 사용하고 있으므로 기어의 응용범위는 넓고 종류도 다양하다. 동력을 전달하는 기어의 특징은 다음과 같다.

- 모터의 회전운동을 확실하게 전달.
- 기어 잇수의 비에 따라 회전수 조정(가감속).
- 기어축의 각도를 가지고 회전운동 전달(베벨기어).
- 높은 감속비(웜기어).

그림 5.12는 베벨기어와 웜기어를 나타낸다. **베벨기어**는 회전운동의 각도를 90°로 바꾸는 곳에 사용하며 **웜기어**는 감속비가 큰 경우에 사용하며 주로 감속기에 사용한다.

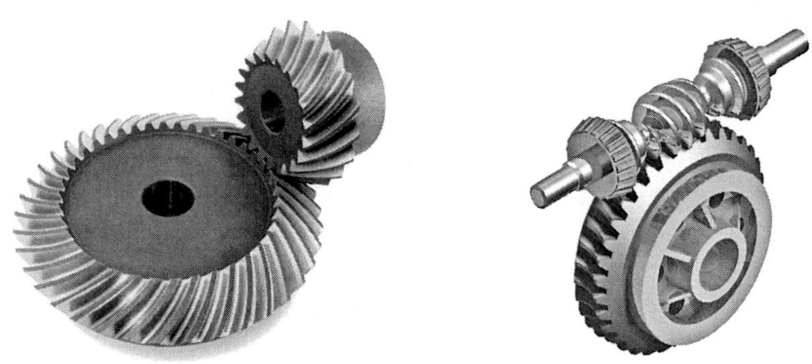

(a) 베벨기어　　(b) 웜기어

그림 5.12 베벨기어와 웜기어

그림 5.13은 기어의 크기를 표시하는 **모듈**(module)과 이의 크기를 나타낸다. 기어의 이가 작으면 전달하는 동력의 힘은 작고 기어의 이가 크면 전달하는 힘이 크다.

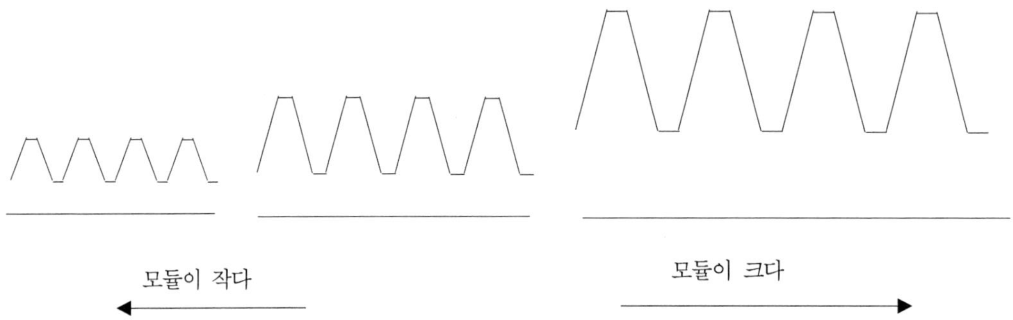

그림 5.13 모듈과 이의 크기

그림 5.14는 원동축과 종동축 기어가 맞물려있는 상태를 나타낸다. 기어의 축간거리를 L [mm], 기어의 외경을 D_1, D_2[mm], 피치원의 지름을 D_p[mm]라고 한다.

(1) 기어의 축간거리를 구하는 공식

기어의 **축간거리**를 구하기 위하여서는 모듈을 먼저 구하여야 한다. 기어의 외경을 사용하여 모듈 m을 구하는 방법은 다음과 같다.

- 기어의 외경을 버니어캘리퍼스와 같은 측정기를 사용하여 계측.
- 기어의 잇수를 확인.
- 계산식을 사용.

$$m = \frac{D_1}{Z_1 + 2} = \frac{D_2}{Z_2 + 2} \tag{5.5}$$

여기서, Z는 기어의 잇수를 나타내고 첨자 1은 원동축을, 첨자 2는 종동축을 나타낸다.

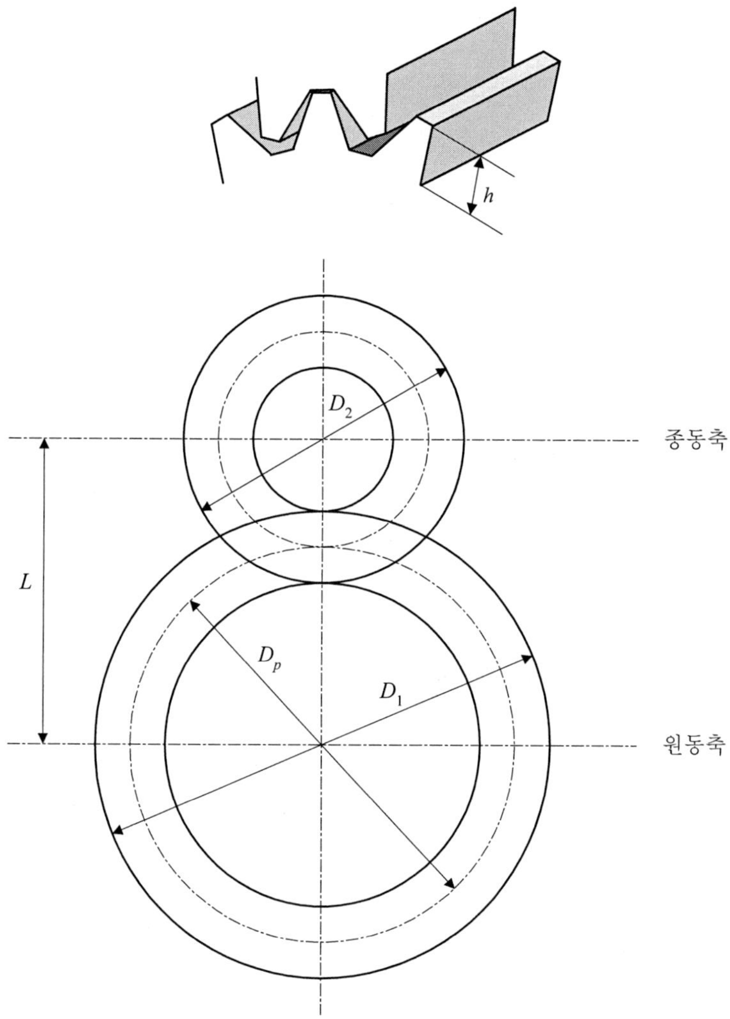

그림 5.14 기어의 축간 거리

피치원의 지름을 이용하여 모듈을 구하는 식은 다음과 같다.

$$m = \frac{D_p}{Z} \tag{5.6}$$

원동축과 종동축의 축간 거리를 구하는 식은 다음과 같다.

$$L = \frac{m(Z_1 + Z_2)}{2}\,[\mathrm{mm}] \tag{5.7}$$

예제 5.3

원동축의 기어 잇수는 30, 기어의 외경이 96[mm], 종동축의 기어 잇수가 20인 경우에 이의 크기와 종동축의 외경, 축간거리를 구하라.

(풀이)
기어의 모듈을 먼저 구한다.

$$m = \frac{D_1}{Z_1 + 2} = \frac{96}{32} = 3$$

기어가 맞물리기 위하여서는 모듈이 같아야하므로 종동축의 외경은

$$D_2 = m(Z_2 + 2) = 3 \times 22 = 66\,[\mathrm{mm}]$$

이다. 축간거리는 다음과 같다.

$$L = \frac{m(Z_1 + Z_2)}{2} = \frac{3(30+20)}{2} = 75\,[\mathrm{mm}]$$

(2) 기어의 속도비(감속비, 기어비)를 구하는 공식

기어를 사용하여 동력을 전달하는 방법에 있어서 대부분이 감속 혹은 가속의 기능을 수행한다.

원동축과 종동축의 **속도비** i는 다음의 식으로 나타낸다.

$$i = \frac{N_2}{N_1} = \frac{D_1}{D_2} = \frac{Z_1}{Z_2} \tag{5.8}$$

여기서, N은 회전속도, D는 기어의 외경, Z는 기어의 잇수를 나타낸다.

예제 5.4

원동축에 고정되어 있는 기어의 모듈 3이고 기어 잇수가 30인 기어가 있다. 속도비가 0.25인 경우에 원동축의 회전속도는 N_1=280[rpm]으로 설정하였다.

(1) 종동축에 고정되어 있는 기어의 회전수는 얼마인가?
(2) 종동축에 고정되어 있는 기어의 잇수는 얼마인가?
(3) 원동축과 종동축의 기어의 외경은 얼마인가?
(4) 원동축과 종동축 사이의 축간거리는 얼마인가?

(풀이)

(1) 속도비를 구하는 공식을 이용하면 종동축의 회전수는 다음과 같다.

$$N_2 = i \times N_1 = 0.25 \times 280 = 70[\text{rpm}]$$

(2) 종동축의 기어의 잇수는 다음과 같다.

$$Z_2 = \frac{Z_1}{i} = \frac{30}{0.25} = 120$$

(3) 기어의 외경을 구하기 위하여서는 모듈과 기어의 잇수를 사용한다.

$$D_1 = m(Z_1+2) = 3 \times 32 = 96[\text{mm}]$$
$$D_2 = m(Z_2+2) = 3 \times 122 = 366[\text{mm}]$$

(4) 기어의 축간 거리는

$$L = \frac{m \times (Z_1 + Z_2)}{2} = \frac{3 \times (30 + 120)}{2} = 225[\text{mm}]$$

이다.

---

(3) 감속기를 사용하여 동력을 전달하는 방법

여러 종류의 기어를 조합함으로써 원동축과 종동축의 회전속도를 변화시킴과 아울러 전달하고자 하는 동력의 크기를 변화시키는 장치를 감속기라고 한다. 필요에 따라서 특수하게 설계 제작하는 경우도 있으나 최근에는 모터에 감속기가 달려있는 감속기 부착형 모터(geared motor)가 개발되어 시판되고 있다. 또한 감속기 자체만으로도 상품화되어 시판되고 있으므로 목적에 맞는 감속기를 선정하는 것이 중요하다.

그림 5.15는 간단한 **감속기**의 예를 나타낸다. 동력원으로 사용되는 모터는 고속 회전이며 낮은 토크(torque)를 가지고 있다. 모터의 회전운동은 원동축을 통하여 원동기어에 전달되고 원동기어는 고속회전의 낮은 토크를 종동기어에 전달한다. 원동기어보다 기어의 잇수가 많고 외경이 큰 종동기어에 의해 고속회전은 저속회전의 높은 토크를 가진 동력으로 변환된다. 따라서 원동기어와 종동기어의 **기어비**(감속비)를 크게 하면 회전속도는 저하되나 강한 토크를 얻을 수 있다. 기어가 들어있는 감속기의 **기어박스**는 소음과 진동을 억제하기 위하여 윤활유를 사용하고 있으므로 윤활유의 누출이 없도록 기어박스를 설계한다. 종동축에는 기계장치 등에 연결되어 소정의 작업을 수행한다.

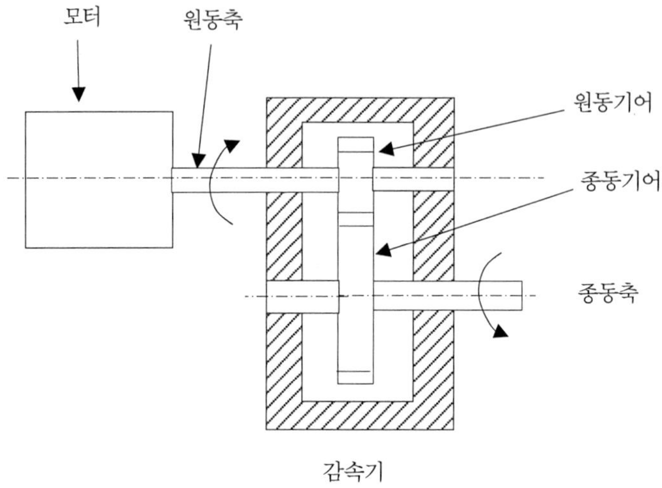

그림 5.15 감속기의 개략적인 구조

예제 5.5

그림 5.16과 같이 회전운동을 직선운동으로 변환하는 이송기구의 메커니즘이 있다. 동력원으로서는 분해능 1.8[°/펄스]를 가진 스테핑 모터를 사용하고 원동 기어의 모듈은 m=3, 잇수는 Z_1=30이고 속도비(감속비)가 i=0.05이다. 볼나사는 2줄 나사로서 피치가 p=5[mm]를 선정하였다. 안내면의 마찰력은 무시해도 좋을 정도로 작다고 가정한다.

(1) 스테핑 모터에 1펄스를 입력하였을 경우에 이동대가 움직이는 최소 이동거리 P_a를 구하라.
(2) 스테핑 모터에 500펄스를 입력하였을 경우에 이동대의 이동거리 L을 구하라.

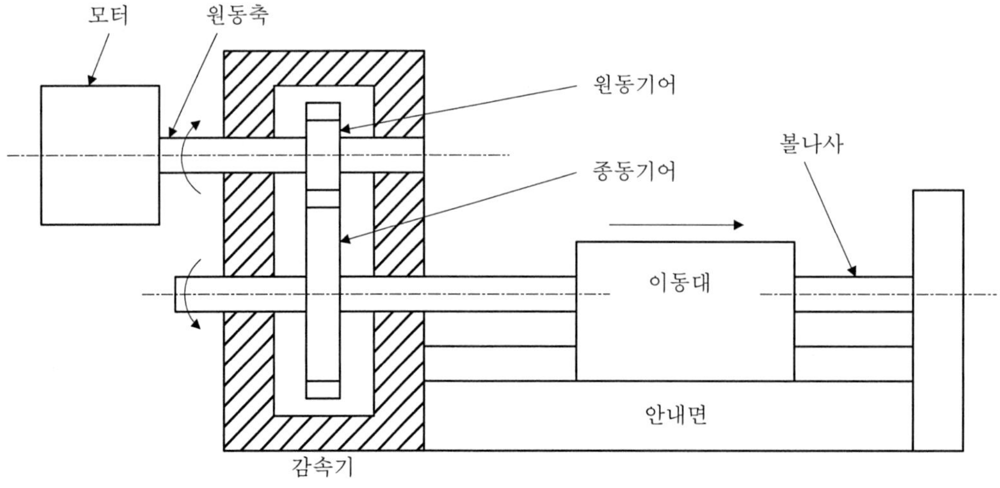

그림 5.16 모터에 의한 직선 이송 메커니즘

(풀이)

(1) 이동대의 최소 이동거리 P_a는 스테핑 모터의 분해능 R_s와 속도비 i, 볼나사의 리드 l을 사용하여 구한다.

$$P_a = \frac{i\ell R_s}{360} = \frac{0.05 \times 5 \times 1.8}{360} = 0.00125[\mathrm{mm}] = 1.25[\mu\mathrm{m}]$$

따라서 스테핑 모터에 1펄스를 입력하면 1.25[μm] 이동하고 안내면의 마찰력과 감속기의 백래쉬(backlash)의 영향을 무시하는 이론적인 정밀도를 나타낸다.

(2) 스테핑 모터에 500펄스를 입력하였을 경우에 이동대의 이동거리 L은 스테핑 모터의 입력펄스와 속도비 i, 볼나사의 리드 l, 스테핑 모터가 1회전할 경우의 총 펄스량 N을 사용하여 구한다. 먼저 스테핑 모터가 1회전할 경우의 총 펄스량은

$$N = \frac{360}{R_s} = \frac{360}{1.8} = 200[\text{펄스}]$$

이다. 따라서 이동거리는 다음과 같다.

$$L = \frac{i\ell R_n}{N} = \frac{0.05 \times 5 \times 500}{200} = 0.25[\mathrm{mm}]$$

5.2.2 벨트에 의한 동력 전달

원동축과 종동축이 인접할 경우에는 기어를 사용하여 동력을 전달하는 것이 효율적이나 축간거리가 상당한 거리를 유지하고 있을 경우에는 벨트를 사용하거나 체인을 사용하여 동력을 전달한다. **금속체인**을 사용하는 동력 전달방법은 스프로킷(sprocket)을 사용함으로써 기어와 같이 확실하게 동력을 전달하는 기능을 가지며 큰 힘을 전달하는 이점을 가지고 있으나 소음이 많고 고속 회전이 어려운 단점을 가지고 있다. **벨트**에 의한 동력 전달법은 체인에 비하여 소음이 적으며 고속 회전이 가능하나 풀리와 벨트가 마찰 구조를 가지므로 큰 힘의 전달에는 불리하다.

평벨트를 사용하는 경우에는 상당한 축간거리가 있을 경우에 유리하므로 주로 정미소 등에서 많이 사용하고 있다. 마찰을 크게 하기 위하여 주기적으로 평벨트에 왁스를 발라주어야 한다. 비교적 축간거리가 짧은 경우에는 V홈 벨트, 타이밍(timing) 벨트를 사용한다. **V홈 벨트**는 주로 농업기계에 많이 적용하고 있으며 **타이밍 벨트**는 산업용 기계에 많이 적용되고 있다.

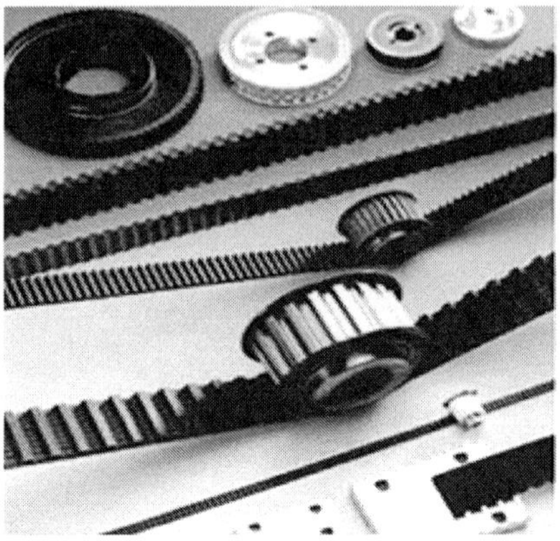

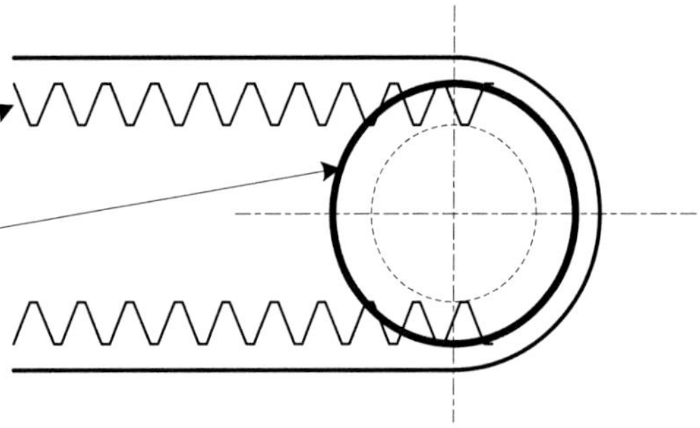

그림 5.17 타이밍 벨트와 풀리의 관계

그림 5.17은 타이밍 벨트를 사용하여 동력을 전달하고 있는 형태를 나타내며 타이밍 벨트가 풀리에 결합되어 있는 상태를 나타낸다. 풀리에는 평기어와 같은 기어홈이 만들어져 있고 타이밍 벨트에도 풀리와 같은 이의 크기(모듈이 같음)를 고무와 같은 재료를 사용하여 만든다. 타이밍 벨트의 홈과 풀리의 홈에 의하여 미끄럼이 없이 확실하게 동력을 전달할 수 있다.

그림 5.18은 **타이밍벨트**를 사용하여 동력을 작업축에 전달하는 간단한 구조를 나타낸다. 모터에 의해 발생한 회전력은 원동풀리를 통하여 종동풀리에 전달되는 구조를 취하고 있으며 타이밍 벨트를 풀리에 쉽게 걸기 위하여서는 원동축 혹은 종동축 중에 어느 한쪽에 축간거리의 조정이 가능한 구조를 가지도록 설계하여야 한다. 벨트의 장력 조정을 위하여서는 **아이들(idle) 풀리**를 별도로 사용하는데 원동축과 종동축의 중심선과 평행을 유지하도록 설치하는 것이 벨트가 벗겨지는 현상을 방지할 수 있다.

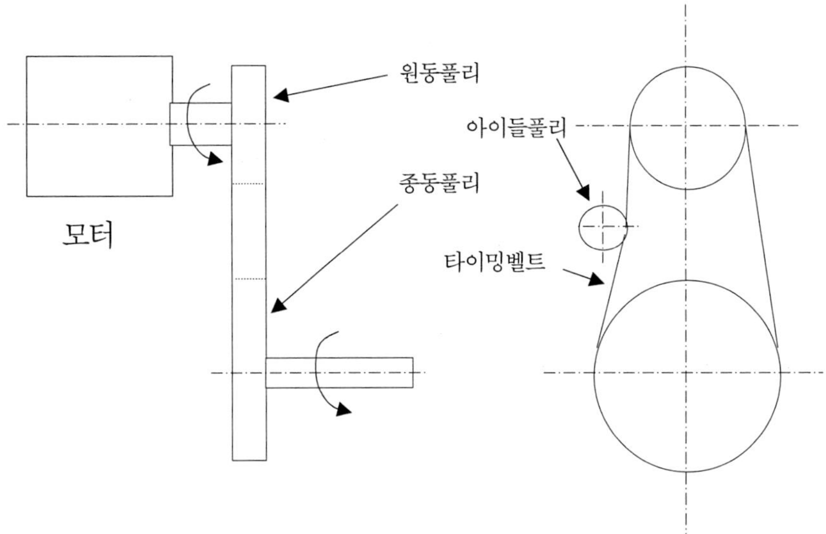

그림 5.18 타이밍 벨트에 의한 동력의 전달 메커니즘

그림 5.19는 타이밍 벨트의 장력을 조정하기 위하여 사용하는 아이들러의 위치를 나타낸다. 아이들러를 내측에 설치하는 방법과 외측에 설치하는 방법이 있으며 위치가 다르다는 것에 주의하여 설계하여야 한다.

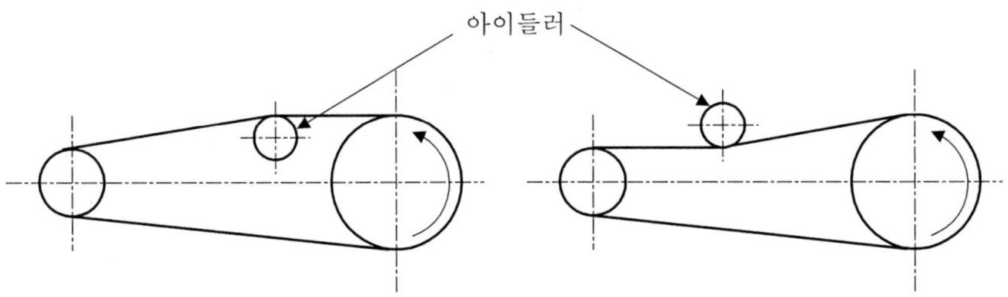

(a) 내측 아이들러 (b) 외측 아이들러

그림 5.19 아이들러의 위치

5.2.3 볼나사에 의한 동력전달

회전운동을 직선운동으로 변화시키는 기계요소는 볼나사이다. 그림 5.20은 볼나사를 나타내며 너트가 조합된 상태를 나타낸다. 볼나사의 양 끝부분에는 베어링을 사용하여 지지하고 너트에는 이동하는 테이블을 고정한다. 볼나사의 회전에 의해 너트는 직선이동을 하게 된다.

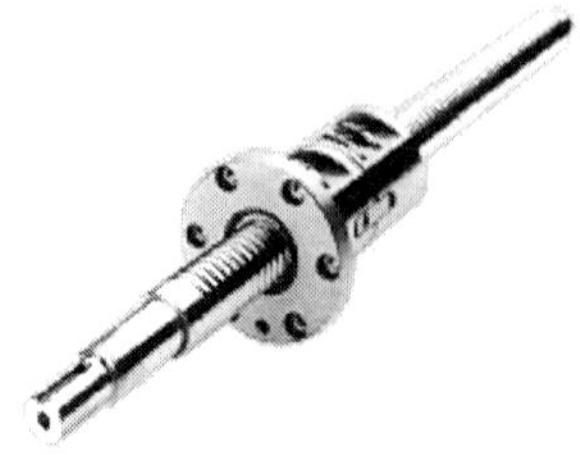

그림 5.20 볼나사

그림 5.21은 동력 전달용으로 사용되고 있는 나사의 형태를 나타내며 삼각나사, 사각나사, 사다리꼴나사가 있다.

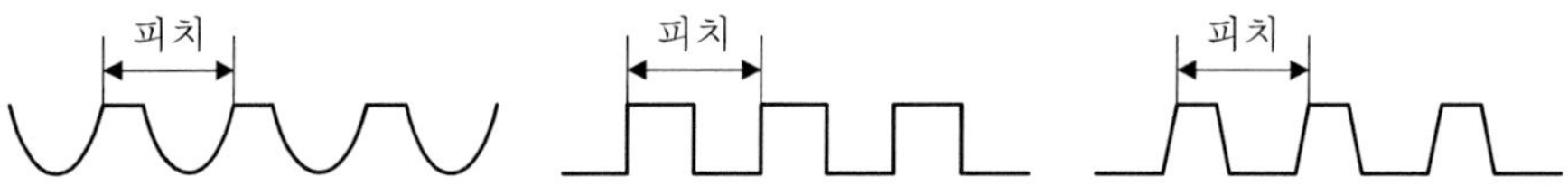

(a) 삼각나사 (b) 사각나사 (c) 사다리꼴나사

그림 5.21 동력 전달용 나사의 종류

그림 5.22는 동력의 전달방향에 따라서 발생하는 **백래쉬**(backlash)가 일어나는 형태를 나타낸다. 화살표는 하중의 작용방향을 나타낸다. 볼나사를 사용하여 이동 테이블을 설계하면 백래쉬에 기인한 위치오차가 발생하므로 기계의 설계 시에는 백래쉬를 고려하여 위치 정밀도에 맞는 부품의 선정이 중요하다.

그림 5.23은 볼나사를 지지하는 방법을 나타낸다. 볼나사의 양 끝부분에는 베어링을 사용하며 조립이 가능하도록 설계하여야 한다.

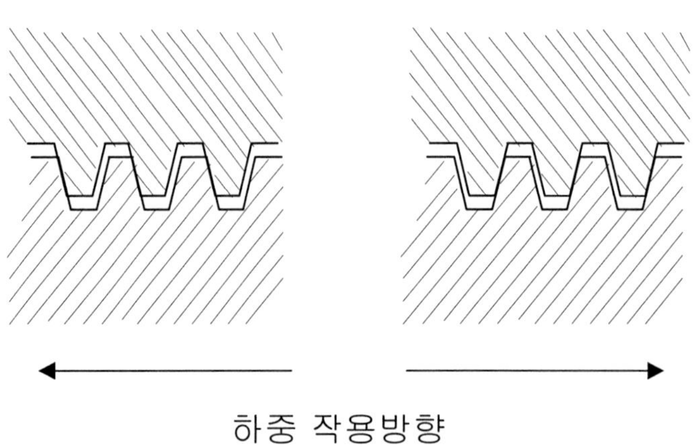

그림 5.22 백래쉬

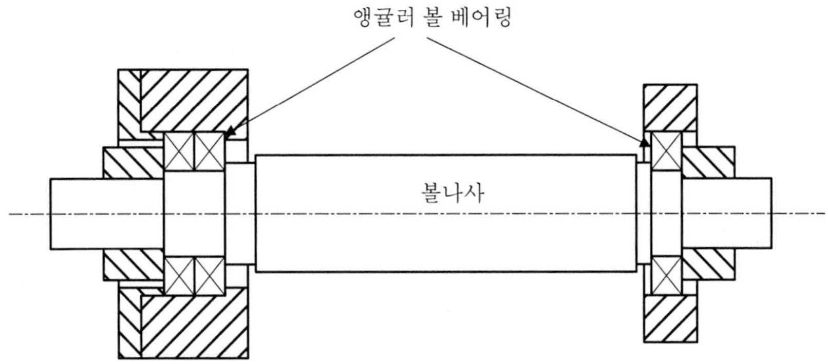

(a) 앵귤러 볼 베어링에 의한 지지방법

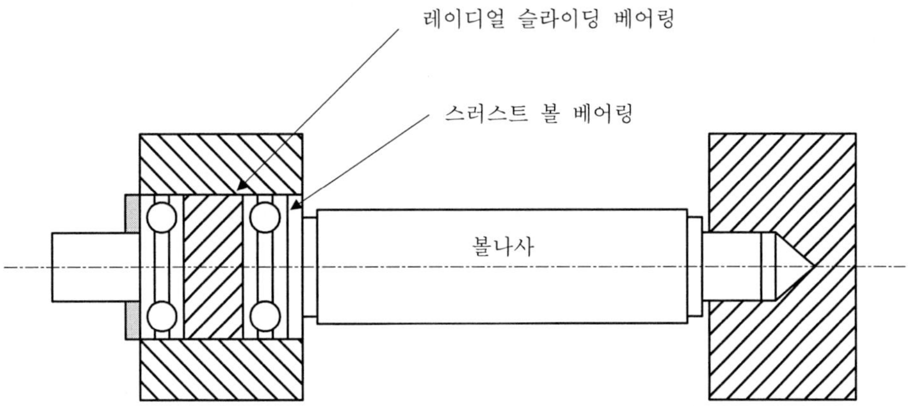

(b) 레이디얼 베어링과 스러스트 베어링에 의한 지지방법

그림 5.23 볼나사의 지지방법

5.3 베어링

회전축을 지지하는 기계적인 요소를 **베어링**(bearing)이라고 하고 축이 베어링에 의해 지지되는 부분을 **저널**(journal)이라고 한다. 베어링과 저널은 상대운동을 하므로 경계부분에서 마찰이 발생하며 동력의 손실과 열발생의 원인이 된다. 마찰을 감소시키고 발열을 억제하기 위하여 윤활제를 사용한다.

(a) 볼 베어링 (b) 로울러 베어링

그림 5.24 볼 베어링과 로울러 베어링

그림 5.24는 볼 베어링과 로울러 베어링을 나타낸다. 베어링은 축과 베어링이 면접촉으로 미끄럼 운동을 하는 **미끄럼 베어링**(sliding bearing)과 축과 베어링이 점접촉으로 구름운동을 하는 **구름 베어링**(rolling bearing)으로 구분되며 대량생산되는 정밀부품으로서 각종 산업기계, 운반용 기계, 가정용 기계 및 농업기계 등에 가장 많이 사용되는 기계의 중요한 부품이다. 베어링의 종류 또한 수 십 가지가 되며 각 베어링마다 특징을 가지고 있으며 적용대상도 다르다. 사용조건에 따라 최적의 베어링을 선정하는 것이 기계 설계자로서 중요한 지식이며, 특히 베어링의 수명은 제품의 신뢰성에 치명적인 영향을 미치는 요소이므로 신중하게 선정하여야 한다.

5.3.1 저널의 종류

저널은 원통형(cylinderical journal), 원추형(conical journal) 및 구형(spherical journal)으로 구성되어 있으며 베어링과 저널 사이에는 윤활제를 사용하여 마찰을 작게 하여 발열을 억제한다. 저널은 하중의 방향에 따라 **래이디얼 저널**(radial journal)과 **스러스트 저널**(thrust journal)으로 분류한다.

(1) 래이디얼 저널

베어링의 하중방향이 회전축에 직각인 것을 래이디얼 저널이라고 하며 그림 5.25에는 레이디얼 저널의 종류를 나타낸다. **끝저널**(end journal)은 축의 한쪽이 저널에 삽입되어 있는 외팔보 형태를 가진다. **중간 저널**(neck journal)은 저널의 양쪽으로 축이 나와있는 형태를 말한다.

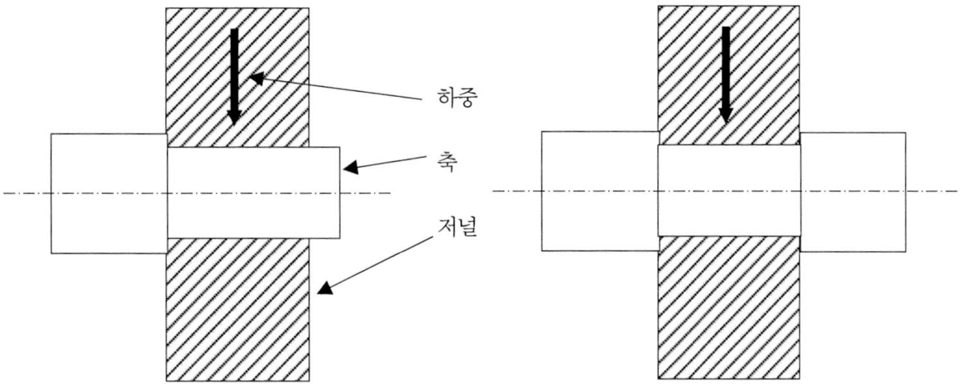

(a) 끝 저널　　　(b) 중간 저널

그림 5.25　래이디얼 저널의 종류

(2) 스러스트 저널

베어링의 하중방향이 회전축의 중심선과 일치하는 것을 스러스트 저널이라고 하며 그림 5.26에 종류를 나타낸다.

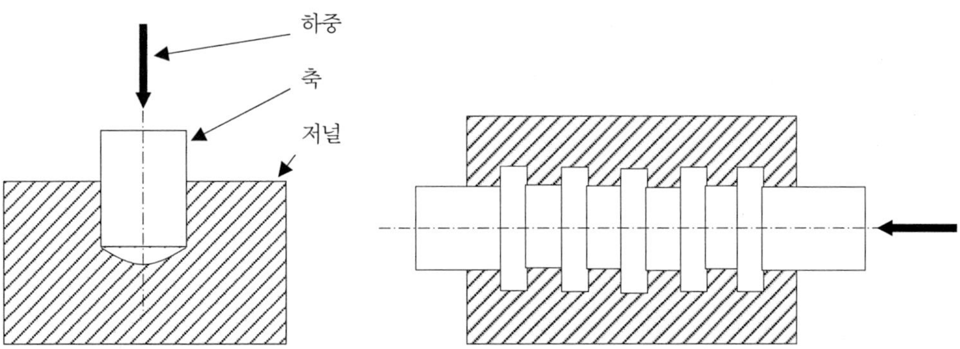

(a) 피봇 저널　　　(b) 칼라 저널

그림 5.26　스러스트 저널의 종류

2.3.2 래이디얼 저널의 설계

(1) 베어링 압력

축과 저널이 접촉하는 면적에 작용하는 평균 압력을 베어링 압력이라고 한다. 베어링 압력이 너무 크면 저널과 베어링 사이의 유막이 파괴되어 윤활을 유지하지 못한다. 그림 5.27은 래이디얼 저널의 설계에 필요한 파라미터를 나타낸다. 저널의 지름(베어링의 안지름)을 d, 저널의 폭을 b, 베어링 하중을 p_l라고 하면 베어링 압력 P는 다음의 관계식으로 구한다.

$$P = \frac{p_l}{bd} \tag{5.9}$$

베어링 압력의 허용치는 축의 회전속도, 축 및 베어링 메탈의 종류, 윤활제의 종류, 급유방법에 따라 다르므로 제조업체의 사양을 참조하여 적당한 허용치를 선택하여야 한다.

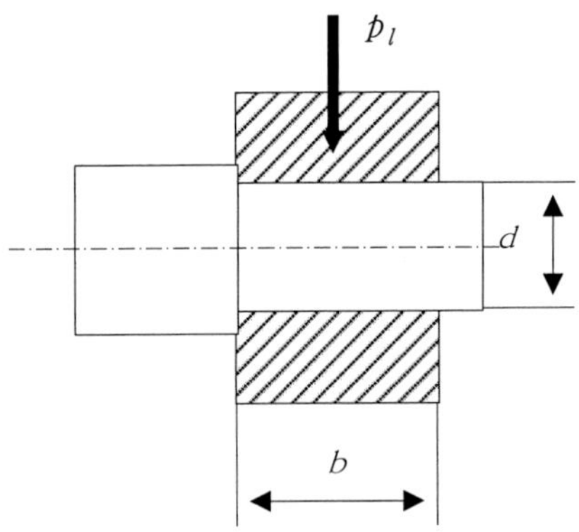

그림 5.27 끝저널

(2) 끝저널의 계산

저널을 외팔보라고 가정하고 베어링 압력이 균일하게 분포되어 있다고 가정한다. 분포하중은 저널의 중앙에 집중하중이 작용하는 것으로 합력을 구할 수 있으므로 **굽힘 모멘트** M은 다음과 같다.

$$M = \frac{p_l b}{2} \leq Z\sigma_b = \frac{\pi d^3}{32}\sigma_b \tag{5.10}$$

여기서, Z는 단면계수를, σ_b는 허용 굽힘응력을 나타낸다. 이를 다시 저널의 폭에 대하여 정리하면

$$b = \frac{\pi d^3 \sigma_b}{16 p_l} \tag{5.11}$$

이 된다.

예제 5.6

회전속도가 400[rpm]인 축을 지지하는 저널 베어링에 하중 $p_l=1600$[kgf]이 작용하고 있다. 허용 베어링의 압력을 $P=0.1$[kgf/㎟], 저널의 폭과 지름의 비가 $b/d=2$라고 할 경우에 저널 베어링의 폭과 지름을 구하라.

(풀이)

베어링의 압력을 구하는 공식 $P=\dfrac{p_l}{bd}$와 폭과 지름의 비 $\dfrac{b}{d}=2$를 이용하여 푼다. $b=2d$를 베어링의 압력을 구하는 공식에 대입하면

$$P=\frac{p_l}{bd}=\frac{p_l}{2d^2}$$

이 된다. 위의 식에서 저널의 지름을 구하면

$$d=\sqrt{\frac{p_l}{2P}}=\sqrt{\frac{1600}{2\times 0.1}}=89.5\,[\mathrm{mm}]$$

가 되고 저널의 폭은 다음과 같다.

$$b=2d=2\times 89.5=179[\mathrm{mm}]$$

예제 5.7

회전속도가 130[rpm]인 축을 지지하는 끝저널 베어링에 하중 $p_l=6000$[kgf]이 작용하고 있다. 단, 허용 굽힘응력은 $\sigma_b=6$[kgf/mm^2], 허용 베어링 압력은 $P=0.6$[kgf/mm^2]이다. 끝저널 베어링의 폭과 지름을 구하라.

(풀이)

베어링의 압력을 구하는 공식 $P=\dfrac{p_l}{bd}$을 이용하여 폭과 지름의 관계를 구한다.

$$bd=\frac{p_l}{P}=\frac{6000}{0.6}=10000\ [\mathrm{mm}]$$

따라서 지름은 $d=\dfrac{10000}{b}$가 되므로 이 값과 예제에서 주어진 값들을 다음 식에 대입하여 저널의 폭을 구한다.

$$b=\frac{\pi d^3\sigma_b}{16p_l}=\frac{\pi\times\left(\dfrac{10000}{b}\right)^3\times 6}{16\times 6000}=\frac{1.9\times 10^8}{b^3}$$

$$b^4 = 1.9 \times 10^8$$

따라서 $b = 117.4$ [mm]가 되고 $d = \frac{10000}{117.4} = 85.2$ [mm]가 된다.

5.3.3 구름 베어링

구름 베어링은 그림 5.28과 같이 외륜과 내륜의 사이에 볼이 있는 래이디얼 베어링과 회전륜과 고정륜 사이에 볼이 있는 스러스트 베어링이 있으며 하중의 작용 방향이 다르다. 2개의 궤도륜 사이에 있는 볼은 서로 접촉이 일어나지 않을 정도의 충분한 거리를 두고 있으며 구름접촉을 하므로 마찰손실이 작다. 구름 베어링은 볼의 모양에 따라서 볼 베어링(ball bearing)과 롤러 베어링(roller bearing)으로 구분한다.

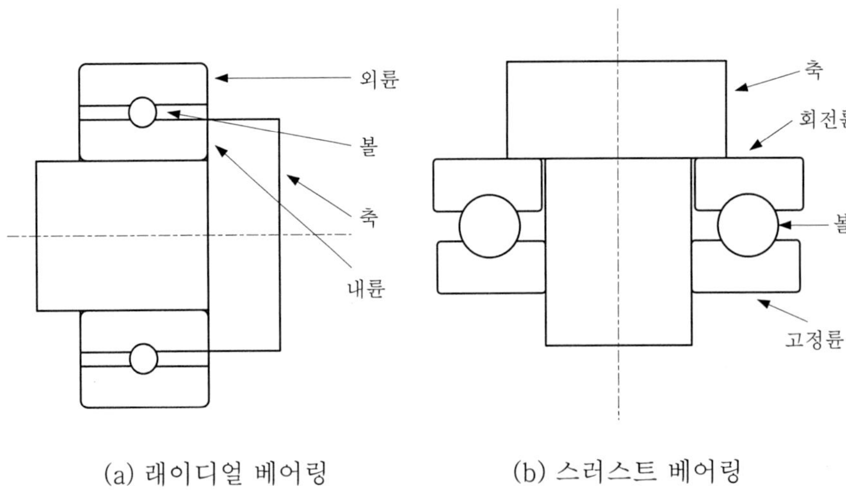

그림 5.28 래이디얼 베어링과 스러스트 베어링

래이디얼 베어링은 구조가 간단하며 정밀도가 높으므로 고속 회전용으로 많이 사용된다. 스러스트 베어링은 축방향의 하중을 받는 곳에 사용되며 고속 회전에는 부적합하다.

그림 5.29는 모터의 의한 회전운동을 직선운동으로 변환하는 1축 테이블의 사례를 나타낸다. 모터의 축과 볼나사의 축은 커플링에 의해 연결되고 있으며 볼나사의 양쪽에는 베어링에 의해 지지되고 있다.

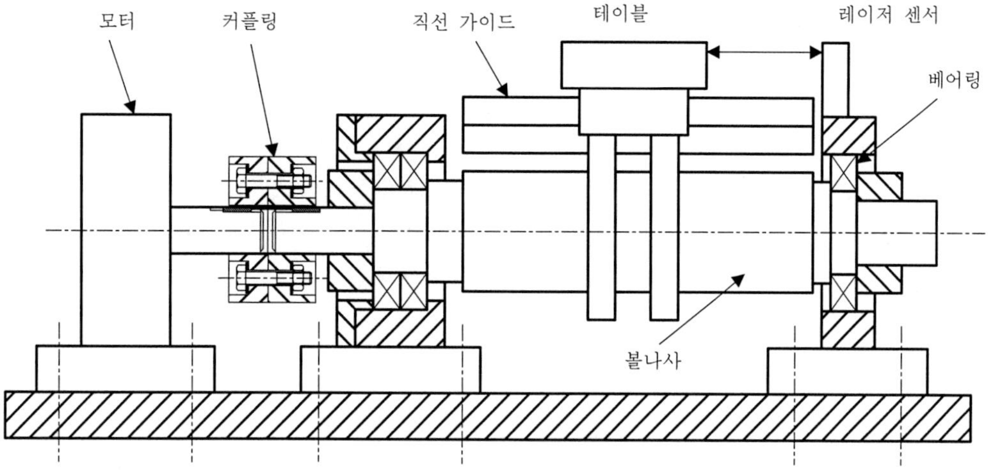

그림 5.29 베어링에 의한 축의 지지

5.3.4 안내요소

그림 5.30은 직선운동을 필요로 하는 테이블의 안내요소인 직선 가이드를 나타내며 안내는 주로 볼 베어링 혹은 로울러 베어링을 사용한다. 안내면에는 윤활유를 사용하여 마찰을 최소화 시키며 주기적으로 윤활유의 공급이 필요하다.

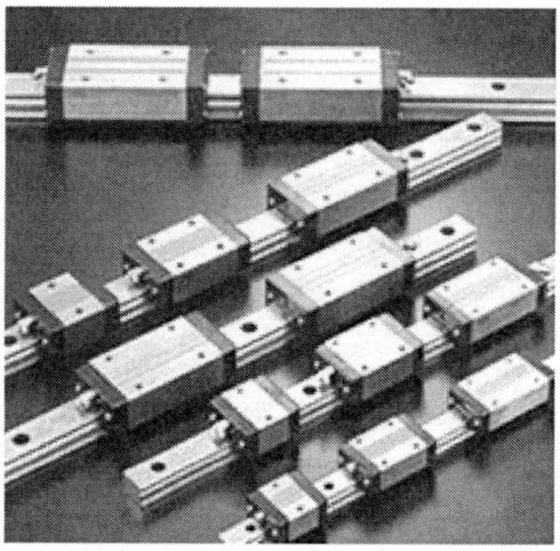

그림 5.30 직선 가이드

그림 5.31은 직선 가이드에 있어서 슬라이드부가 일정한 각을 가진 사각형 형태와 원통형으로 구분한다. 사각형은 볼 베어링에 의해 안내되는 점 접촉형과 로울러 베어링에 의해 안내되는 선 접촉형이 있다. 원통형은 주로 미끄럼 안내를 하므로 면접촉을 이루고 있다.

최근에는 안내요소의 마찰을 최소화하여 위치 정밀도를 향상시키기 위하여 공기 베어링, 자기 베어링, 유정압 베어링 등을 채용하는데 이러한 베어링은 공기, 자력, 압유 등에 의해 안내면이 일정한 간격을 유지하고 있으므로 비접촉이다. 따라서 마찰이 없기 때문에 약간의 힘을 가하면 움직이므로 초정밀 위치제어를 요하는 반도체 장비에 많이 채용하고 있다.

그림 5.32는 **공기 베어링**의 구조를 나타낸다. 축과 패드는 일정한 간격을 유지하며 노즐을 통하여 일정한 압력을 가진 공기압을 토출한다. 토출된 공기압이 축과 패드의 비접촉을 유지하며 일정한 공기압을 계속하여 공급하여야 하는 단점을 가지고 있으나 초정밀 위치제어에 많이 채용되고 있다.

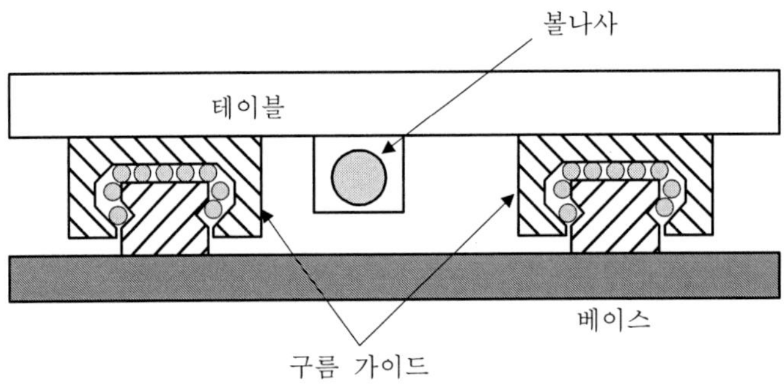

(a) 사각형 직선 가이드

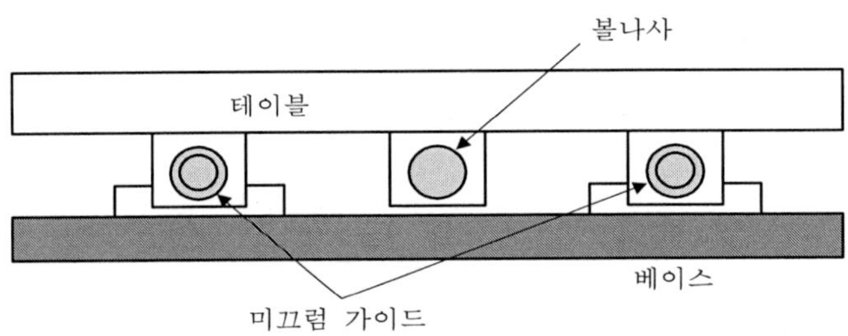

(b) 원통형 직선 가이드

그림 5.31 직선 가이드의 종류

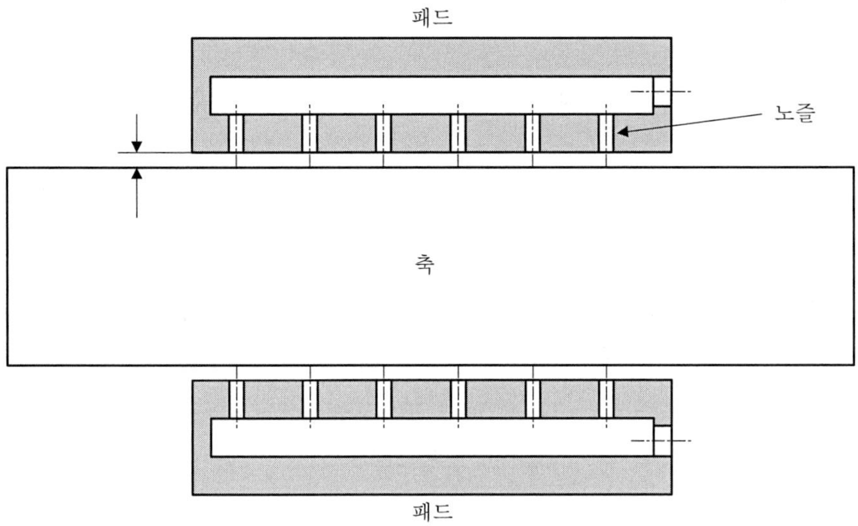

그림 5.32 공기 베어링

5.4 축과 축이음

5.4.1 축

회전운동을 전달하는 기계요소인 축은 하중이 작용하는 상태에 따라 굽힘 모멘트를 받는 축, 비틀림 모멘트를 받는 축, 굽힘, 비틀림, 인장, 압축 등의 하중이 동시에 2개 이상 받는 축으로 분류한다.

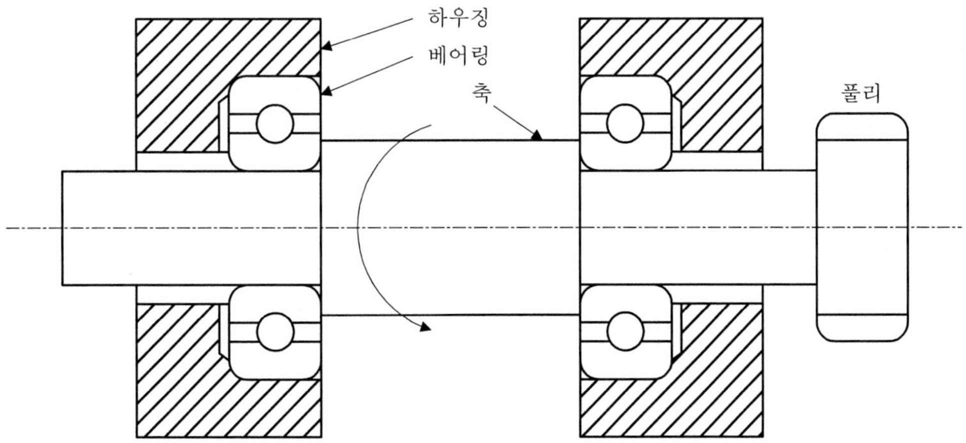

그림 5.33 래이디얼 베어링에 의한 축의 지지

그림 5.33은 2개의 래이디얼 베어링으로 축을 지지하는 구조를 나타낸다. 축의 중간 부분에서는 축의 하중에 의한 처짐이 발생하고 풀리에 의해 동력이 전달될 경우에는 비틀림 변형이 발생한다. 축의 설계시에는 고려해야 하는 주요 사항은 다음과 같다.

- **강도** : 하중의 종류에 따라 충분한 강도(strength)를 갖도록 설계한다. 특히, 축의 모서리 부분에는 응력이 집중되기 쉬우므로 모서리 부분에는 라운드(round)를 둔다.
- **강성** : 하중과 변형의 관계를 강성(stiffness)이라고 하며 하중에 의한 변형이 일정한 한계 이하가 되도록 설계하여야 한다. 굽힘하중을 받은 경우에는 축의 처짐이 어느 한도를 넘으면 베어링 압력의 불균일, 기계적 정도(정밀도)의 저하를 발생시킨다.
- **진동** : 축이 회전하면서 발생하는 축의 굽힘 또는 비틀림에 기인한 진동이 축의 고유진동과 공진할 경우에는 축이 파손될 우려가 있으므로 회전속도와 하중을 충분히 고려하여 축을 설계한다.

(1) 굽힘 모멘트를 받는 축

베어링으로 지지되고 있는 축에 있어서 양 끝단에는 그림 5.34와 같이 차량의 타이어가 부착되어 있다. 베어링에는 하중 W가 작용하고 차량의 타이어와 베어링에 작용하는 하중점과의 거리를 l_1, 최대 굽힘응력을 σ_b, 축의 단면계수를 Z라고 하였을 경우에 축에 작용하는 최대 굽힘모멘트 M는 다음과 같다.

$$M = \sigma_b Z = \frac{\sigma_b \pi d^3}{32} [\mathrm{mm \cdot kgf}] \tag{5.12}$$

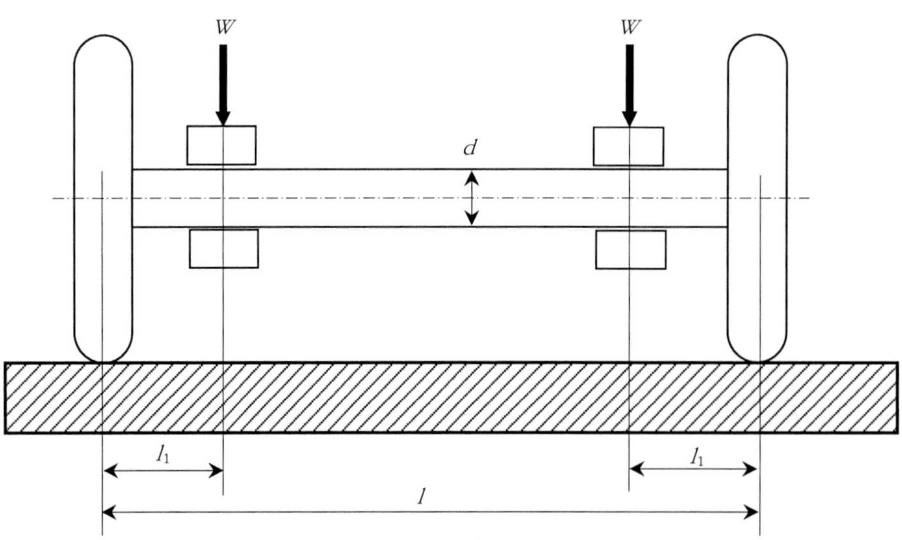

그림 5.34 굽힘모멘트가 작용하는 축의 지지

예제 5.8

그림 5.34에서 하중 $W=4000$[kgf], 타이어와 하중 점의 거리 $l_1=200$[mm], 타이어 사이의 거리는 $l=1120$[mm], 허용 굽힘응력은 $\sigma_b=4.5$[kgt/mm^2]이다. 축의 지름 d는 얼마인가?

(풀이)
최대 굽힘모멘트는 베어링의 사이에서 작용하며 크기는 Wl_1이 된다.
따라서 모멘트는

$$M= Wl_1 = 4000\times 200 = 8.0\times 10^5 \text{ [mm·kgf]}$$

이 된다. 위에서 구한 값을 최대 굽힘모멘트를 구하는 식(5.12)에 대입하여 지름을 구한다.

$$d^3 = \frac{32M}{\sigma_b \pi} = \frac{32\times 8.0\times 10^5}{4.5\times \pi} = 5.1\times 10^8 \text{ [mm}^3\text{]}$$

따라서 축의 지름은 $d=122$[mm]이 된다.

(2) 비틀림 모멘트를 받는 축

일반적으로 동력을 전달하는 전동축은 비틀림 모멘트를 받는다. 축에 작용하는 비틀림 모멘트 T는

$$T=\tau Z_p = \frac{\pi d^3 \tau}{16} \text{[mm·kgf]} \tag{5.13}$$

이다. 여기서, τ[kgf/mm^2]는 축의 비틀림 응력, Z_p[mm^3]는 축의 극 단면계수, d[mm]는 축의 직경이다.

예제 5.9

비틀림 모멘트가 $T=400$[m·kgf], 허용 비틀림 응력은 $\tau=6$[kgf/mm^2]일 경우에 축의 지름 d[mm]는 얼마인가?

(풀이)
축에 작용하는 비틀림 모멘트를 구하는 공식을 이용하여 축의 지름을 구한다.

$$d^3 = \frac{16T}{\pi\tau} = \frac{16\times 400000}{\pi\times 6} = 3.4\times 10^5 \text{ [mm}^3\text{]}$$

따라서 축의 지름은 $d=69.8$[mm]이 된다.

5.4.2 축이음

2개의 축을 연결하는 기계요소를 **축이음**이라고 하고 회전 중에는 고정되어 있으므로 회전운동의 전달과 단락의 조정이 불가능한 것은 **커플링**(coupling), 회전운동의 전달과 단락의 조정이 가능한 구조로 된 것을 **클러치**(clutch)로 구분한다.

(1) 고정축 커플링

2개의 축 중심선이 일치하고 축방향의 이동이 없는 경우에 사용한다. 축의 중심이 어긋나면 회전 시에 굽힘하중이 반복적으로 작용하여 축의 수명을 감소시키며 베어링에 부가하중으로 작용한다. 그림 5.35는 키(key)에 의한 2개의 축을 고정시키는 원통형 커플링을 나타내며 저속회전, 작은 동력의 전달에 사용하는 가장 간단한 커플링이다.

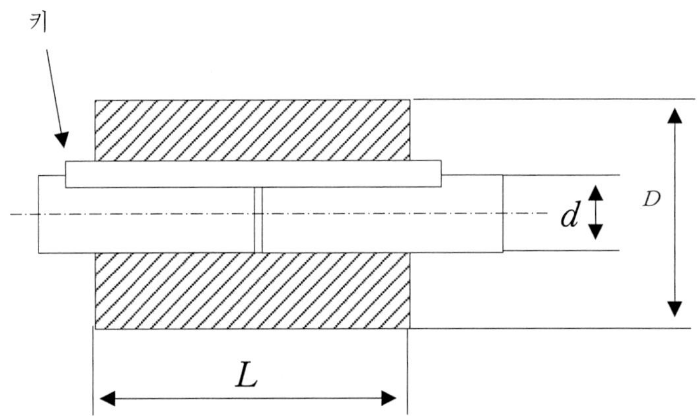

그림 5.35 원통형 축이음

개략적인 설계 치수는 다음과 같다.

$L = 3d$ (축이음할 축의 직경이 큰 경우)

$L = 4d$ (비교적 직경이 작은 축이음의 경우)

$D = 1.8d + (10 \sim 20)$ [mm]

(2) 플랜지 커플링

그림 5.36처럼 2개의 축의 끝부분에 플랜지(flange)를 억지로 끼워 맞춤을 하고 키로 고정한다. 축에 고정되어 있는 플랜지는 볼트를 사용하여 결합함으로써 확실하게 동력을 전달하는 축이음이 된다. 축의 지름이 200[mm] 정도까지의 축이음에 사용되며 큰 하중이나 고속회전용으로 많이 사용한다.

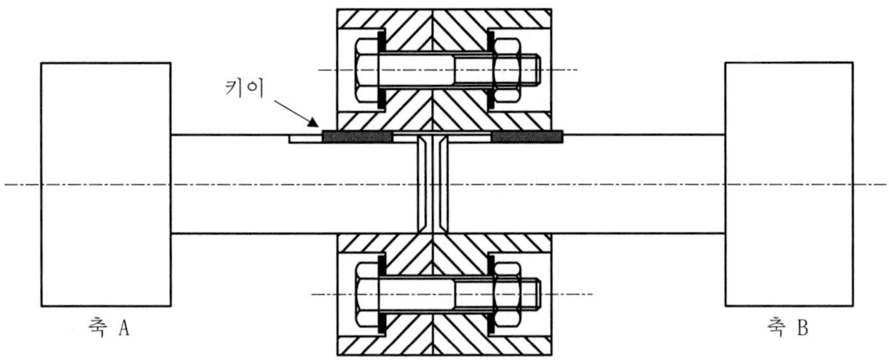

그림 5.36 플랜지 커플링

5.5 기계 제작 순서

5.5.1 제작 프로세스

하나의 제품을 공장에서 대량으로 생산하기 위하여서는 전문적인 지식을 가진 많은 사람들이 힘을 합하여 기획, 사양결정, 설계, 생산 및 검사하는 작업을 실시한다.

(1) 기획

마케팅을 통하여 소비자의 요구성능 및 기능을 조사하는 일과 성능 및 기능을 개선할 수 있는 새로운 기술이 개발되어 있는지를 조사한다. 판매 담당자, 설계 담당자 및 제조 담당자의 의견을 청취하고 협동하여 새로운 제품의 구상, 사업성 및 개발일정 등을 검토한다.

(2) 사양결정

기획의 단계에서 결정한 새로운 제품의 성능 및 기능을 실현하기 위하여서는 제품의 사양(크기, 무게, 디자인, 출력, 속도, 정밀도 등)을 결정하여야 한다.

(3) 설계

제품의 성능 및 기능을 실현하기 위한 제품의 기구적인 구조, 형상, 디자인, 부품의 형상, 치수, 재료 등을 결정하는 기본적인 설계를 실시한다. 이를 **기능설계**라고 부른다. 기능설계가 완료되면 제품에 소요되는 각종 부품 중에서 구매 가능한 것과 자체 제작해야하는 것을 분류한다. 제품의 개발에 있어서 가능하면 구매 가능한 표준품을 사용하도록 설계하는 것이 부품수급 및 가격 경쟁력 측면에서 유리하다. 부득이 자체에서 생산을 해야하는 경우에는 부품의 가공법 및 치수오차 등을 결정하는 상세설계를 하여 제작도면을 작성하는데 이를 **생산설계**라고 부른다.

(4) 생산

설계의 단계에서 구매한 부품 및 자체 제작한 부품이 설계도면과 같이 제작되었는지를 검사한 후에 각종 부품을 조립하여 제품을 생산한다. 제품의 생산은 수작업으로 생산하는 수동라인과 기계를 사용하는 자동화 생산라인으로 분류하며 유리한 생산수단을 사용하는 것이 제품의 신뢰성 및 가격 경쟁력의 확보에 중요하다. 생산의 단계에서는 제품의 생산계획, 생산관리 등에 따라 생산기계를 구입 혹은 독자적인 설계제작을 한다.

(5) 검사

생산한 제품에 대하여 기획의 단계에서 결정한 성능 및 기능이 제대로 발휘되고 있는지를 조사한다. 검사 결과에 따라 합격한 제품은 합격필증을 부착하여 출하를 하고 불합격품은 폐기처분을 하거나 재생산을 실시한다. 그리고 불량의 원인규명을 위하여 설계 담당자 및 제조 담당자와의 회의를 통하여 제조 공정상의 문제, 작업자의 단순한 잘못 및 설계의 착오 등을 철저하게 규명하여 문제를 해결하도록 한다. 제품의 생산업체에서 검사공정은 제품의 생산공정에 있어서 최종단계이므로 설계사양을 만족하는 검사항목을 철저하게 관리하여야 한다.

5.5.2 기계 설계의 중요 지침

기계의 설계자가 지니고 있어야 할 기본적인 기계설계의 사상은 다음의 4가지가 있다.

- 생산환경의 측면에서 사용목적에 적합한 구조와 성능을 가지도록
- 제작자의 측면에서 가공 및 조립 등이 용이하도록
- 수리자의 측면에서 수리가 용이한 구조를 가지도록
- 사용자의 측면에서 가격이 저렴하며 사용이 편리하고 안전하도록

제품의 특성에 따라서는 이러한 사상을 전부 만족시키기 어려운 상황이 발생할 수도 있으나 기본적으로는 이러한 것을 설계에 반영하면 좋은 기계가 될 것으로 본다. 그러면 좋은 기계는 어떠한 것을 말하는지를 검토해 보기로 하자.

(1) 신속 정확하게 목적의 작업을 수행한다

기계가 정확하고 빠르게 작업을 한다면 사용하는 사람은 생산량 및 품질관리 측면에서 유리하다. 또한 사용자도 기계의 성능을 최대한 발휘하도록 환경을 조성한다.

(2) 이용 가능한 기술을 활용한다

기계의 구조 및 기구가 최적인지 아닌지를 판단하기 위해서는 항상 변화되고 있는 기술의 발달을 파악해 놓을 필요가 있다. 그리고 현재 이용 가능한 기술은 수년간 배양된 신뢰성이 높은 기술이므로 활용하여 기계를 설계한다

(3) 만들기가 쉽다

부품수가 많거나 특수한 부품을 사용하면 가공 및 조립에 있어서 상당히 시간이 많이 걸리며 비용이 많이 들고 불량이 많이 발생할 우려가 있다. 가능하면 그림 5.37과 같이 기계요소의 **카탈로그**를 많이 보유하여 표준적인 부품을 사용함과 아울러 부품수를 줄이도록 설계한다.

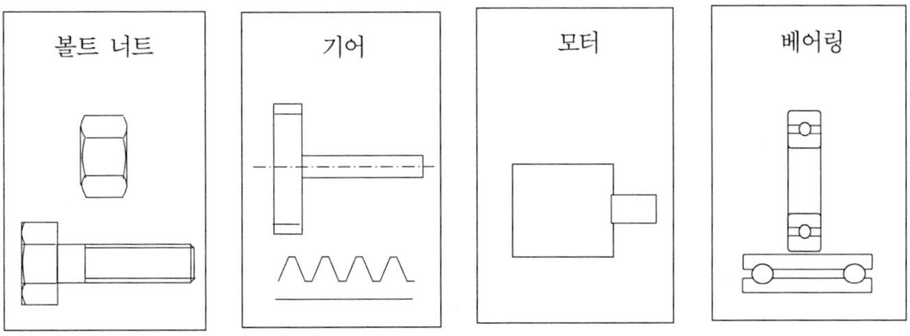

그림 5.37 기계요소 부품의 카타로그

최초의 설계시에는 복잡한 구조를 가지기 쉬우므로 반복해서 검토하여 단순한 구조를 가지면서 목적의 기능을 발휘하도록 설계한다.

(4) 부품의 가공이 쉽다

필요한 기능을 잃지 않는 범위 내에서는 가공이 쉬운 재료를 선정하며 가공이 용이한 형상을 가지도록 부품을 설계하는 것이 중요하다. 그림 5.38은 드릴을 사용하여 곡면위에 구멍가공을 하는 예를 나타내고 있다. 곡면(혹은 경사면)상에서는 드릴을 사용하여 **구멍가공**을 하면 드릴이 도망가는 형태가 되어 목적의 장소에 구멍을 가공하기가 어려우나 곡면 위에 **드릴작업**이 용이하도록 평면을 만들어 놓으면 정확하게 구멍가공이 가능하다.

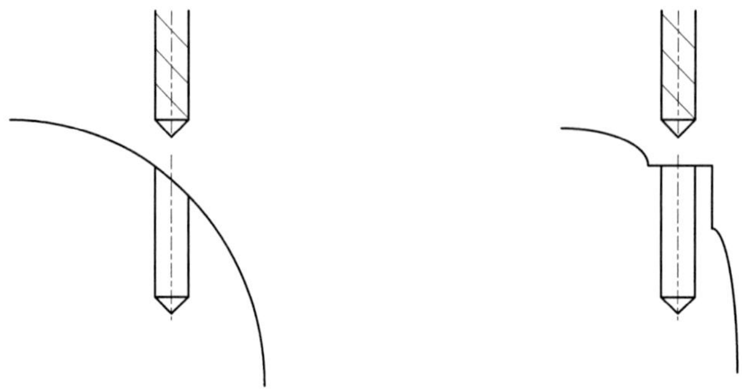

(a) 잘못된 설계　　(b) 잘된 설계

그림 5.38　드릴 작업이 용이한 설계의 예

(5) 싸게 만든다

최소의 노력과 재료를 사용하여 기계를 만드는 것은 설계에서 중요한 사항이다. 단순한 구조를 가지도록 설계하고 표준부품을 채용하며 생산기계에 유효한 작업공정을 설계하여 손실 시간을 최소화한다.

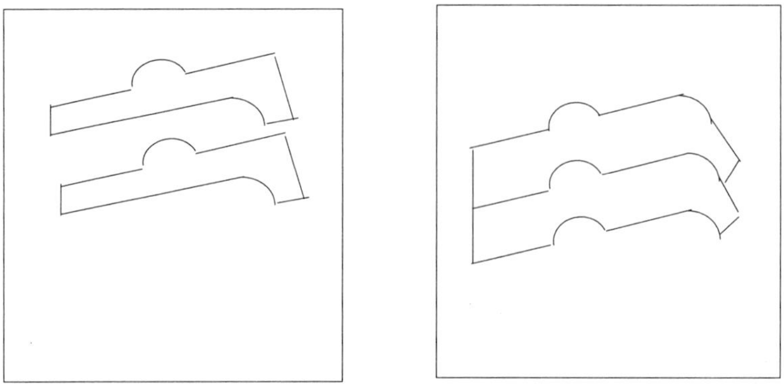

(a) 잘못된 설계　　(b) 잘된 설계

그림 5.39　판재 가공의 잘못된 설계와 잘된 설계

그림 5.39는 프레스를 사용하여 판재를 가공하여 부품을 생산하기 위한 생산 설계도의 예를 나타내고 있는데 재료를 최대한으로 활용하도록 설계한 것이 좋은 설계이다.

(6) 컴팩트(compact)하고 디자인이 좋다

기술이 진보함에 따라서 기계는 소형화되면서 큰 출력을 요구하는 상반된 기능이 요구되고 소비자가 쉽게 받아들일 수 있는 **디자인**과 색상이 중요하다. 예를 들면 CD플레이어와 같이 여러 가지 기술을 집적하여 소형화함으로써 휴대가 편리하여 고음질의 소리를 어디서나 즐길 수 있다.

(7) 안전하고 조작이 용이하다

아무리 성능이 좋은 기계일지라도 예기치 않은 사고가 발생하면 치명적이므로 안전성을 고려하고 조작자가 기계를 사용함에 있어서 피곤하지 않도록 사람과 기계의 관계를 고려하여 조작이 쉽도록 설계한다.

(8) 소음 및 진동이 없다

동작이 있는 기계에는 반드시 소음과 진동이 발생하는데 이는 사람에게 불쾌감을 전달하므로 최소한의 소음과 진동이 발생하도록 방음 및 **방진설계**를 한다.

(9) 메인테넌스(maintenance)가 쉽다

장시간 기계를 사용하면 고장이 일어나거나 부품의 마모로 인하여 교환할 필요가 있다. 또한 일정한 기간마다 **보수점검**을 행하여야 하므로 기계를 블록화하던지 충분한 공간을 확보하여 작업이 용이하도록 설계한다.

(10) 부품 및 재료는 재활용 가능하도록 한다

지금까지의 기계는 기계적 강도를 중시하여 설계하였으나 이제부터는 지구환경을 고려하며 재사용이 가능한 재료를 선정하고 회수가 용이하도록 설계한다.

CHAPTER 6

기계 메커니즘의 설계

6.1 메커니즘 설계의 개요
6.2 메커니즘의 기초 계산
6.3 기계요소의 선정

메카트로닉스(mechatronics) 기술을 이용하여 기계의 자동화를 위해서는 필수적으로 요구되는 것이 하드웨어(hardware)의 구성이다. 기계의 하드웨어를 구성하기 위하여서는 메커니즘의 설계기술, 각종 부품의 선정방법과 도면화 작업이 필요하며 운동의 전달에 필요한 이송요소, 운동의 방향을 제약하기 위한 안내요소, 축을 지지하기 위한 베어링, 동력전달을 위한 전동요소 및 감속기 등과 같은 메커니즘(mechanism)의 부품이 사용된다.

기계적인 부품의 조합에 의해 구성되는 기계적 시스템의 운동상태를 파악하기 위하여 사용되는 센서와 기계적 운동의 발생원이 되는 액추에이터(전기 모터, 유공압 실린더)를 사용하여 직선운동 메커니즘과 회전운동 메커니즘을 기본적인 운동의 메커니즘 모듈(mechanism module)로서 구성한다. 직선운동과 회전운동의 조합에 의하여 기계의 시스템적인 동작이 가능하며 기계적인 시스템의 자동화를 하기 위한 제어장치로서 마이크로프로세서(microprocesser)와 PLC(programmable logic controller) 등을 사용하여 센서의 정보를 이용하여 기계의 상태를 파악하고 액추에이터를 제어하여 기계의 자동제어를 실시한다. 최근에는 산업용 컴퓨터를 사용하여 원격제어가 가능한 수준에 이르고 있다.

6.1 메커니즘 설계의 개요

기계적인 메커니즘의 설계를 위해서는 기계 시스템의 사용환경에 제약되는 여러 가지 사양이 있다. 요구되는 부하의 크기, 속도, 운동의 정밀도, 기계 시스템의 치수와 중량, 기계의 제작에 사용되는 예산 및 관리비용 등의 조건에 따라서 각종 센서, 액추에이터 및 기계요소를 최적으로 선택하여 기계 시스템을 설계하여야 한다.

6.1.1 기계의 구성요소

메카트로닉스 기술을 이용하여 탄생한 제품 중에서 대표적으로 나타낼 수 있는 것이 산업용 로봇이다. 산업용 로봇은 자동차 및 조선업계에서 많이 사용하는 용접용 로봇, 전자업계에서 많이 사용하는 조립용 및 반송 로봇 등이 있으며 그림 6.1에서 나타낸 것처럼 수직 다관절 로봇과 수평 다관절 로봇으로 구분한다.

산업용 로봇과 같은 기계 시스템의 메커니즘을 구성하고 있는 부품을 기능별로 분류하면 다음과 같다.

(1) 액추에이터(actuator)

회전운동을 발생시키는 **액추에이터**로서는 서보모터(servo motor), 펄스모터(pulse motor, 스테핑모터), DD모터(direct driver motor), 스피드 컨트롤모터(speed control motor) 등이 있으며 직선운동을 발생시키는 액추에이터는 리니어 펄스모터(linear pulse motor), 공압 실린더(pneumatic cylinder), 유압 실린더(hydraulic cylinder) 등이 있다.

(2) 액추에이터용 전원 및 부속기기

각종 액추에이터를 동작시키기 위해서는 전기적 신호의 증폭, 펄스의 폭을 제어하기 위한 PWM(pulse width modulation) 제어회로 등과 같은 기능을 보유하는 전원부(power supply)와 드라이버(driver) 등과 같은 기기가 필요하며 서보(펄스)모터 드라이버, 펄스 제네레이터(pulse generator), 스피드 컨트롤 유니트(speed control unit), 인터버(inverter), 전원 유니트(power supply unit) 등이 있다.

(3) 회전축의 지지요소

액추에이터에 의해 발생된 운동을 전달하기 위한 회전축을 지지하는 **베어링**으로서 하중의 방향에 따라서 베어링을 구분한다. 각종 베어링의 종류로서는 앵귤러 볼 베어링(angular ball bearing), 자동 조심 볼 베어링, 스러스트 볼 베어링(thrust ball bearing), 니들 베어링(needle bearing), 미끄럼 베어링(sliding bearing), 크로스 롤러 베어링(cross roller bearing) 등이 있다.

(4) 직선 운동계의 구성요소

직선운동의 구성요소로서는 회전운동을 직선운동으로 전환하기 위한 볼나사(ball screw), 래크/피니언(rack/pinion), 타이밍 벨트(timming belt), 와이어 로프(wire rope), 체인(chain), 각종 캠(cam) 기구 등과 같은 **이송요소**가 있다. 이러한 이송요소는 리니어 가이드(linear guide), 스플라인 축(spline shaft) 등에 의한 안내요소를 사용하여 운동의 방향을 제약한다.

(5) 전동계의 구성요소

동력을 전달하기 위한 **전동요소**는 동력의 입력축과 출력축을 연결하기 위한 각종 커플링(cupling), 기어(gear), 벨트(belt), 체인(chain) 등으로 구성되며, **회전속도**를 조절하기 위한 감속기는 웜(warm) 감속기, 유성기어 감속기, 하모닉 드라이버(harmonic driver) 감속기 등이 있다.

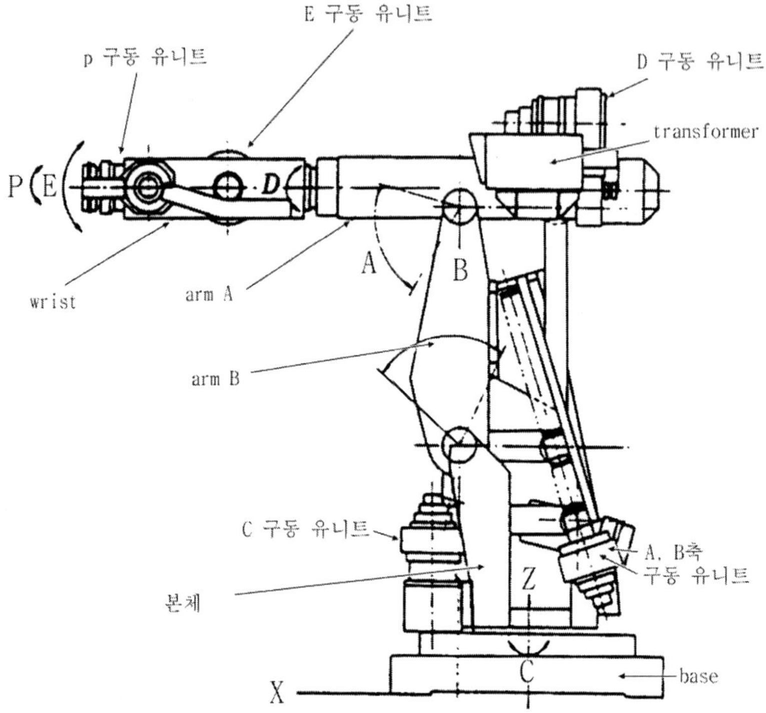

(a) 다관절형 로봇

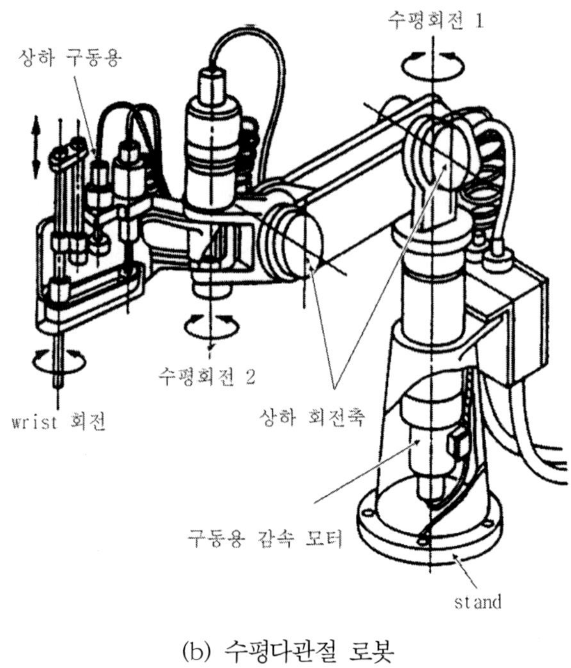

(b) 수평다관절 로봇

그림 6.1 산업용 로봇의 구성

(6) 검출기

기계 시스템의 동작상태를 파악하기 위한 각종 **검출기**로서는 광전 스위치, 자기 스위치(magnetic swtich), 터치 스위치(touch switch), 마이크로 스위치(micro switch), 리미트 스위치(limit switch) 등이 많이 사용된다.

(7) 계측기기

기계 시스템에 있어서 회전축의 회전량 및 각속도를 측정하기 위한 **계측기기**로서 로터리 엔코더(rotary encoder)와 카운터(counter)가 있고 직선의 변위를 측정하기 위하여 리니어 엔코더(linear encoder), 레이저 센서(laser sensor), 리니어 스케일(linear scale) 등이 사용된다. 물품의 식별을 위하여서는 사전에 코드를 각인해 놓은 것을 읽어 들이는 바코드 리더(bar code reader)가 있고 CCD 카메라를 이용한 형상/결점을 인식하는 센서, 물체의 색상을 구분하는 색인식 센서, 물체의 온도를 감지하는 **온도센서**, 유체 및 기체의 압력을 측정하기 위한 **압력센서**, 물체에 가해지는 힘을 측정하는 **힘센서**(force sensor) 등이 있으며 용도에 맞는 센서를 사용하여 기계 시스템을 구축한다.

(8) 제어기기

기계 시스템을 자동으로 제어하기 위해서는 제어장치는 **시퀀스 컨트롤러**(sequence controller), NC(numerical controller)제어장치, **마이크로 컴퓨터**(micro computer), PLC (programmable logic controller) 등이 많이 사용된다.

6.1.2 기계의 운동 메커니즘 분류

기계의 운동 메커니즘(mechanism)에 사용되는 액추에이터(actuator)는 회전운동과 직선운동을 발생시키며 동력의 발생을 위하여 사용되는 에너지의 종류에 따라서 공압 액추에이터, 유압 액추에이터, 전기 모터 등으로 구분하며 표 6.1에 각종 액추에이터의 특징을 나타낸다.

표 6.1 액추에이터의 특징

에너지	액추에이터	특징	비고
공압	실린더	속도, 추력의 조정 용이	단동/복동형
	로드리스 실린더	공간절약, 속도조정 용이	마그네트형, 벨트형
	요동 액추에이터	속도/토크 조정용이	베인형, 피스톤형
	모터	속도/토크 조정용이, 소음이 크다	베인형, 피스톤형
유압	실린더	중량에 비하여 추력이 크다. 위치 정밀도 양호	단동/복동형
	요동 액추에이터	중량에 비하여 추력이 크다. 위치 정밀도 양호	베인형,피스톤형
	모터	중량에 비하여 추력이 크다. 속도/토크 조정용이	베인형, 피스톤형
전기	인덕션 모터	연속정격, 일반 동력용	주파수제어에 의해 속도 가변
	싱크로나이즈모터	전원주파수에 동기 회전	리액션/히스테리시스형
	토크모터	속도제어, 고속운전 가능	전압 조정에 의한 개루프제어
	펄스모터	펄스에 의한 디지털제어	개루프 제어, 유지 토크가 크다
	교류서보모터	빈번한 시동/제동/정지/역전/미속운전	SM동기형, IM유도형
	직류서보모터	빈번한 시동/제동/정지/역전/미속운전	프린터 모터
	전동실린더	위치 정밀도 양호, 취급용이	모터와 이송나사 내장
	직동형 솔레노이드	고빈도의 동작 가능	AC형, DC형
	로터리 솔레노이드	고빈도의 동작 가능	DC형

6.1.3 직선운동 메커니즘

가공기계 및 자동 조립용 기계 등과 같은 자동화 시스템에 있어서 모터에 의한 회전운동을 직선운동으로 변환하는 메커니즘 혹은 유압 및 공압 실린더에 의한 직선운동 메커니즘을 사용하여 자동화 시스템을 구성한다.

(1) 실린더 연결 메커니즘

그림 6.2는 공압 혹은 유압 실린더를 사용하여 직선운동을 얻는 메커니즘의 개략을 나타낸다. 실린더의 양측에는 원통 가이드에 의해 직선운동을 안내하고 있으며 가공물의 이동 및 승강에 많이 이용되는 메커니즘이다. 구조가 간단하고 속도 및 추력의 조정이 용이하며 말단부의 감속이 가능한 특징을 가진다.

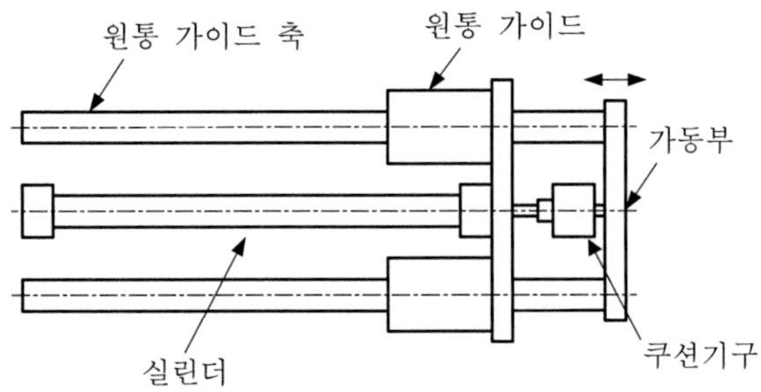

그림 6.2 실린더 연결 메커니즘

(2) 래크와 피니언 메커니즘

그림 6.3은 공압 혹은 유압 실린더를 직선운동의 동력원으로 이용한 직선운동 메커니즘이다. 실린더에 의한 직선운동은 두 개의 래크와 1개의 피니언에 의해 회전운동으로 변환되고 다시 직선운동으로 변환되는 메커니즘이며 가동부에는 직선 가이드를 사용하여 직선운동을 안내하며 가공물의 이동 및 승강에 많이 이용되는 메커니즘이다. 가동부는 실린더의 이송속도에 비하여 배로 증가하며 스트로크(stroke)도 증가하나 추력은 1/2으로 감소한다. 속도와 추력의 조정이 용이하며 말단부의 감속이 가능한 특징을 가진다.

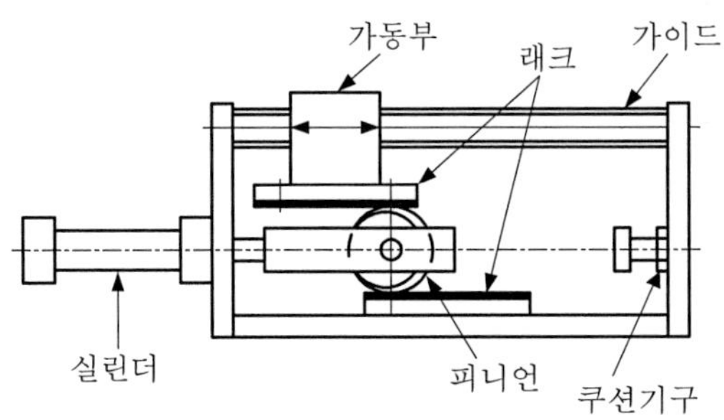

그림 6.3 래크와 피니언에 의한 메커니즘

(3) 볼나사 메커니즘

그림 6.4는 전기모터에 의해 발생하는 회전운동을 **볼나사**를 사용하여 직선운동으로 변환하는 메커니즘이다. 동력원으로서는 펄스모터(스테핑 모터), 서보모터, 가변속 모터 등을 사용할 수 있으며 전기모터의 회전축과 볼나사는 **커플링**(coupling)으로 연결되고 볼나사의 양 끝단은 베어링으로 지지한다. 가동부는 **볼너트**(ball nut)에 연결되어 있으며 가동부의 양측은 직선 가이드에 의해 안내된다. 이러한 메커니즘은 **정렬**(alignment) **메커니즘**, XY 테이블, 가공물의

이동 등에 많이 사용되며 임의의 위치에 정지가 가능하다. 고정도의 위치 결정 정밀도를 유지할 필요가 있는 경우에는 연삭 볼나사 및 유정압 볼나사를 사용하는 경우도 있다.

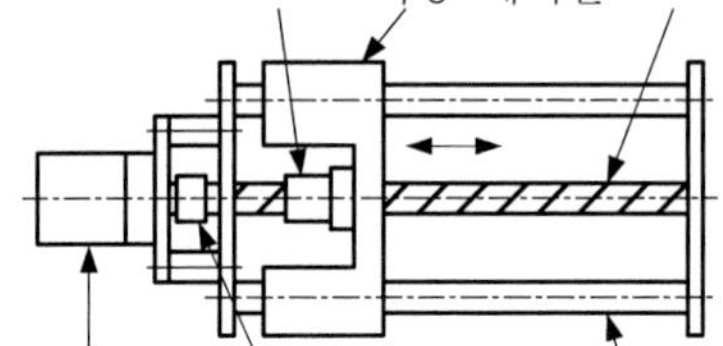

그림 6.4 볼나사 메커니즘

(4) 벨트에 의한 이송 메커니즘

그림 6.5는 전기모터에 의한 회전운동을 벨트 혹은 체인을 이용하여 직선운동으로 변환하는 메커니즘이다. 동력원으로서는 서보모터, 가변속 모터 , 브레이크 붙이 모터 등을 사용할 수 있으며 전기모터의 회전축과 풀리(pully)가 연결되어 있는 회전축은 커플링(coupling)으로 연결되고 회전축의 양 끝단은 베어링으로 지지한다. 가동부는 벨트 혹은 체인에 연결되어 있으며 가동부의 양측에는 직선 가이드에 의해 안내된다. 이러한 메커니즘은 이송 및 이재용 메커니즘으로 많이 사용되며 구조가 간단하고 이송거리가 긴 특징을 가진다. 임의의 위치에 정지하기 위한 위치 결정 정밀도가 요구되는 경우에는 감속제어를 실시한다.

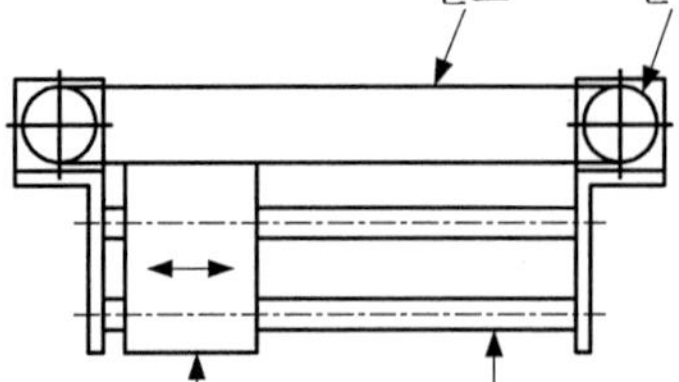

그림 6.5 벨트에 의한 이송 메커니즘

6.1.4 회전운동 메커니즘

기계 시스템의 운동 메커니즘에 있어서 전기모터 및 유공압 모터에 의한 회전운동을 기계의 동력원으로서 많이 사용하고 있다. 모터의 회전운동이 빠를 경우에는 감속기를 사용하여 회전속도를 조절한다. 회전운동은 볼나사와 같은 동력전달 부품에 의하여 직선운동으로 변환되어 볼너트에 고정되어 있는 이송 테이블의 직선운동이 가능한 메커니즘으로서 검사 및 가공기계 등에 많이 이용된다.

(1) 요동 액추에이터 직결 메커니즘

그림 6.6은 공압 혹은 유압의 **요동형** 액추에이터를 이용하여 일정한 각도의 회전운동이 가능한 메커니즘이다. 일정한 거리 및 각도의 반복적인 작업이 요구되는 곳에 많이 이용되며 구조가 간단하여 자동화 메커니즘으로 유용하다. 운동속도 및 토크의 조정이 용이하며 속도 조절밸브 혹은 쿠션기구를 사용하여 운동의 말단부에서 감속이 가능한 특징을 가진다.

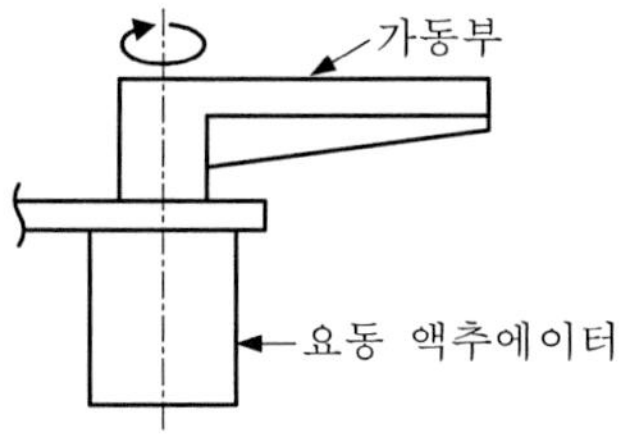

그림 6.6 요동 액추에이터 연결 메커니즘

(2) 모터의 회전속도 감속 메커니즘

그림 6.7은 **서보모터** 및 펄스모터를 사용한 회전운동의 메커니즘으로서 모터의 회전속도가 빠르고 사용하고자 하는 회전속도가 느릴 경우에 감속기를 사용하여 저속회전을 얻으며 임의의 위치에 정지할 수 있는 특징을 가지고 있다. 높은 위치 정밀도가 요구되는 곳에 사용할 경우에는 감속기의 부품으로 사용되는 기어의 **백래쉬**(backlash)에 주의하여야 한다.

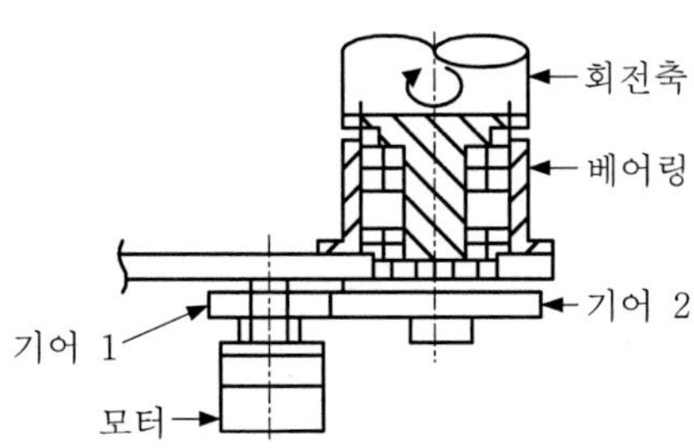

그림 6.7 모터 감속 메커니즘

(3) 래크와 피니언 메커니즘

그림 6.8은 공압 및 유압의 실린더를 이용하여 직선운동을 회전운동으로 변환하는 메커니즘이다. 운동속도와 토크의 조정이 용이하며 말단부에서의 속도 감속이 가능한 특징이 있다. 회전운동 및 상하의 요동운동 메커니즘으로 많이 이용한다.

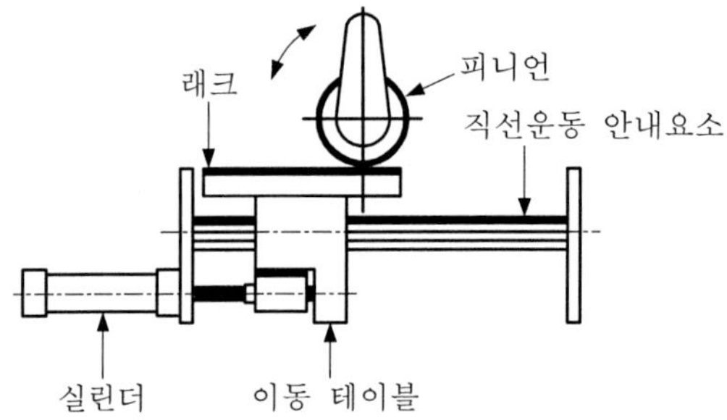

그림 6.8 래크와 피니언 메커니즘

6.1.5 운동의 조합 메커니즘

기계 시스템의 구성요소로서는 직선운동과 회전운동에 의한 메커니즘을 조합하여 소정의 목적을 달성하도록 하드웨어를 구성한다. 경우에 따라서는 유압 및 공압 실린더와 전기모터를 조합하여 기계 시스템을 구성하는 경우도 있고 리니어 모터에 의한 직선운동 메커니즘과 전기모터의 회전운동을 조합한 메커니즘이 있다.

(1) 요동 승강 메커니즘

그림 6.9는 공압 혹은 유압 실린더에 의한 직선운동과 요동형 액추에이터에 의한 회전운동을 이용하여 일정한 각도의 선회작업과 상하의 이동이 가능한 메커니즘이다. 작동의 범위가 넓으며 작업 대상물의 장착 및 핸들링 작업에 많이 이용된다.

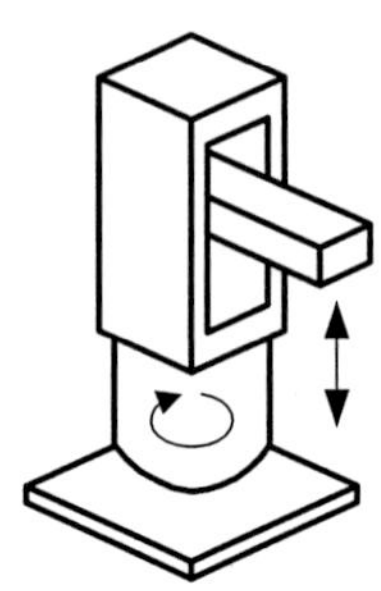

그림 6.9 요동 승강 메커니즘

(2) XY 테이블 메커니즘

그림 6.10은 서보모터 및 펄스모터를 사용한 회전운동을 볼나사에 의해 직선운동으로 변환시키며 안내요소를 사용하여 테이블의 운동을 제약하는 2축의 직선운동 메커니즘이다. 임의의 위치에 정지가 가능하며 PTP(point to point) 작업 및 CP(continuous path) 작업이 가능하다. 볼나사의 정밀도 및 백래쉬 등이 XY 테이블의 위치 결정 정밀도에 영향을 미친다. 작업 대상물의 이재작업, 나사체결, 접착 및 도포작업, 용접작업 등 다양한 작업이 이용되는 유용한 메커니즘이다.

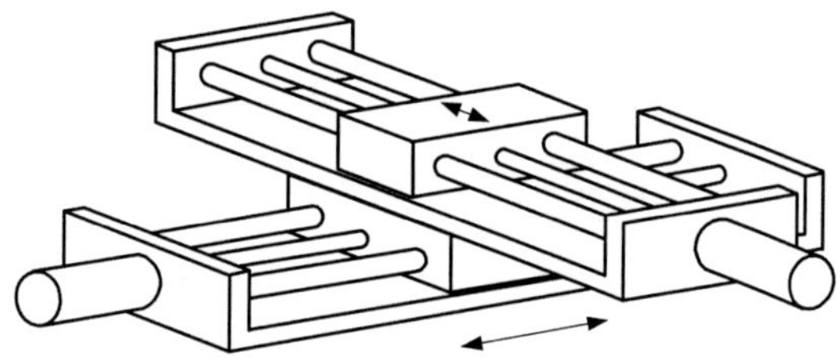

그림 6.10 XY 테이블 메커니즘

(3) 직교좌표 메커니즘

그림 6.11은 서보모터 및 펄스모터와 같은 회전운동의 동력원을 볼나사를 이용하여 직선운동으로 변환하여 직교좌표의 메커니즘으로 이용하는 경우도 있으며 유압 및 공압 실린더를 병용하여 구성하는 경우도 있다. 기구적인 메커니즘이 간단하며 제어가 용이하여 3축의 기구 시스템으로서 기본구조이며, 기계적인 가공기계, 나사체결, 용접 등의 작업에 많이 이용된다.

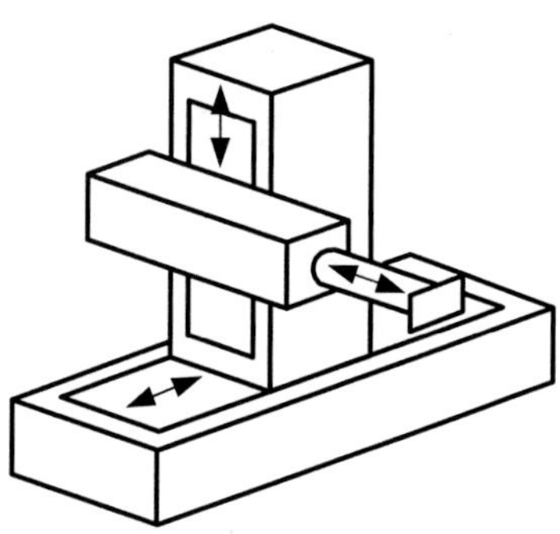

그림 6.11 직교좌표 메커니즘

(4) 극좌표 메커니즘

그림 6.12는 서보모터 및 펄스모터를 사용하여 회전운동의 메커니즘과 직선운동의 메커니즘을 이용한 **극좌표** 시스템을 나타낸다. 기계의 설치면적은 작으나 작동의 범위가 넓은 특징을 가지고 있으며 대상물의 핸들링, 접착, 용접 등의 작업에 많이 이용된다.

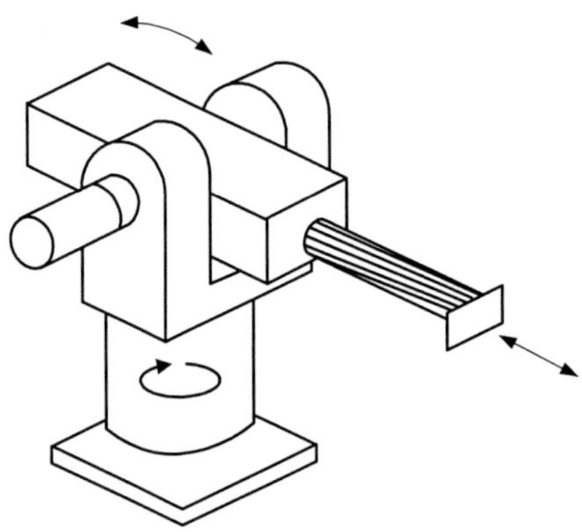

그림 6.12 극좌표 메커니즘

(5) 다관절 메커니즘

그림 6.13은 서보모터 및 펄스모터와 같은 회전운동의 동력원을 이용하여 사람의 **관절운동**이 가능하도록 구성한 메커니즘이며 **손목운동**에 해당하는 메커니즘을 추가하여 미세한 동작이 가능하도록 한다며 작은 부품의 조립작업, 가공물의 반송작업, 중량물의 반송, 용접작업 등에 많이 이용된다.

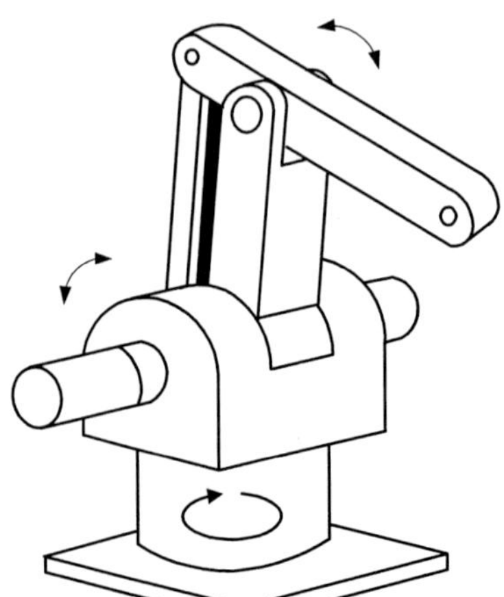

그림 6.13 다관절 메커니즘

6.1.6 위치 결정 정밀도와 속도특성

(1) 위치 결정 정밀도

직선 및 회전운동의 메커니즘은 동작의 특성상 양 끝단에서 정지하는 끝단방식과 중간부분에서 정지하는 중간방식으로 구분할 수 있다. 일반적으로 끝단방식은 고정위치에서 중간방식은 고정 또는 임의의 위치에서 가변이 가능한 구조이다.

(a) 끝단방식

끝단방식은 공압 및 유압 실린더 혹은 요동형 액추에이터 등에 의해 구성되는 방식이며 끝단부에 기계적인 **스토퍼**(stopper) 또는 위치 결정용 핀을 설치하여 높은 위치 결정 정밀도를 얻는다.

(b) 중간방식

중간방식에서 위치 결정 정밀도가 요구되는 경우에는 속도특성과 메커니즘, 구동기기, 상태량의 검출방식 등을 충분히 검토하여 요구목적에 맞는 시스템의 설계가 중요하다.

• ±0.1[mm] 정도의 위치 결정 정밀도
제어용 모터와 마이크로 스위치(micro switch) 등과 같은 위치 검출용 센서를 사용하여 볼나사와 벨트 등의 이송기구를 조합하여 감속제어를 실시하여 임의의 위치에 정지한다.

• ±0.01[mm] 정도의 위치 결정 정밀도
서보모터와 로터리 엔코더(rotary encoder), 리니어 엔코더(linear encoder) 등과 같은 위치 검출용 센서를 사용하여 볼나사 등의 이송기구를 조합하여 시스템을 구성한다. 특히 모터와 이송기구 사이에 위치하는 감속기 및 전동요소는 기어의 **백래쉬**가 극히 작은 것을 사용하여야 한다. **서보 메커니즘**은 일반적으로 고정도의 위치 결정과 고빈도의 정/역회전을 반복하는 경우가 많으므로 백래쉬가 있으면 위치 결정 정밀도가 저하하고 진동과 충격이 크게 된다. 그렇기 때문에 백래쉬가 없는 부품을 사용하든가 아니면 백래쉬를 제거하여 사용한다. 백래쉬를 제거한 경우에는 부품의 마모 시에 조정 및 교환의 방법에 주의하여야 한다.

(2) 속도특성

2점 사이의 이동이 필요한 경우에는 시동과 정지 시에 충격이 작게 일어나도록 하여야 하고 정지 시에는 위치 결정 정밀도의 향상을 위해 감속제어를 실시할 필요가 있다. **감속제어방식**에는 다음과 같이 크게 3가지로 구분하며 표 6.2에 감속제어방식에 따른 속도특성을 나타낸다.

(a) 기계적인 메커니즘에 의한 감속제어방식
- 크랭크기구에 의한 말단부의 감속방식
- 캠기구에 의한 임의의 변속/감속방식

(b) 공압기기에 의한 감속제어방식
- 쿠션(cushion) 및 완충장치(shock absorber)에 의한 말단부의 감속방식
- 속도 제어기기에 의한 말단부의 감속제어방식

(c) 제어용 모터에 의한 감속제어방식
- 주파수제어 및 스피드 컨트롤 모터(speed control motor)에 의한 슬로우 업(slow up) 슬로우 다운(slow down)의 말단부의 가감속 제어방식
- 펄스모터 및 서보모터에 의한 임의의 가감속 제어방식

표 6.2 감속 제어방식에 따른 속도특성

구분		감속방식	속도특성
기계적인 기구방식	크랭크기구	말단부 감속	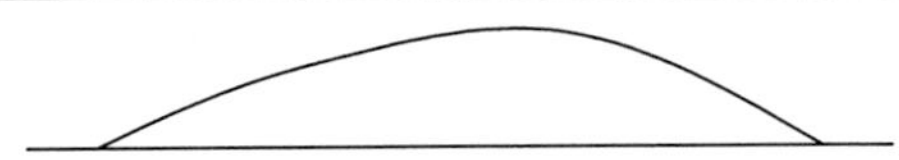
	캠기구	임의적 변속/감속	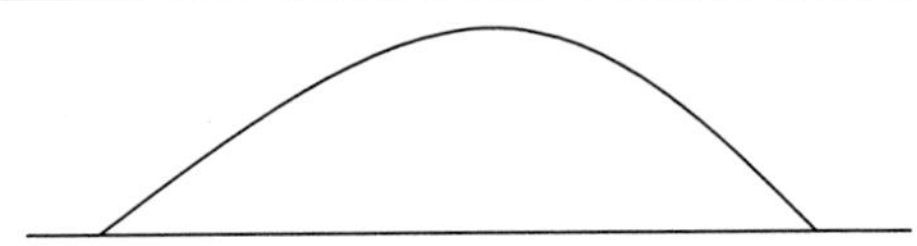
공압기기 방식	쿠션기구	말단부 감속	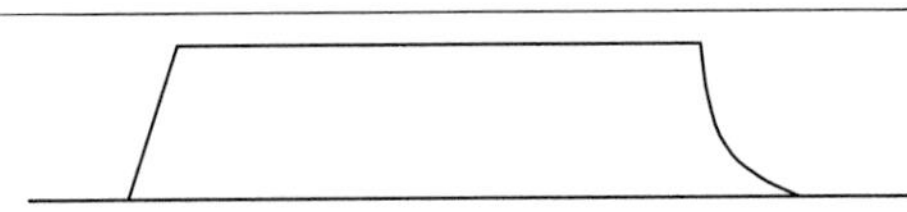
	속도 조절기	말단부 감속	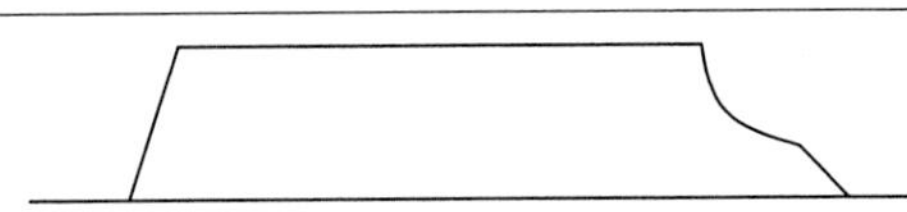
모터제어 방식	인버터, 스피드제어	말단 감속	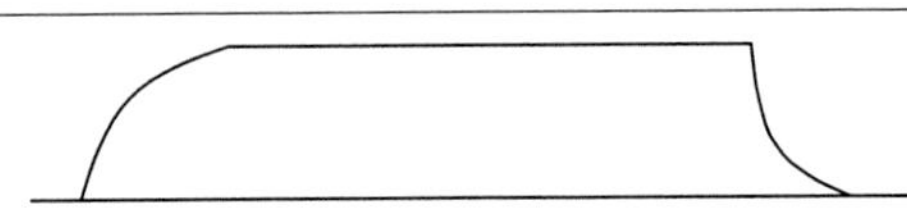
	극수 변화모터, 복수의 속도 조절기	다단 감속	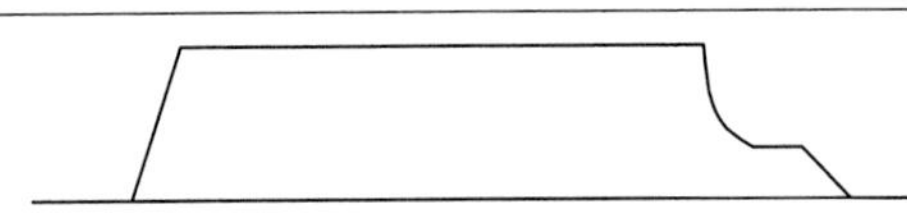
	펄스모터, 서보모터	임의변속/감속	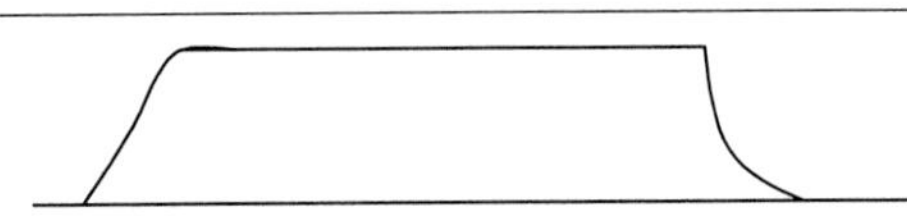

6.1.7 메커니즘설계의 순서

기계의 메커니즘을 설계하기 위해서는 다음과 같은 순서에 따라서 설계하여야 한다. 그림 6.14는 기계의 메커니즘을 설계하기 위한 순서의 플로우 차트를 나타낸다.

(1) 기구방식의 선정

요구하는 기구의 특성, 즉 부하의 크기, 이동의 방향성, 이동거리, 이동시간, 작동특성 및 위치 결정 정밀도 등에 대응 가능한 기구의 방식을 선정한다.

(2) 기본조건의 설정

기구의 방식에서 선정한 메커니즘에서 요구되는 정밀도 및 부하의 종류와 이동의 방향성 등을 만족할 수 있는 기구를 구성하는 요소와 기기류의 종류를 결정하기 위한 조건을 설정한다.

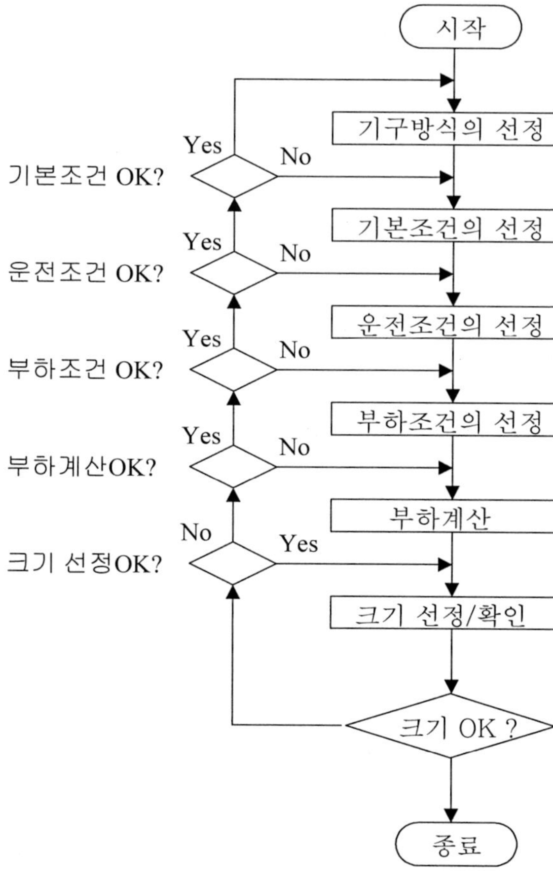

그림 6.14 기계 메커니즘의 설계 순서

(3) 운전조건의 설정

구동기기와 이송기구 사이의 연결방식, 이동량과 시간의 관계에 따른 가감속도, 모터의 회전수와 감속비의 관계, 이송기구의 리드(lead) 또는 직경, 전동계의 전동효율을 사용한 안전계수와 수명, 기구를 작동시키는 상황에서의 사용조건을 설정한다.

(4) 부하조건의 설정

부하의 크기, 가속시간, 안내요소의 마찰계수 및 예압의 하중, 외부의 하중과 방향성, 굽힘모멘트에 의한 좌굴 하중의 유무 등을 고려하여 기계 메커니즘을 구성하는 요소 및 기기류의 크기를 결정하기 위한 조건을 설정한다.

(5) 부하계산

운전조건과 부하조건의 설정조건에 따라서 관성에 의한 부하, 마찰에 의한 부하, 실제의 작업상에서 발생하는 부하를 계산한다.

(6) 사용기기의 크기 선정

운전조건의 설정조건과 부하계산에서 계산한 결과를 이용하여 적당한 크기를 선정한다.

6.2 메커니즘 기초 계산

기계 시스템의 메커니즘을 구성하는 구동기기의 출력 및 크기를 결정하기 위해서는 관성모멘트, 각가속도, 마찰 토크 등에 관하여 사전에 검토하고 계산하는 과정은 필수적이다. 기계 시스템에 작용하는 **부하**는 관성부하, 마찰부하 및 작업부하로서 나누어진다. **관성부하**는 관성모멘트와 GD^2(등가 관성 모멘트)에 관한 계산이 필요하다. **마찰부하**는 안내면에서의 미끄럼마찰과 같은 정적인 마찰저항과 동적인 마찰저항으로 구분하여 계산한다. **작업부하**는 가공기계에서의 절삭저항 등이 이에 속하며 작업시에 발생하는 부하를 의미한다. 기계 시스템에는 동력을 부여하여 필요로 하는 운동을 발생시키는 부분이 있으며 운동부분의 움직임과 동력의 검토를 위해서는 필수적으로 관성 모멘트를 사용한다. 운동의 이론적인 기초는 역학에 있으나 실제의 설계에서는 직접 역학적인 공식을 사용하는 일은 거의 없으며 공식의 적용이 가능하도록 시스템을 모델링하여 역학적인 공식을 사용한다.

6.2.1 직선운동에 있어서의 힘과 가속도의 관계

그림 6.15는 외부에서 가해지는 힘 F[N]가 질량 m[kg]을 가진 이동물체인 대차에 대하여 직각으로 작용하면 대차는 변위 x[m]를 발생시키는 직선운동 이동물체의 모델을 나타낸다.

대차가 정지한 상태에서 일정한 힘이 작용하지 않으면 정지한 상태를 계속 유지하게 된다. 일정한 힘이 대차에 작용하면 대차는 마찰저항과 같은 바닥면에서의 저항요소가 없다면 언제까지 일정한 속도로 이동하게 될 것이다. 이러한 상관관계를 잘 정리한 것이 뉴턴의 법칙이다.

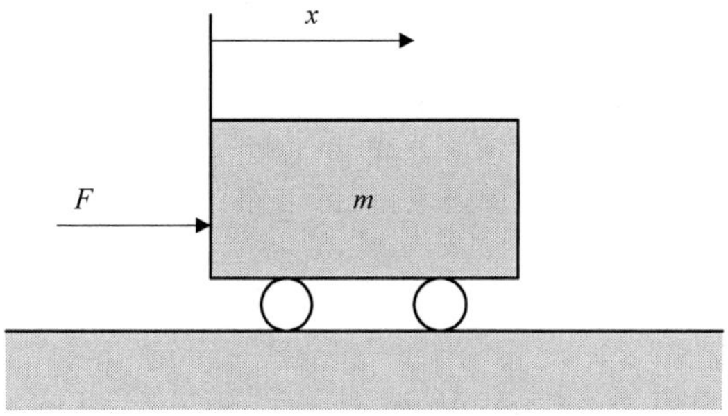

그림 6.15 대차의 모델

(1) 운동의 제1법칙(관성의 법칙)

임의의 물체에 외력이 작용하지 않으면 운동상태(정지 혹은 등속운동)를 바꾸지 않는다. 이것을 **관성의 법칙**이라고도 한다.

(2) 운동의 제2법칙(운동의 법칙)

임의의 물체에 외력이 작용하면 운동상태(속도)의 변화 즉 가속도가 발생한다. 가속도는 힘이 작용하는 방향과 같은 방향으로 발생하며 그 크기는 힘의 크기에 비례한다. 이것을 **운동의 법칙**이라고도 하며 다음의 관계식으로 나타난다.

$$F = ma \tag{6.1}$$

여기서, $a\,[\mathrm{m/s^2}] = \dfrac{d^2x(t)}{dt^2}$는 가속도를 나타낸다.

위의 식은 직선운동을 나타내는 운동 방정식이 된다. 무거운 물체는 감각적으로 움직이기 어렵기 때문에 중량 G[kgf]과 질량 m[kg]은 혼동하기 쉬우며 개념적으로 같지 않다는 것에 주의한다. **중량**은 힘을 나타내는 것이며 지구상에서의 물체가 중량을 가진다고 하는 것은 물체의 아래 방향으로 일정한 중력 가속도 $g = 9.8\,[\mathrm{m/s^2}]$가 물체에 작용하고 있는 것과 같다.

따라서 물체의 중량과 질량은 다음 식의 관계를 가진다.

$$G = mg \tag{6.2}$$

실제의 기계 시스템 설계에서는 질량보다 측정이 용이한 중량을 많이 사용하고 있다.

6.2.2 회전운동에 있어서의 토크와 각가속도의 관계

기계의 운동부분에는 회전운동을 행하는 부분이 상당히 많이 있으며 이것의 대부분은 동력을 모터에 의하여 얻고 있다. 모터에서 발생하는 동력의 전달은 회전축의 **토크**(torque)에 의해 전달된다. 회전운동은 직선운동과 공간적으로는 운동이 다르게 보이나 실제 역학적으로는 동일한 개념으로 취급한다. 그림 6.16은 회전운동을 하는 물체의 모델을 나타낸다. 정지한 상태(각속도 $\omega(t) = \dfrac{d\theta(t)}{dt} = 0$인 경우)에 있는 회전체가 회전하기 시작하여 운동상태가 변화하는 경우에는 토크 T[N·m]가 발생한다. 회전운동에서의 토크는 직선운동의 경우 힘에 상당하며 회전속도 $\omega(t)$[rad/s]의 변화 즉 각가속도 $\dot{\omega}(t)\,[\mathrm{rad/s^2}] = \dfrac{d\omega(t)}{dt}$의 변화가 발생한다.

$$T(t) = I\dot{\omega}(t) = rF(t) \tag{6.3}$$

여기서, I[kg·m^2]는 관성 모멘트를, r[m]는 회전반경을 나타낸다.

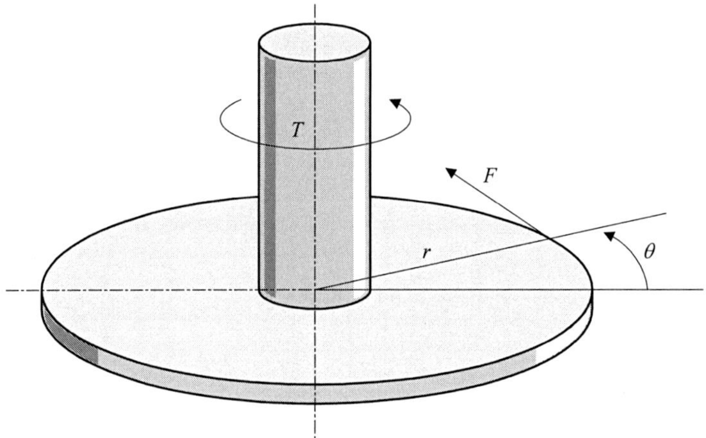

그림 6.16 회전운동의 모델

6.2.3 관성 모멘트(inertia moment)의 기본 개념

관성 모멘트의 성질은 직선운동에 있어서의 질량과 같이 회전운동에 있어서 회전하기 어려움을 나타내는 크기로서 기술된다. 직선운동에 있어서 움직이기 어려움을 나타내는 질량은 중량을 중력 가속도로 나누어서 간단하게 구할 수 있으나 회전운동에서는 회전하기 어려움을 나타내는 것은 중량뿐만 아니라 회전체의 형상과 회전축의 위치 등에 따라서 회전하기 어려움을 나타내는 크기가 달라진다. 그렇기 때문에 관성 모멘트는 물체의 형상 및 회전축의 위치를 고려하여 계산할 필요가 있다.

그림 6.17은 회전체의 관성 모멘트를 구하기 위한 기본적인 개념을 설명하기 위한 것이며 임의의 축을 중심으로 회전하는 물체를 나타낸다. dm_i는 임의의 위치에 있어서의 **미소질량**, r_i는 회전축에서 임의의 위치에 있는 미소질량까지의 거리, a_i는 임의의 위치에 있는 미소질량의 가속도를 나타낸다.

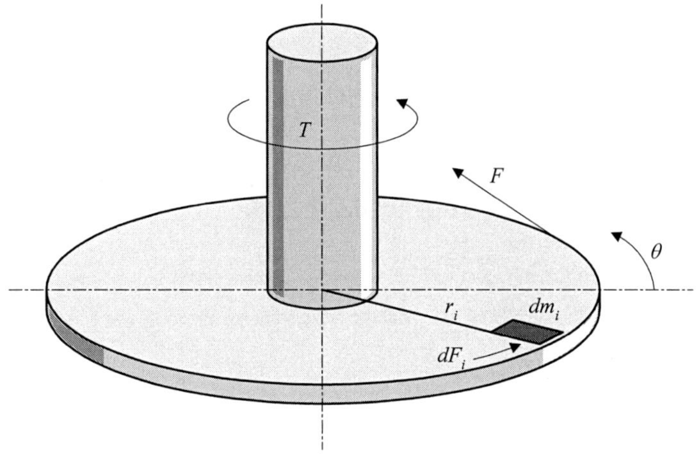

그림 6.17 관성 모멘트

미소질량 dm_i에 작용하는 미소한 힘 dF_i는 다음의 식으로 나타난다.

$$dF_i(t) = dm_i a_i(t) \tag{6.4}$$

한편, 미소질량의 가속도 $a_i(t)$는 다음의 식으로 나타낸다.

$$a_i(t) = r_i \dot{\omega}(t) \tag{6.5}$$

회전축에 작용하는 **미소토크** dT_i는 다음과 같다.

$$dT_i(t) = r_i dF_i(t) \tag{6.6}$$

회전축에 작용하는 토크 T는 미소토크를 전부 합한 것과 같으므로 전체의 토크는

$$T(t) = \sum dT_i(t) = \sum r_i dF_i(t) \tag{6.7}$$

이 된다. 식(6.4)와 식(6.5)를 위의 식에 대입하여 정리하면 회전축에 작용하는 토크는 다음과 같다.

$$T(t) = \sum r_i dF_i(t) = \sum r_i dm_i a_i(t) = \sum r_i^2 dm_i \dot{\omega}_i(t) \tag{6.8}$$

회전 각가속도 $\dot{\omega}(t)$는 미소질량이 어느 위치에 있다고 하더라도 동일한 값을 가지므로 식(6.8)에서 회전 각가속도 부분을 별도로 분리하여 나타낼 수 있다.

$$T(t) = \left\{\sum dm_i r_i^2\right\}\dot{\omega}(t) = I\dot{\omega}(t) \tag{6.9}$$

여기서, $I = \sum dm_i r_i^2$는 관성 모멘트를 나타낸다.

6.2.4 관성 모멘트(inertia moment)와 GD^2

관성 모멘트 I**와 등가 관성 모멘트** GD^2은 이론적인 역학으로서는 서로 다른 의미를 가지고 있으나 실제 기계의 설계에서는 편리성 때문에 GD^2를 많이 사용한다. 회전축에 대한 반경 r 대신에 측정이 용이한 직경 D를 사용하고 질량 m[kg] 대신에 중량계를 사용하여 측정이 가능한 중량 G[kgf]를 사용한다.

물체의 회전축에 대한 관성 모멘트 I[kg·m²]는 물체의 미소부분의 질량 dm[kg], 회전축으로부터 미소질량 dm까지의 거리 r[m]의 관계에서 다음의 식으로 구한다.

$$I = \sum r^2 \cdot dm \tag{6.10}$$

등가 관성 모멘트 GD^2는 관성 모멘트와 같은 역학적 성질을 가지고 있으며 중력 단위계로 나타내는 것이며 관성 모멘트 I와 GD^2[kgf·m²]의 관계는 다음과 같다.

$$I = mr^2 = \frac{G}{g}\left(\frac{D}{2}\right)^2 = \frac{GD^2}{4g} \tag{6.11}$$

여기서, G[kgf]는 물체의 중량, m[kg]은 물체의 질량이며 $m = G/g$의 관계를 가진다.

6.2.5 평행축의 정리

물체의 형상에 따라서 관성 모멘트 I와 등가 관성 모멘트 GD^2는 의미가 다르며 축의 회전중심에 따라서 구하는 방법도 다르다. 물체의 중심축과 회전축이 다른 경우에 관성 모멘트와 등가 관성 모멘트를 구하기 위해서는 **평행축의 정리**(steiner의 정리)를 이용한다. 그림 6.18은 물체의 중심축과 회전축 사이의 거리 η일 경우에 관성 모멘트와 등가 관성 모멘트를 구하기 위한 모델을 나타낸다.

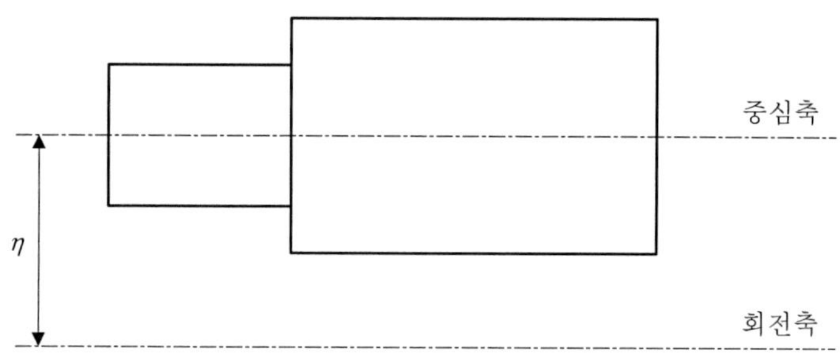

그림 6.18 회전 중심이 다른 경우의 관성 모멘트

임의의 물체의 질량 m일 경우에 물체의 회전축에 관한 관성 모멘트는 다음의 식으로 구한다.

$$I = I_0 + m\eta^2 \tag{6.12}$$

여기서, I_0는 물체의 중심축에 관한 관성 모멘트를 나타낸다.

임의의 물체에 대한 중량 G일 경우에 물체의 회전축에 관한 등가 관성 모멘트를 구하기 위해서 식(6.12)에 식(6.11)의 관계식을 대입한다.

$$\frac{GD^2}{4g} = \frac{GD_0^2}{4g} + \frac{G}{g}\eta^2 \tag{6.13}$$

위의 식을 정리하면 다음과 같다.

$$GD^2 = GD_0^2 + 4G\eta^2 \tag{6.14}$$

여기서, GD_0^2는 물체의 중심축에 관한 등가 관성 모멘트를 나타낸다. 회전축이 물체의 중심을 통과하지 않을 경우에는 회전축과 물체의 중심축 사이의 거리를 구하면 물체의 등가 관성 모멘트 GD^2를 쉽게 구할 수 있다.

6.2.6 회전체의 운동 에너지

물체의 형상에 따라서 관성 모멘트 I를 가진 물체가 물체의 회전중심을 기분으로 하여 각속도 ω으로 회전할 경우의 운동 에너지 E는 다음과 같다.

$$E=\frac{1}{2}I\omega^2 \tag{6.15}$$

실제의 기계설계에서는 관성 모멘트 I 대신에 등가 관성 모멘트 GD^2를, 각속도 ω[rad/sec] 대신에 축의 회전수 n[rpm]를 많이 사용하고 있으므로 $I=GD^2/4g$, $\omega=2\pi n/60$의 관계식을 식(6.15)에 대입하여 정리한다.

$$E=\frac{1}{2}\frac{GD^2}{4g}\left(\frac{2\pi n}{60}\right)^2=\frac{GD^2n^2}{7150} \tag{6.16}$$

그림 6.19는 입력축이 회전수 n_1[rpm]으로 회전하고 이에 따라서 출력축이 회전수 n_2[rpm]으로 회전하는 경우를 나타낸다. 각 축에 대한 운동 에너지는 다음과 같다.

$$E_1=\frac{GD_1^2n_1^2}{7150},\quad E_2=\frac{GD_2^2n_2^2}{7150} \tag{6.17}$$

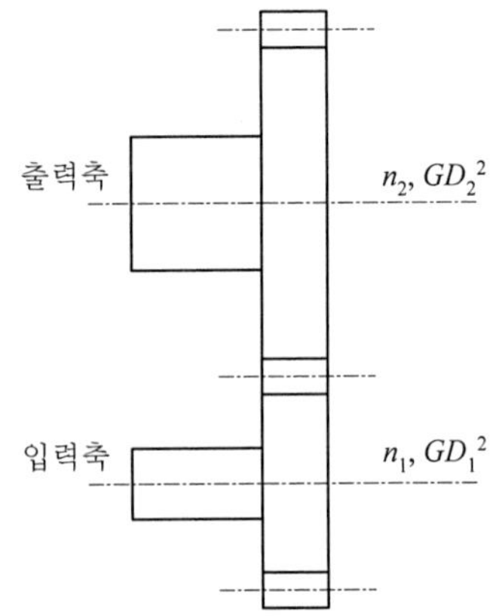

그림 6.19 운동하는 회전체

그림 6.20은 그림 6.19의 회전체에 있어서 출력축의 등가 관성 모멘트 GD_2^2를 입력축에 관한 등가 관성 모멘트 GD_{12}^2를 전환하기 위한 모델을 나타낸다. 출력축은 입력축의 회전에 따라서 운동하기 때문에 가상적으로 그림 6.20과 같이 입력축에 연결되어 있다고 가정한다.

입력축과 출력축은 에너지 보존의 법칙이 항상 성립하므로 입력축과 출력축의 에너지는 같다고 하면 다음의 식이 성립한다.

$$\frac{GD_{12}^2 n_1^2}{7150} = \frac{GD_2^2 n_2^2}{7150} \tag{6.18}$$

위의 식을 재정리하여 입력축에 대한 등가 관성 모멘트를 구한다.

$$GD_{12}^2 = GD_2^2 \left(\frac{n_2}{n_1} \right)^2 \tag{6.19}$$

따라서 입력축에 걸리는 등가 관성 모멘트 GD^2는 다음의 식으로 구한다.

$$GD^2 = GD_1^2 + GD_{12}^2 \tag{6.20}$$

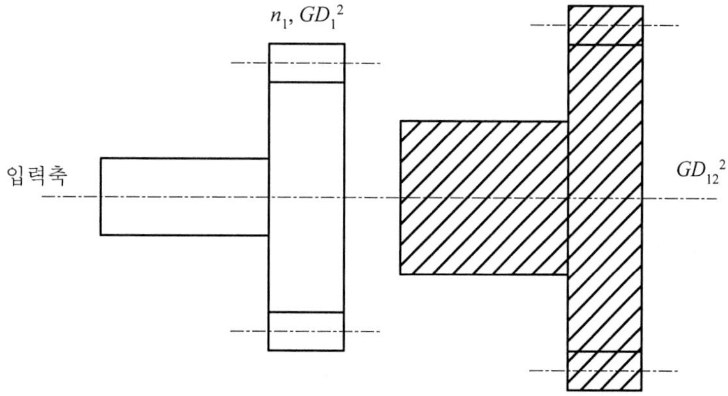

그림 6.20 입력축에 관한 GD^2

표 6.3에는 물체의 여러 가지 형상에 따른 관성 모멘트 I와 등가 관성 모멘트 GD^2를 구하는 공식을 나타낸다. 관성 모멘트와 등가 관성 모멘트를 구할 경우에는 이 표를 참고하면 편리하다.

표 6.3 물체의 형상에 따른 관성 모멘트와 등가 관성 모멘트

물체의 형상	I[kg · m^2] :관성모멘트 m[kg] : 질량	GD^2[kgf · m^2]: 등가 관성모멘트 G[kgf] : 중량
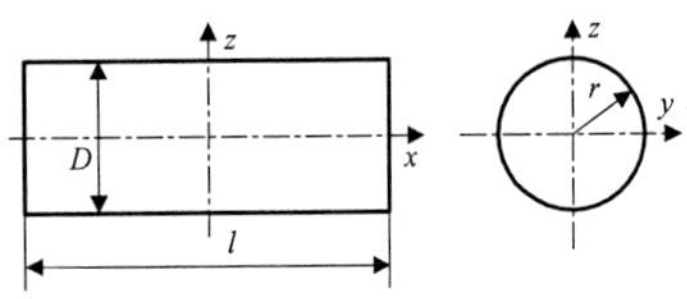	$I_x = \frac{1}{2}mr^2$ $I_y = \frac{1}{4}m(r^2 + \frac{l^2}{3})$ $I_z = I_y$ $m = \pi r^2 l\rho$	$GD_x^2 = \frac{1}{2}GD^2$ $GD_y^2 = G(\frac{D^2}{4} + \frac{l^2}{3})$ $GD_z^2 = GD_y^2$ $G = \frac{\pi}{4}D^2 l\gamma$
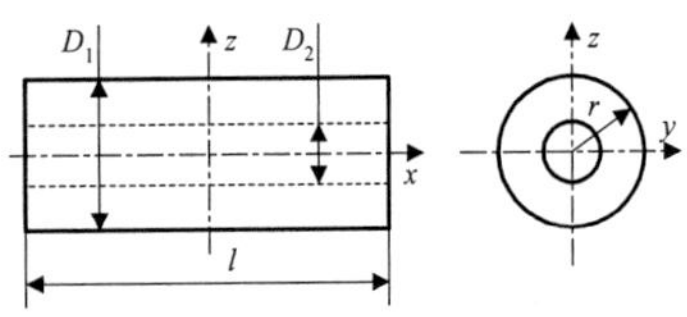	$I_x = \frac{1}{2}m(r_1^2 - r_2^2)$ $I_y = \frac{1}{4}m\{(r_1^2 + r_2^2) + \frac{l^2}{3}\}$ $I_z = I_y$ $m = \pi(r_2^2 - r_1^2)l\rho$	$GD_x^2 = \frac{1}{2}G(D_1^2 + D_2^2)$ $GD_y^2 = G(\frac{D_1^2 + D_2^2}{4} + \frac{l^2}{3})$ $GD_z^2 = GD_y^2$ $G = \frac{\pi}{4}(D_1^2 - D_2^2)l\gamma$
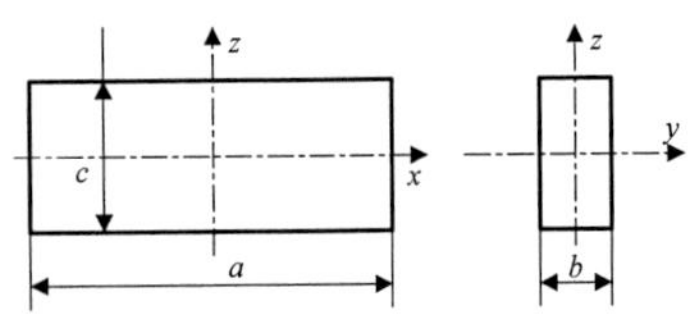	$I_x = \frac{1}{12}m(b^2 + c^2)$ $I_y = \frac{1}{12}m(a^2 + c^2)$ $I_z = \frac{1}{12}m(a^2 + b^2)$ $m = abc\rho$	$GD_x^2 = \frac{1}{3}G(b^2 + c^2)$ $GD_y^2 = \frac{1}{3}G(a^2 + c^2)$ $GD_z^2 = \frac{1}{3}G(a^2 + b^2)$ $G = abc\gamma$
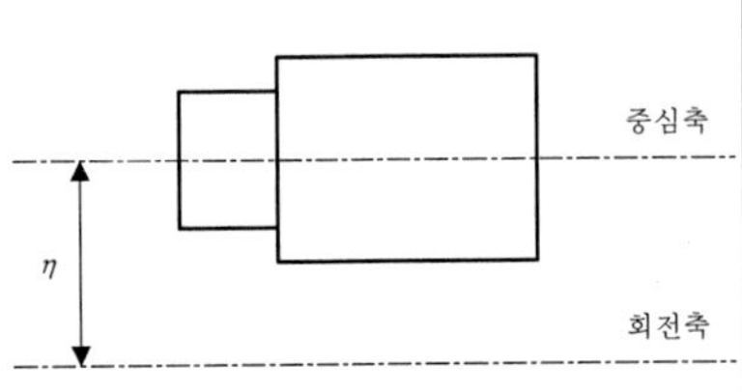	$I = I_0 + m\eta^2$ I : 물체의 중심축에 평행한 회전축에 관한 관성 모멘트 I_0: 물체의 중심축에 관한 관성 모멘트 η: 중심축과 회전축의 거리	$GD^2 = GD_0^2 + 4G\eta^2$ GD^2: 물체의 중심축에 평행한 회전축에 관한 등가 관성 모멘트 GD_0^2: 물체의 중심축에 관한 등가 관성 모멘트 η: 중심축과 회전축의 거리

예제 6.1

그림 6.21과 같은 SM30C(기계 구조용 탄소강)의 재료를 가진 회전축에 축의 중심에 관한 관성 모멘트를 구하라. 재료의 비중량 $\gamma = 7.8$[gf/cm^3]이고 회전축에 있어서의 직경은 $d_1 = 42$[mm], $d_2 = 50$[mm], $d_3 = 25$[mm]이다. 회전축의 길이는 $l_1 = 68$[mm], $l_2 = 220$[mm], $l_3 = 30$[mm]이다.

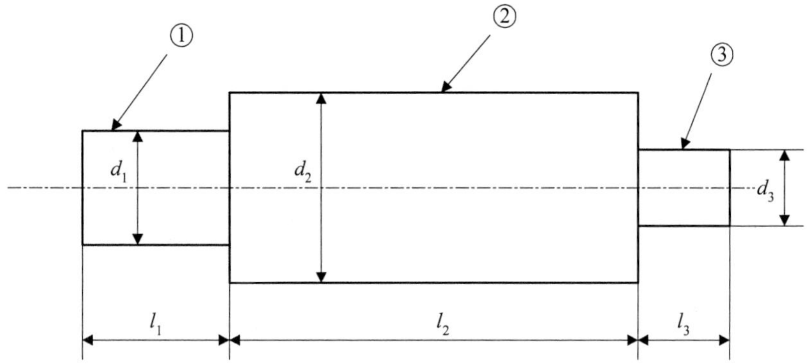

그림 6.21 회전축

(풀이)

관성 모멘트를 구하기 위하여서는 다음과 같은 순서로 계산한다.

1단계 : 입체의 형상에 따라서 구체적인 형상으로 분할한다.
2단계 : 각 분할부분의 체적을 구한다.
3단계 : 각 분할부분의 중량을 구한다.
4단계 : 각 분할부분의 GD^2을 계산한다.
5단계 : 전체의 GD^2을 계산한다.
6단계 : GD^2을 관성 모멘트로 환산한다.

(1) 관성 모멘트의 계산이 용이하도록 직경과 길이가 다른 부분을 분리하여 3개의 부분 ①, ②, ③으로 분할한다. 이 후의 계산에 사용하는 첨자는 분할부분을 나타낸다.
(2) 분할부분의 체적 V[cm^3]을 구한다.

$$V_1 = \frac{\pi d_1^2 l_1}{4} = \frac{\pi \times 4.2^2 \times 6.8}{4} = 94.16 \ [\mathrm{cm}^3]$$

$$V_2 = \frac{\pi d_2^2 l_2}{4} = \frac{\pi \times 5.0^2 \times 22.0}{4} = 431.75 \ [\mathrm{cm}^3]$$

$$V_3 = \frac{\pi d_3^2 l_3}{4} = \frac{\pi \times 2.5^2 \times 3.0}{4} = 14.72 \ [\mathrm{cm}^3]$$

(3) 분할부분의 중량 G[kgf]을 구한다.

$$G_1 = \gamma V_1 = 7.8 \times 94.16 = 734.45 \ \ [\text{gr f}]$$
$$G_2 = \gamma V_2 = 7.8 \times 431.75 = 3367.65 \ \ [\text{gr f}]$$
$$G_3 = \gamma V_3 = 7.8 \times 14.72 = 114.82 \ \ [\text{gr f}]$$

(4) 분할부분의 GD^2을 계산한다. 원통의 관성 모멘트는 표 6.3에 의해 $GD^2 = \frac{1}{2} Gd^2$이므로 다음과 같이 계산한다.

$$GD_1^2 = \frac{1}{2} G_1 d_1^2 = \frac{1}{2} \times 734.45 \times 4.2^2 = 6477.85 \ \ [\text{gr f} \cdot \text{cm}^2]$$
$$GD_2^2 = \frac{1}{2} G_2 d_2^2 = \frac{1}{2} \times 3367.65 \times 5.0^2 = 42095.63 \ \ [\text{gr f} \cdot \text{cm}^2]$$
$$GD_3^2 = \frac{1}{2} G_3 d_3^2 = \frac{1}{2} \times 114.82 \times 2.5^2 = 358.81 \ \ [\text{gr f} \cdot \text{cm}^2]$$

(5) 전체의 GD^2을 계산한다.

$$\begin{aligned} GD^2 &= GD_1^2 + GD_2^2 + GD_3^2 \\ &= 6477.85 + 42095.63 + 358.81 \\ &= 48932.29 \ \ [\text{gr f} \cdot \text{cm}^2] \\ &= 48.9 \ \ [\text{kgf} \cdot \text{cm}^2] \end{aligned}$$

(6) GD^2을 관성 모멘트로 환산한다.

$$\begin{aligned} I &= \frac{GD^2}{4g} \\ &= \frac{48932.29}{4 \times 980} \\ &= 12.48 \ \ [\text{gr} \cdot \text{cm}^2] \end{aligned}$$

예제 6.2

그림 6.22와 같은 원통의 회전체에 있어서 중심축에 관한 관성 모멘트 I를 구하라. 재료의 비중량 $\gamma =$ 7.85[grf/cm^3]이고 회전체의 직경은 $d_1 = 740$[mm], $d_2 = 280$[mm]이고 중심선의 직경이 $d = 520$[mm]인 위치에 작은 중공부의 직경은 $d_3 = 150$[mm]이다. 회전체의 두께는 $t = 200$[mm]이다.

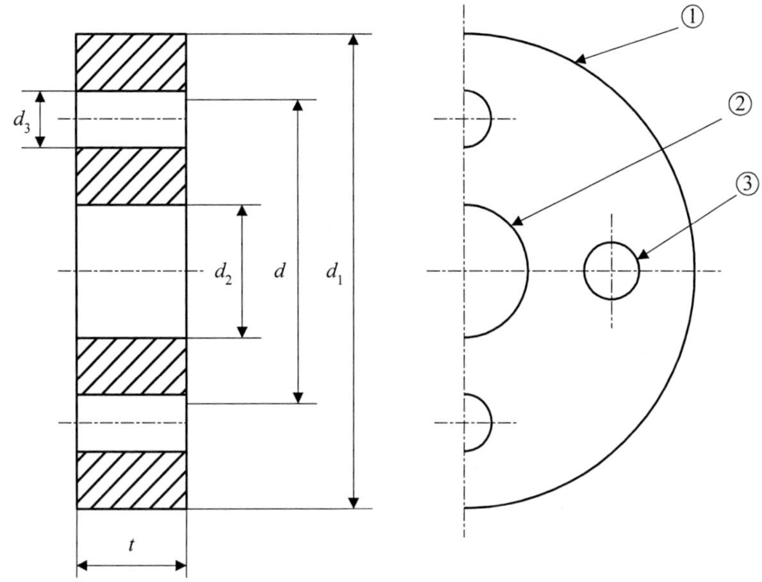

그림 6.22 중공부가 있는 회전체

(풀이)
관성 모멘트를 구하기 위하여서는 다음과 같은 순서로 계산한다.

(1) 관성 모멘트의 계산이 용이하도록 중공부가 없는 상태를 가정한 직경 d_1과 중공부의 직경 d_2, d_3를 분리하여 3개의 부분 ①, ②, ③으로 분할한다. 이후의 계산에 사용하는 첨자는 분할부분을 나타낸다.
(2) 분할부분의 체적 V[cm^3]을 구한다.

$$V_1 = \frac{\pi d_1^2 t}{4} = \frac{\pi \times 74^2 \times 20}{4} = 85973.2\,[\mathrm{cm}^3]$$

$$V_2 = \frac{\pi d_2^2 t}{4} = \frac{\pi \times 28^2 \times 20}{4} = 12308.8\,[\mathrm{cm}^3]$$

$$V_3 = \frac{\pi d_3^2 t}{4} = \frac{\pi \times 15^2 \times 20}{4} = 3532.5\,[\mathrm{cm}^3]$$

(3) 분할부분의 중량 G[kgf]을 구한다.

$$G_1 = \gamma V_1 = 7.85 \times 85973.2 = 674889.62\,[\mathrm{gf}] = 674.9\,[\mathrm{kgf}]$$
$$G_2 = \gamma V_2 = 7.85 \times 12308.8 = 96624.08\,[\mathrm{gf}] = 96.6\,[\mathrm{kgf}]$$
$$G_3 = \gamma V_3 = 7.85 \times 3532.5 = 27730.13\,[\mathrm{gf}] = 27.7\,[\mathrm{kgf}]$$

(4) 분할부분의 GD^2을 계산한다. 원통의 관성 모멘트는 표 6.3에 의해 $I = \frac{1}{2}mr^2$이므로 다음과 같이 계산한다.

$$GD_1^2 = \frac{1}{2}G_1d_1^2 = \frac{1}{2}\times 674.9\times 74^2 = 1847876.2 \ [\text{kgf}\cdot\text{cm}^2]$$

$$GD_2^2 = \frac{1}{2}G_2d_2^2 = \frac{1}{2}\times 96.6\times 28^2 = 37867.2 \ [\text{kgf}\cdot\text{cm}^2]$$

작은 중공부의 중심축에 관한 작은 중공부의 등가 관성 모멘트 GD_{03}^2 을 구하면 다음과 같다.

$$GD_{03}^2 = \frac{1}{2}G_3d_3^2 = \frac{1}{2}\times 27.7\times 15^2 = 3116.25 \ [\text{kgf}\cdot\text{cm}^2]$$

작은 중공부는 회전체의 중심축에서 $d/2$의 거리에 위치하고 있으므로 회전체의 중심축에 대한 GD_3^2를 구하면 다음과 같다.

$$\begin{aligned} GD_3^2 &= GD_{03}^2 + 4G_3\left(\frac{d}{2}\right)^2 \\ &= 3116.25 + 4\times 27.7\times 26^2 \\ &= 78017.05 \ [\text{kgf}\cdot\text{cm}^2] \end{aligned}$$

(5) 전체의 등가 관성 모멘트 GD^2을 계산한다.

$$\begin{aligned} GD^2 &= GD_1^2 - GD_2^2 - 4GD_3^2 \\ &= 1847876.2 - 37867.2 - 4\times 78017.05 \\ &= 1497940.8 \ [\text{kgf}\cdot\text{cm}^2] \\ &= 149.8 \ [\text{kgf}\cdot\text{m}^2] \end{aligned}$$

(6) 등가 관성 모멘트 GD^2을 관성 모멘트로 환산한다.

$$\begin{aligned} I &= \frac{GD^2}{4g} \\ &= \frac{149.8}{4\times 9.8} \\ &= 3.82 \ [\text{kg}\cdot\text{m}^2] \end{aligned}$$

예제 6.3

그림 6.23과 같은 원통과 원판 형태의 직면체의 조합으로 구성된 물체에 있어서 회전축에 관한 관성 모멘트 I를 구하라. 재료의 비중량 $\gamma = 7.8$[gf/cm^3]이고 원통의 직경은 $d = 60$[mm]이고 원통의 높이는 $a = 50$[mm]이다. 원판의 반경은 $R = 30$[mm], 반경 사이의 중심거리는 $p = 120$[mm]이고 두께는 $b = 15$[mm]이다.

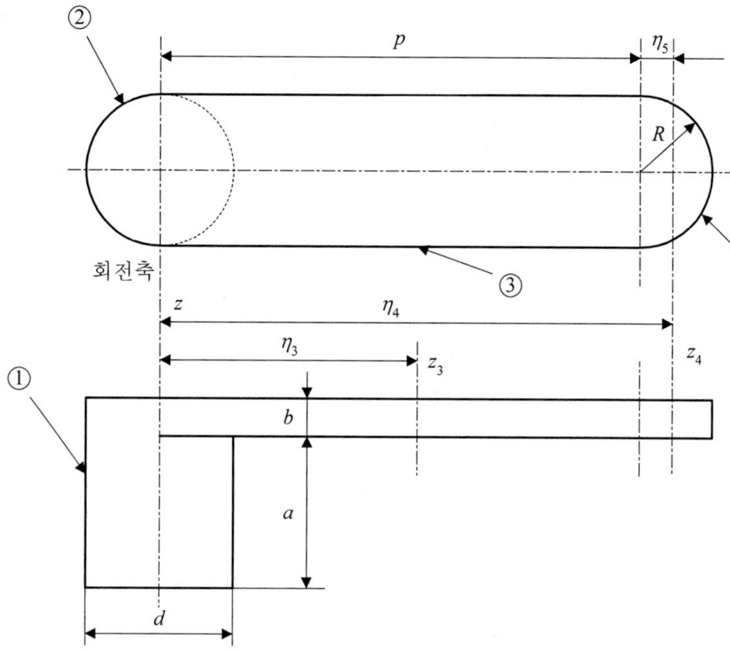

그림 6.23 원통과 원판의 조합

(풀이)

관성 모멘트를 구하기 위하여서는 다음과 같은 순서로 계산한다.

(1) 관성 모멘트의 계산이 용이하도록 원통부분, 원판의 반지름 부분과 직면체의 4개의 부분 ①, ②, ③, ④으로 분할한다. 이후의 계산에 사용하는 첨자는 분할부분을 나타낸다.

(2) 분할부분의 체적 V[cm³]을 구한다.

$$V_1 = \frac{\pi d^2 a}{4} = \frac{\pi \times 6^2 \times 5}{4} = 141.3 \ [\text{cm}^3]$$

$$V_2, V_4 = \frac{\pi R^2 b}{2} = \frac{\pi \times 3^2 \times 1.5}{2} = 21.2 \ [\text{cm}^3]$$

$$V_3 = 2Rbp = 2 \times 3 \times 1.5 \times 12 = 108 \ [\text{cm}^3]$$

(3) 분할부분의 중량 G[kgf]을 구한다.

$$G_1 = \gamma V_1 = 7.8 \times 141.3 = 1102.14 \ [\text{gf}]$$

$$G_2, G_4 = \gamma V_2 = \gamma V_4 = 7.8 \times 21.2 = 165.36 \ [\text{gf}]$$

$$G_3 = \gamma V_3 = 7.8 \times 108 = 842.4 \ [\text{gf}]$$

(4) 분할부분의 GD^2을 계산한다. 원통의 관성 모멘트는 표 6.3을 이용하여 계산한다.

$$GD_1^2 = \frac{1}{2}G_1 d^2 = \frac{1}{2} \times 1102.7 \times 6^2 = 19848.6 \ \ [\mathrm{gf \cdot cm^2}]$$

$$GD_2^2 = 2G_2 R^2 = 2 \times 165.36 \times 3^2 = 2972.2 \ \ [\mathrm{gf \cdot cm^2}]$$

직면체의 중심축 z_3에 관한 등가 관성 모멘트 GD_{03}^2을 구한다.

$$GD_{03}^2 = \frac{1}{3}G_3\{\mathrm{p}^2 + (2\mathrm{R})^2\}$$

$$= \frac{1}{3} \times 842.4 \times \{12^2 + 6^2\} = 50544 \ \ [\mathrm{gf \cdot cm^2}]$$

회전축에서 직면체의 중심축까지의 거리는 $\eta_3 = p/2$이므로 직면체의 중심축 z_3에 관한 등가 관성 모멘트 GD_{03}^2을 회전축 z에 관한 등가 관성 모멘트 GD_3^2으로 변환하기 위해서는 평행축의 정리를 사용하여 구한다.

$$GD_3^2 = GD_{03}^2 + 4G_3\eta_3^2$$

$$= 50544 + 4 \times 842.4 \times 6^2 = 171849.6 \ \ [\mathrm{gf \cdot cm^2}]$$

분할부분 ④ 반원판의 중심에서 무게 중심축 z_4까지의 거리는

$$\eta_5 = \frac{4R}{3\pi} = \frac{4 \times 3}{3\pi} = 1.27 \ \ [\mathrm{cm}]$$

이므로 반원판의 중심축 z4에 관한 등가 관성 모멘트 GD042을 구한다.

$$GD_{04}^2 = 2G_4R^2 - 4G_4\eta_5^2$$

$$= 2 \times 165.4 \times 3^2 - 4 \times 165.4 \times 1.27^2 = 1910.1 \ \ [\mathrm{gf \cdot cm^2}]$$

회전축의 중심 z에서 반원판의 무게중심 z_4까지의 거리는

$$\eta_4 = p + \eta_5 = 12 + 1.27 = 13.27 \ \ [\mathrm{cm}]$$

이므로 회전축에 관한 반원판의 등가 관성 모멘트 GD_4^2을 평행축의 정리를 사용하여 구하면 다음과 같다.

$$GD_4^2 = GD_{04}^2 + 4G_4\eta_4^2$$

$$= 1910.1 + 4 \times 165.4 \times 13.27^2 = 118413.16 \ \ [\mathrm{gf \cdot cm^2}]$$

(5) 전체의 GD^2을 계산한다.

$$GD^2 = GD_1^2 + GD_2^2 + GD_3^2 + GD_4^2$$

$$= 19846.6 + 2992.2 + 171849.6 + 118413.16$$

$$= 313101.56 \ [\mathrm{gf \cdot cm^2}]$$

$$= 313.1 \ [\mathrm{kgf \cdot cm^2}]$$

(6) GD^2을 관성 모멘트로 환산한다.

$$I = \frac{GD^2}{4g}$$

$$= \frac{313.1}{4 \times 980}$$

$$= 0.08 \ [\mathrm{kg \cdot cm^2}]$$

예제 6.4

그림 6.24와 같이 모터의 회전에 의해 기어 1이 회전하고 기어 2는 기어 1의 회전력을 받는다. 기어 2는 차륜 2개와 연결되어 있어서 모터의 회전력은 결과적으로 차륜에 전달되는 시스템이다.

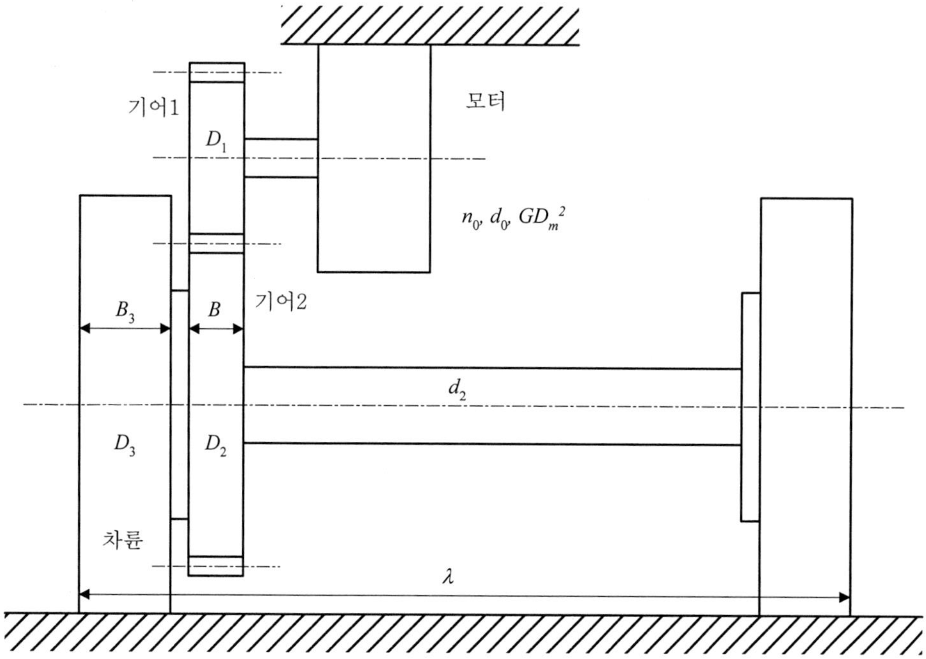

그림 6.24 차륜 구동장치의 등가 관성모멘트

모터의 정격 회전수 n_0 =950[rpm]이고, 모터축의 직경은 $d_0 = 32$[mm], 모터의 등가 관성 모멘트 GD^2는 $GD_m^2 = 0.25$ [kgf · m^2]이다. 기어 1의 피치원의 지름은 $D_1 = 100$[mm], 기어 2의 피치원의 지름은 $D_2 = 600$ [mm]이고 기어의 폭은 $B = 100$[mm]이다. 차륜의 지름은 $D_3 = 800$[mm]이고 폭은 $B_3 = 120$[mm]이며 양 차륜의 사이에 있는 축의 직경은 $d_2 = 80$[mm]이다. 재료의 비중량 $\gamma = 7.8$[gf/cm^3]일 경우에 각 회전체의 중량을 구하고 등가 관성 모멘트 GD^2와 관성 모멘트 I를 구하라.

(풀이)

(1) 기어 1의 중량 G_1과 등가 관성 모멘트 GD_1^2를 구한다.

$$G_1 = \frac{\pi(D_1^2 - d_0^2)B\gamma}{4}$$

$$= \frac{\pi(10^2 - 3.2^2) \times 10 \times 7.86 \times 10^{-3}}{4} = 5.54 \text{ [kgf]}$$

$$GD_1^2 = \frac{1}{2} G_1 (D_1^2 + d_0^2)$$

$$= \frac{1}{2} \times 5.54 \times (10^2 + 3.2^2)$$

$$= 305.36 \text{ [kgf} \cdot \text{cm}^2] = 0.031 \text{ [kgf} \cdot \text{m}^2]$$

(2) 기어 2의 중량 G_2과 등가 관성 모멘트 GD_2^2를 구한다.

$$G_2 = \frac{\pi D_2^2 B\gamma}{4}$$

$$= \frac{\pi \times 60^2 \times 10 \times 7.86 \times 10^{-3}}{4} = 222.24 \text{ [kgf]}$$

$$GD_2^2 = \frac{1}{2} G_2 D_2^2$$

$$= \frac{1}{2} \times 222.24 \times 60^2$$

$$= 400032 \text{ [kgf} \cdot \text{cm}^2] = 40.0 \text{ [kgf} \cdot \text{m}^2]$$

(3) 차륜 2개의 중량 G_3과 등가 관성 모멘트 GD_3^2를 구한다.

$$G_3 = \frac{\pi D_3^2 B_3 \gamma}{4}$$

$$= \frac{\pi \times 80^2 \times 12 \times 7.86 \times 10^{-3}}{4} = 474.1 \text{ [kgf]}$$

$$GD_3^2 = 2 \times \frac{1}{2} G_3 D_3^2$$

$$= 2 \times \frac{1}{2} \times 474.1 \times 80^2$$

$$= 3034240 \ [\mathrm{kgf \cdot cm^2}] = 303.42 \ [\mathrm{kgf \cdot m^2}]$$

(4) 차륜축의 중량 G_4과 등가 관성 모멘트 GD_4^2를 구한다.

$$G_4 = \frac{\pi d_2^2(\ell - 2B_3 - B)\gamma}{4}$$

$$= \frac{\pi \times 8^2 \times (120 - 2 \times 12 - 10) \times 7.86 \times 10^{-3}}{4} = 33.98 \ [\mathrm{kgf}]$$

$$GD_4^2 = \frac{1}{2} G_4 d_2^2$$

$$= \frac{1}{2} \times 33.98 \times 8^2$$

$$= 1087.36 \ [\mathrm{kgf \cdot cm^2}] = 0.109 \ [\mathrm{kgf \cdot m^2}]$$

(5) 모터의 축에 관한 등가 관성 모멘트 GD_{m0}^2는 모터와 기어 1이 모터축에 연결되어 있으므로 다음과 같이 구한다.

$$GD_{m0}^2 = GD_m^2 + GD_1^2 = 0.25 + 0.031 = 0.281 \ [\mathrm{kgf \cdot m^2}]$$

(6) 차륜축에 관한 등가 관성 모멘트 GD_{s0}^2는 차륜과 기어 2가 차륜의 축에 연결되어 있으므로 다음과 같이 구한다.

$$GD_{s0}^2 = GD_2^2 + GD_3^2 + GD_4^2$$

$$= 40.0 + 303.42 + 0.109$$

$$= 343.529 \ [\mathrm{kgf \cdot m^2}]$$

(7) 모터에서 발생한 회전력을 차륜의 회전으로 전달하는 전체 시스템의 등가 관성 모멘트 GD_2는 모터축에 관한 등가 관성 모멘트로 전환하여야 하므로 먼저 모터축의 회전속도 n_0와 차륜의 회전속도 n_s의 비를 구한다.

$$\frac{n_s}{n_0} = \frac{D_1}{D_2} = \frac{100 \ [\mathrm{mm}]}{600 \ [\mathrm{mm}]} = \frac{1}{6} = \frac{158.3 \ [\mathrm{rpm}]}{950 \ [\mathrm{rpm}]}$$

따라서 모터축에 관한 등가 관성 모멘트는 다음과 같다.

$$GD^2 = GD_{m0}^2 + GD_{s0}^2 \left(\frac{n_s}{n_0} \right)^2$$

$$= 0.281 + 343.529 \times \left(\frac{1}{6} \right)^2$$

$$= 9.823 \ [\text{kgf} \cdot \text{m}^2]$$

(8) 차륜 구동장치는 모터축에 등가 관성 모멘트 $GD^2 = 9.823[\text{kgf} \cdot \text{m}^2]$의 회전체를 부착한 경우와 같이 구동하기 어려움을 나타내므로 이를 관성 모멘트 I으로 전환하면 다음과 같다.

$$I = \frac{GD^2}{4g} = \frac{9.823}{4 \times 9.8} = 0.251 \ [\text{kg} \cdot \text{m}^2]$$

6.3 기계요소의 선정

기계 시스템의 메커니즘을 구성하는 구동기기에 있어서 서보모터, 펄스모터, 유압 액추에이터, 볼나사 등의 기구요소는 비교적 고가의 부품으로 분류되고 있으며 공압 액추에이터, 타이밍 벨트 등은 비교적 저렴한 부품으로 분류되고 있다. 기계의 설계에 있어서는 정밀도, 경제성, 수명 등을 고려하여 기계 시스템이 요구하는 목적에 맞는 부품의 선정이 중요하다. 기계의 요소부품을 선정할 경우에는 기술적인 계산을 통하여 선정하는 것이 바람직하나 복잡하기 때문에 과거의 경험치를 사용하는 경우도 많다. 그러나 과도한 크기의 구성부품을 선정하면 경제성 측면에서 불리할 뿐만 아니라 점유 공간의 확보 및 경량화에도 영향을 미치므로 성능향상의 발목을 잡는 역할을 한다. 따라서 기계 시스템의 구성요소를 선정하는 방법을 습득하여 복잡하고 계산이 어렵더라도 원칙대로 **기본사양**(부하, 운전조건)을 고려하여 기술계산으로 각종 부품을 선정할 필요가 있다.

6.3.1 서보모터의 선정법

서보모터의 선정은 부하의 종류와 연결방식의 구분, 모터축과 부하축 사이의 감속비, 가속시간 및 외부하중 등의 설계조건을 고려하고 부하의 GD^2와 마찰토크 등으로부터 소요 최대 **출력토크**, **실효토크**, **소요 정격토크** 등을 계산하여 선정한다. 선정한 모터를 사용하여 실제의 가속시간과 최적 감속비 등에 관해서 확인한다. 서보모터를 선정하기 위하여서는 기본조건의 설정, 운전조건의 설정, 부하계산(GD^2, 관성 모멘트, 토크계산), 소요 최대토크 계산, 소요

정격토크 계산, 모터 선정 등의 순서를 거친다.

(1) 기본조건의 설정

그림 6.25는 서보모터와 부하의 연결방법으로서 직선운동과 회전운동으로 구분하여 나타낸 것이다. 직선운동의 부하는 볼나사(수평이동, 상하이동), 래크와 피니언(수평이동, 상하이동), 타이밍벨트 또는 와이어 로프(수평이동, 상하이동) 및 체인(수평이동, 상하이동) 이동방식으로 구분하며 부하의 크기와 부하의 이동거리 및 정밀도 등에 따라서 **연결방식**을 달리한다. 회전운동의 부하는 로터리 테이블 혹은 손목부의 회전기구 등에 많이 사용되며 마찰 부하토크에 비하여 관성 부하토크가 상당히 크다.

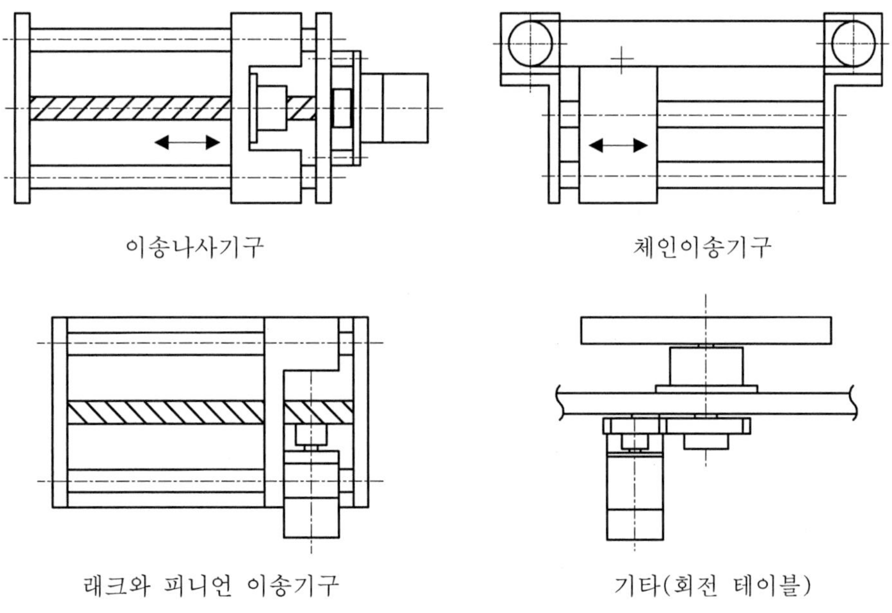

그림 6.25 부하의 종류에 따른 연결방식

(2) 운전조건의 설정

그림 6.26은 기어, 커플링, 감속기와 기어, 감속기와 커플링 등을 사용하여 서보모터와 부하를 연결하는 방식을 나타낸다. 부하의 종류와 요구되는 성능(최대 이동량, 최대 이동속도, 가속시간, 최대 부하, 이송정도)과 **사용조건**을 고려하여 부하와의 연결방식을 선정한다. 서보모터의 출력축과 부하 사이를 커플링으로 연결하는 방식은 고속회전에 적합하고 기어를 사용할 경우에는 확실한 동력의 전달과 약간의 감속이 요구되는 경우에 사용한다. 큰 감속비와 이송정도가 요구되는 곳에는 감속기를 채용한다.

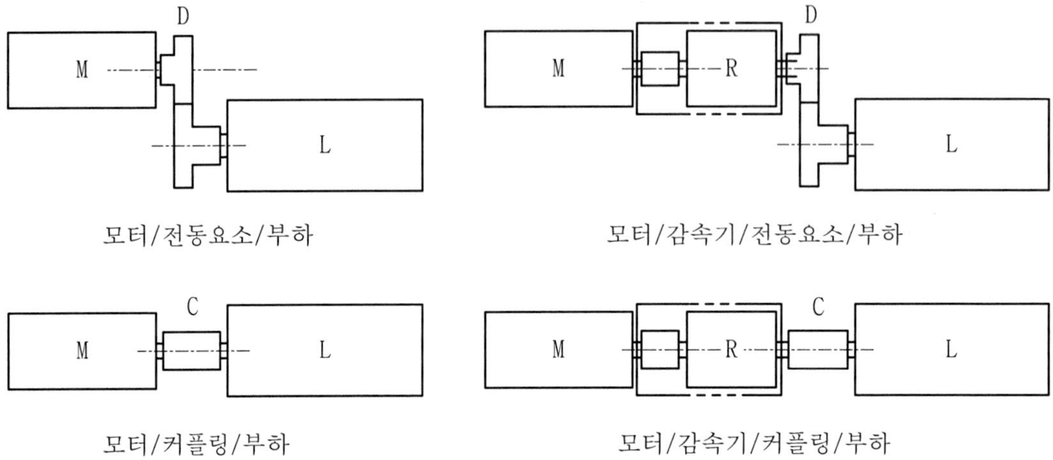

그림 6.26 모터의 출력축과 부하의 연결방법

(3) 부하의 계산

부하의 계산은 부하의 **이송방법**(볼나사, 래크와 피니언, 벨트, 회전부하)에 따라서 운전조건의 설정, 부하조건의 설정, **부하계산**의 순서로 진행한다. 운전조건의 설정은 테이블의 최대 이송속도, 1펄스에 이동하는 이송량, 감속비 또는 리드 확인, 분해능을 고려하여 센서를 선정(로터리 엔코더)한다. **부하조건**의 설정은 전동요소 선정(커플링, 기어, 감속기, 타이밍벨트, 와이어 로프, 체인 등), 작업 대상물 및 테이블의 중량, 전동효율, 감속기의 모터축 환산 GD^2, 안내부의 마찰계수, 외부하중 등의 조건을 설정한다. 부하의 계산을 위하여서는 등가 관성 모멘트 GD^2를 계산한다. 전동요소, 전동축, 작업 대상물, 테이블 등의 GD^2을 모터축의 환산 부하로 변환하여 모터축의 총 부하 GD^2를 계산한다.

(4) 최대 시동 토크의 계산

모터에 부가되는 최대의 시동 토크를 구하기 위해서는 부하를 모터축으로 환산한 부하 관성 모멘트 I_L[kg·m^2]은 GD^2를 사용하여 구하고 목표로 하는 회전속도를 사용하여 부하 토크 T_L[kg·m]를 계산한다. 그림 6.27은 사양에서 주어진 **속도선도**를 나타내며 최고 회전수 N [rpm]이고 회전속도의 가감을 나타내는 각가속도 α_1, α_2[rad/sec^2]이다. 최대의 회전수로 가속하는 **가속시간**을 t_1[sec], 일정한 속도를 유지하는 **정속시간**을 t_2[sec], 모터의 회전을 정지하기 위한 **감속시간**을 t_3[sec], **정지시간**을 t_4[sec]으로 설정한다.

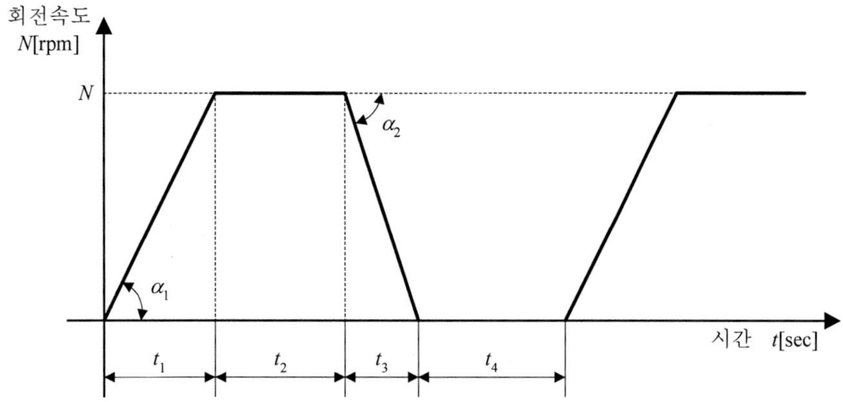

그림 6.27 속도 선도

토크선도를 작성하기 위해서는 주어진 속도선도를 이용하여 모터의 회전에 필요한 토크를 계산하여야 한다. 모터의 회전수 N[rpm]이 주어져 있으므로 이를 이용하여 각속도 ω[rad/sec]를 구하면 다음과 같다.

$$\omega(t) = \frac{2\pi N(t)}{60} \tag{6.21}$$

식(6.9)에서 나타낸 토크와 각가속도의 관계식과 식(6.11)에서 나타낸 관성 모멘트 I[kg·m^2]와 등가 관성 모멘트 GD^2[kgf·m^2]의 관계식에서 다음과 같이 각가속도 α[rad/sec^2]를 구한다.

$$\alpha(t) = \frac{d\omega(t)}{dt} = \frac{T(t)}{I} = \frac{4gT(t)}{GD^2} \tag{6.22}$$

위의 식을 적분하여 각속도를 구한다.

$$\omega(t) = \int \alpha(t)dt = \frac{4gT(t)t}{GD^2} + \omega_0(t) \tag{6.23}$$

여기서, $\omega_0(t)$는 $t=0$[sec]에서의 초기 각속도를 나타내며 정지한 상태에서 모터의 시동 토크가 필요하므로 무시 가능하다.

따라서 식(6.21)과 식(6.23)을 이용하여 시동토크 $T(t)$[kg·m]를 구하면 다음과 같다.

$$T(t) = \frac{GD^2}{4gt}\frac{2\pi N(t)}{60} = \frac{GD^2 N}{375t} \tag{6.24}$$

모터의 시동에 필요한 소요토크 T_1[kg·m]은 가속토크 T_a[kg·m]와 부하토크 T_L[kg·m]의 합과 같다.

$$T_1 = T_a + T_L \tag{6.25}$$

여기서, 가속 토크는 가속시간 t_1[sec], 모터축의 등가 관성 모멘트 GD_M^2[kgf·m²]과 부하 관성 모멘트 GD_L^2[kgf·m²]을 사용하여 다음의 식으로 구한 것이다.

$$T_a = \frac{(GD_M^2 + GD_L^2)N_M}{375t_1} \tag{6.26}$$

가속토크를 구하는 위의 식을 변화시켜서 최단의 가속시간 $t_{\max}$[sec]을 구할 수 있다.

$$t_{\max} = \frac{(GD_M^2 + GD_L^2)N_M}{375(T_{\max} - T_L)} \tag{6.27}$$

여기서, $T_{\max}$[kg·m]는 순시 최대 토크이며, T_L[kg·m]는 **부하토크**이다. 최단의 가속시간과 정지시간을 비교하여 $t_{\max} < t_4$의 관계를 만족하는가를 확인한다. 그리고 식(6.25)에서 구한 소요토크 T_1[kg·m]가 모터의 순시 최대 토크보다 작은 값을 가지는 모터를 카탈로그에서 선정한다.

정속시간 t_2[sec]의 구간에서는 부하토크 T_L[kg·m]이 작용하며 정지를 위한 감속토크 T_d[kg·m]는 정지시간 t_3[sec]를 이용하여 구한다.

$$T_d = \frac{(GD_M^2 + GD_L^2)N_M}{375t_3} \tag{6.28}$$

그림 6.28은 식(6.24)에 의해 구해진 토크를 사용하여 나타낸 토크선도이며 $T_1 = T_a + T_L$, $T_2 = T_L$, $T_3 = T_L - T_d$의 관계를 나타낸다.

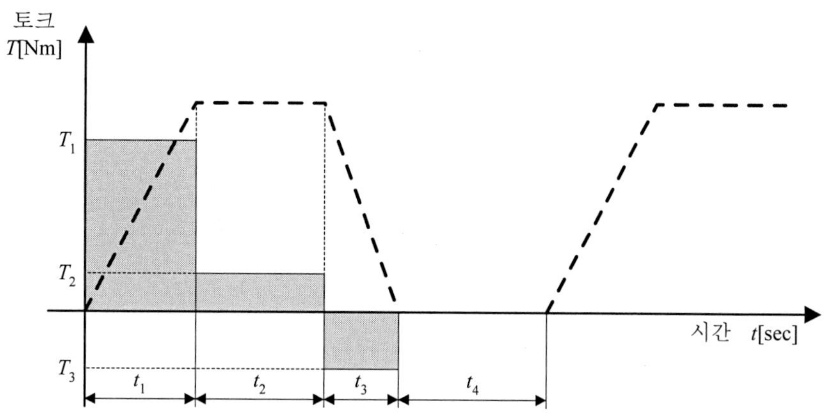

그림 6.28 토크 선도

(5) 실효 토크의 계산

토크선도에서 나타낸 것과 같이 가속시간 t_1[sec], 정속시간 t_2[sec], 감속시간 t_3[sec], 정지시간 t_4[sec]에 따라서 토크가 변화하고 있으므로 장시간 모터를 사용하면 모터의 온도 상승과 같은 문제가 발생할 수 있으므로 모터에 부가되는 토크의 평균값을 알 필요가 있다. 이를 **실효토크** T_r[kg·m]라고 하며 다음의 관계로 나타난다.

$$T_r = \sqrt{\frac{T_1^2 \times t_1 + T_2^2 \times t_2 + T_3^2 \times t_3}{t_1 + t_2 + t_3 + t_4}} \tag{6.29}$$

실효토크와 모터의 **정격토크** T_R[kg·m]과의 관계를 나타내는 비, 즉 안전율 S_f는 일반적으로 1.5~2이면 운전 가능하다.

$$S_f = \frac{T_R}{T_r} \tag{6.30}$$

(6) 모터의 사용 영역

서보모터의 카탈로그에는 그림 6.29에서 나타낸 모터의 회전수와 토크의 관계를 나타내는 사용영역을 표시하는 데이터가 있다. 이것을 사용하여 지금까지 계산한 결과를 사용하여 모터의 용량을 최종적으로 선정한다. 계산으로 얻은 실효토크 T_r [kg·m]와 회전수 N[rpm]의 좌표가 연속 사용영역 내에 있어야 한다. 만약에 이를 만족하지 않을 경우에는 부하토크의 계산부터 다시 시작하여 모터의 용량을 선정하여야 한다.

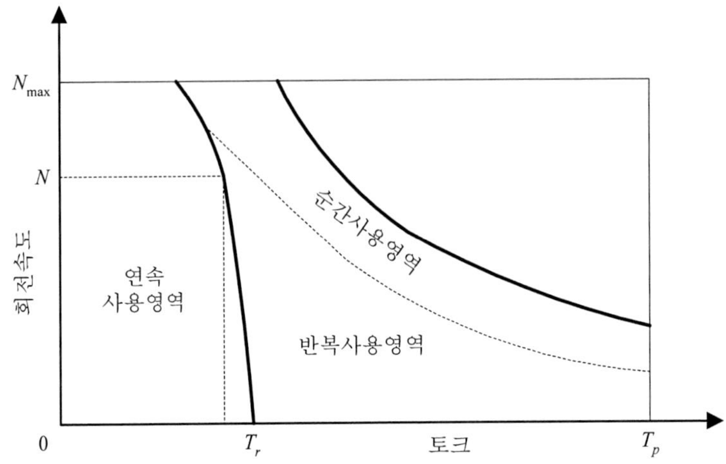

그림 6.29 토크와 회전수의 관계

(7) 모터의 선정 순서

모터의 용량을 선정하기 위해서는 그림 6.30에 나타낸 순서를 참고하여 토크를 계산하고 필요한 용량의 모터를 선정한다.

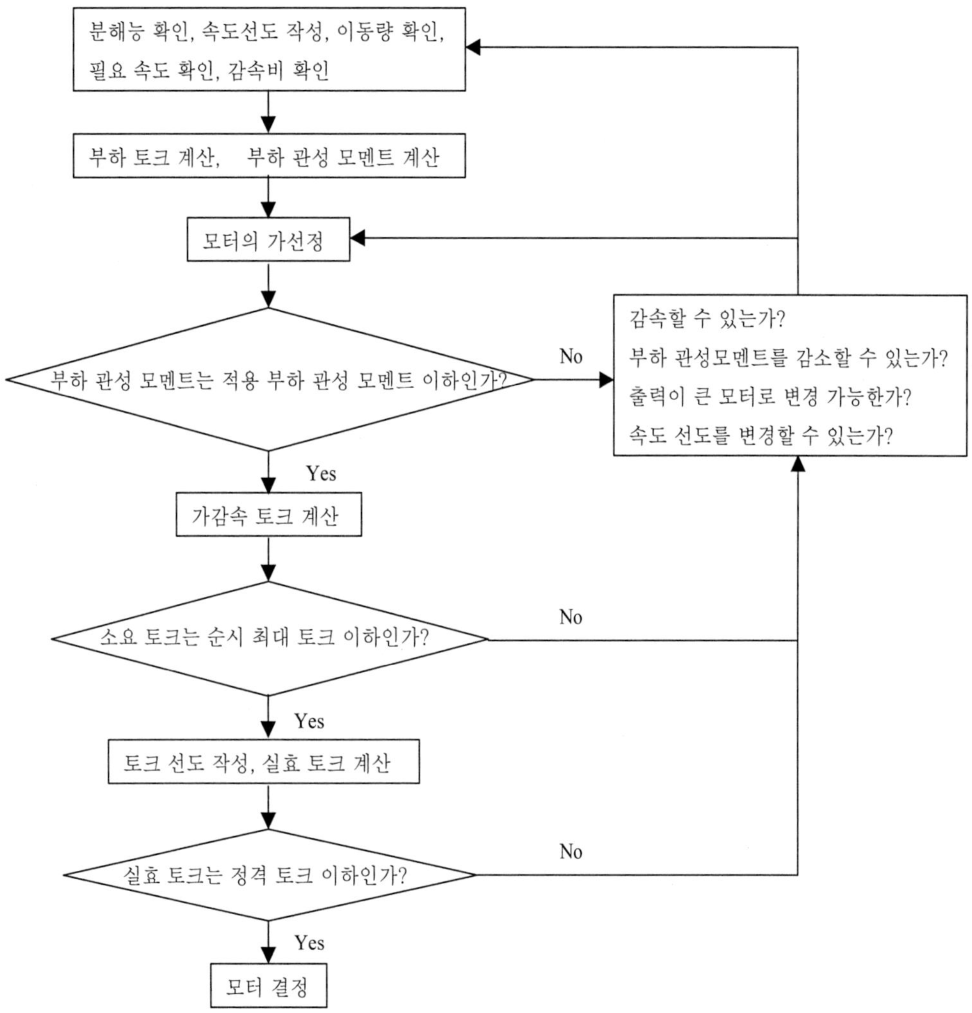

그림 6.30 모터의 선정 순서

예제 6.5

그림 6.31과 같이 서보 모터에서 발생하는 회전운동은 볼나사에 의해 직선운동으로 변화되어 테이블을 이동시키고 테이블은 직선 가이드에 의해 안내되는 1축의 직선운동 메커니즘이 있다. 이 메커니즘에 대하여 다음과 같은 기계적인 사양이 주어졌을 경우에 서보 모터의 용량을 결정하라.

1) 기구적인 사양

- 이송량 : $L = 1000$[mm]
- 분해능(1펄스의 이동량) : $R = 0.02$[mm/pulse]
- 위치결정시간 : $t_0 = 2$[sec]

* 가(감)속시간 : $t_1(t_3)=0.4$[sec]
* 정지시간 : $t_4=1.5$[sec]
* 테이블과 작업 대상물의 총중량 : $W=80$[kg]
* 외력 : $F_L=0$[kg]

2) 볼나사의 사양

* 볼나사의 전체길이 : $l_b=1100$[mm]
* 볼나사의 직경 : $d=20$[mm]
* 볼나사의 피치 : $p=20$[mm]
* 볼나사의 경사각 : $\alpha=0$[°]
* 볼나사의 효율 : $\eta=0.9$
* 섭동면의 마찰계수 : $\mu=0.05$
* 예압 너트의 내부 마찰계수 : $\mu_0=0.3$

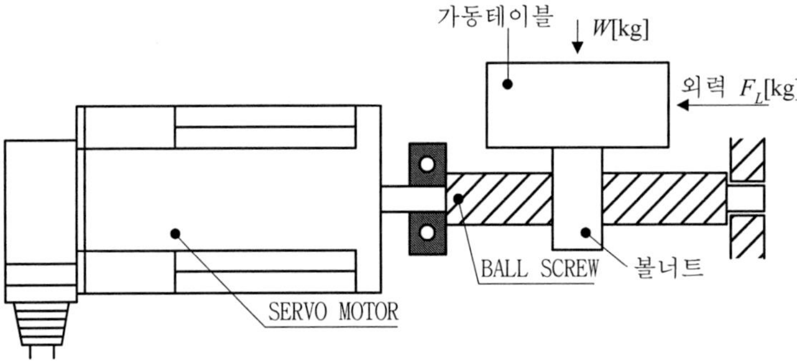

그림 6.31 직선운동 메커니즘

(풀이)

(1) 기구의 확인

* 분해능 확인 : 이송 테이블의 직선 이동을 위한 분해능은 $R=0.02$[mm/pulse]으로 지정되어 있으므로 서보모터의 회전에 필요한 분해능 θ_R[deg./pulse]은 다음과 같이 구한다.

$$\theta_R=\frac{R\times 360}{p}=\frac{0.02\times 360}{20}=0.36\ [°/\text{pulse}]$$

* 속도선도의 작성 : 위치결정시간 $t_0=2$[sec], 가속시간 $t_1=0.4$[sec], 감속시간 $t_3=0.4$[sec], 정지시간 : $t_4=1.5$[sec] 및 정정시간(settling time) t_s[sec]을 고려하여 속도선도를 작성한다.

임시로 선정한 서보모터의 정격 회전속도 $N_m=3000$[rpm]이라고 한다면 서보모터의 회전수 n[rev.]은 다음의 식으로 구한다.

$$n=\frac{N_m}{60}(t_0-t_1)=\frac{3000}{60}(2.0-0.4)=80\ [\text{rev.}]$$

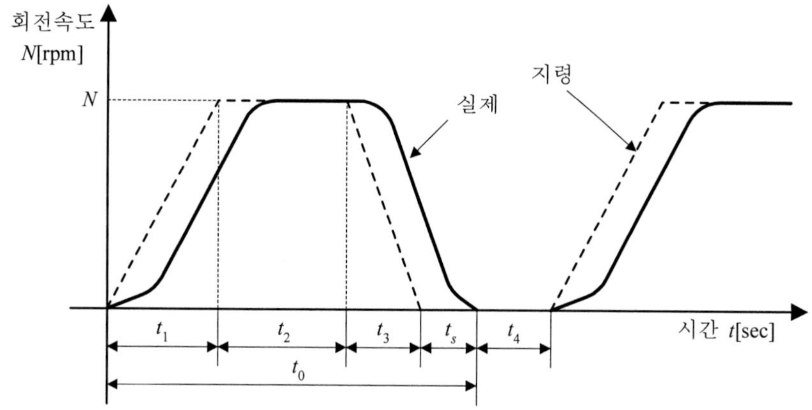

그림 6.32 속도 선도

실제적으로 서보모터는 그림 6.32에서 나타낸 것처럼 목표지령에 비하여 일정한 지연시간을 가진 속도선도로 나타난다. 이는 서보모터의 드라이버 내부에서 발생하는 시간지연과 서보모터의 점성마찰에 의한 시간지연이다. 목표지령과 실제의 속도와의 차이를 정정시간(settling time)이라고 하며 대체적으로 $t_s = 0.05 \sim 0.2$ [sec]으로 설정한다. $t_s = 0.2$ [sec]으로 설정한 경우에 서보 모터의 회전속도 N[rpm]은 다음과 같다.

$$N = \frac{L \times 60}{p(t_0 - t_1 - t_s)} = \frac{1000 \times 60}{20(2.0 - 0.4 - 0.2)} = 2143 \text{ [rpm]}$$

* 감속비의 확인 : 위에서 구한 서보모터의 회전속도를 사용하여 감속이 가능한지를 확인한다.

$$i = \frac{N_m}{N} = \frac{3000 \text{ [rpm]}}{2143 \text{ [rpm]}} = 1.4$$

감속비 $i = 1.4$를 만족시키기 위한 감속기를 사용하는 것은 어려우므로 서보모터와 볼나사는 커플링을 사용하여 직결하도록 한다.

감속기를 사용하는 장점으로서는 고속회전을 저속으로 변환시킴으로써 저속에서 높은 토크를 요구하는 작업에 적당하며 감속비에 따라서 분해능의 향상이 기대되는 것이다. 단점으로서는 메커니즘의 구조상 새로운 구조물이 추가되므로 관성을 감소시키기 어렵다.

(2) 부하토크 및 부하 관성 모멘트 계산

* 부하토크 계산 : 부하토크 T[kg·cm]는 계산하여 구하는 방법과 실제로 측정하는 방법이 있다. 그림 6.33은 볼나사와 서보모터를 직결한 상태에서 테이블을 이동시키는데 필요한 힘의 관계를 나타낸 것이다. 테이블을 이동시키는데 필요한 축방향의 힘 F[kg]는 임의의 경사면을 밀어 올리는 힘과 같으므로 다음의 식으로 구한다.

$$F = F_L + W(\sin\alpha + \mu\cos\alpha)$$

$$= 0 + 80(\sin 0 + 0.05\cos 0)$$

$$= 4 \text{ [kg]}$$

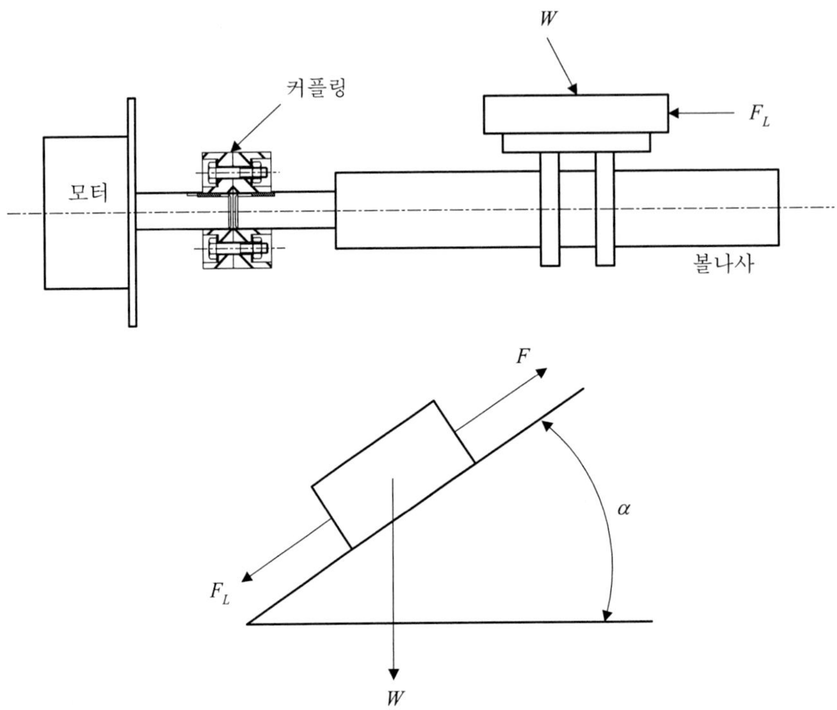

그림 6.33 볼나사와 힘의 관계

볼나사의 예압 하중 F_0[kg]은 축방향의 하중에 대하여 약 1/3이므로 다음과 같다.

$$F_0 = \frac{F}{3} = \frac{4}{3} = 1.3 \ \text{[kg]}$$

축방향의 하중과 볼나사의 예압 하중을 사용하여 모터축의 환산 부하토크 T_L[kg·cm]을 계산한다.

$$\begin{aligned} T_L &= \frac{Fp}{2\pi\eta} + \frac{\mu_0 F_0 p}{2\pi} \\ &= \frac{4\times 2}{2\times 3.14\times 0.9} + \frac{0.3\times 1.3\times 2}{2\times 3.14} \\ &= 1.54 \ \text{[kg·cm]} \end{aligned}$$

* 부하 관성 모멘트의 계산 : 기구의 구성에 맞는 방법을 선택하여 사용하는 모터의 축으로 환산하는 부하의 등가 관성 모멘트 GD_L^2는 표 6.3을 이용하여 계산한다.

① 볼나사의 관성 모멘트 : 볼나사의 밀도는 재질에 따라서 다르나 철을 사용하는 경우에는 $\rho = 7.9\times 10^{-3}$ [kg/cm³]이므로 볼나사의 중량은

$$W_b = V\rho = \frac{\pi d^2 l_b}{4}\rho = \frac{3.14 \times 2^2 \times 110 \times 0.0079}{4} = 2.7 \text{ [kg]}$$

으로 구할 수 있다. 이러한 관계식을 이용하여 볼나사의 등가 관성 모멘트 GD_b^2는 다음과 같다.

$$GD_b^2 = \frac{1}{2} W_b d^2 = \frac{2.7 \times 2^2}{2} = 5.4 \text{ [kg · cm}^2\text{]}$$

② 테이블과 작업 대상물을 포함한 중량에 대한 등가 관성 모멘트는 다음의 식으로 구한다.

$$GD_w^2 = W\left(\frac{p}{\pi}\right)^2 = 80 \times \left(\frac{2}{3.14}\right)^2 = 32.5 \text{ [kg · cm}^2\text{]}$$

③ 전체 부하의 등가 관성 모멘트는 다음과 같다.

$$GD_L^2 = GD_b^2 + GD_w^2 = 5.4 + 32.5 = 37.9 \text{ [kg · cm}^2\text{]}$$

(3) 모터의 가선정

서보 모터를 가선정하기 위한 선정 조건은 다음과 같다.

* 정격 토크 > 부하 토크 × 안전율(1.5~2)　　$1.54 \times 2 = 3.08$ [kgcm²]
* 적용 부하 관성 모멘트 > 부하 관성 모멘트　　37.9 [kgcm²]
* 정격 회전수 ≥ 필요 회전수　　2143 [rpm]
* 분해능 ≤ 필요 분해능　　0.36 [°/pulse]

이상의 선정 조건을 만족하는 서보모터를 표 6.4에 나타낸 서보모터의 기본 사양에서 모델을 가선정하면 AIP4150-AA2가 된다. 전원을 OFF하거나 비상시에 위치를 유지할 필요가 있는 경우에는 전자브레이크 붙이 서보모터를 선정한다.

표 6.4 서보 모터의 기본 사양

품명	단축	AIP030-AA2	AIP275-AA2	AIP4150-AA2
	양축	AIP030-AB2	AIP275-AB2	AIP4150-AB2
	전자 브레이크		AIP275-AM	AIP4150-AM
정격 출력	[W]	30	75	150
정격 토크	[Nm][kg · cm²]	0.1(1.0)	0.25(2.5)	0.49(4.9)
순시최대토크	[Nm][kg · cm²]	0.2(2.0)	0.49(4.9)	0.98(9.8)
로터 관성 모멘트	GD^2[kg · cm²]	0.13	1.16	3.62
	J [kg · m²]	3.25×10^{-6}	2.90×10^{-5}	9.05×10^{-5}
적용부하 관성 모멘트	GD^2[kg · cm²]	3.9	34.8	108.6
	J [kg · m²]	9.75×10^{-5}	8.70×10^{-4}	27.15×10^{-4}
정지 위치 정밀도	[°]	±1.0	±0.7	±0.7
정격 회전수	[rpm]	3000		
분해능 [°/pulse]	1000 P/R설정	0.36		
	500 P/R설정	0.72		

(4) 가감속 토크의 계산

각가속도는 $\alpha = d\omega/dt$의 관계를 가지며 각속도 $\omega = 2\pi N/60$이다. 여기서 N[rpm]은 회전수를 나타낸다. 관성 모멘트 I와 등가 관성 모멘트 GD^2의 관계는 $I = GD^2/(4g)$이며 식(6.9)에 의하면 토크는 $T = I\alpha$이다. 이러한 관계식을 이용하여 각가속도는 다음의 식으로 나타낼 수 있다.

$$\alpha = \frac{d\omega}{dt} = \frac{T}{I} = \frac{4gT}{GD^2}$$

위의 식에서 각속도를 구하면 다음과 같다.

$$\omega = \frac{4gTt}{GD^2} + \omega_0$$

여기서, 초기 각속도 $\omega_0 = 0$으로 두면 각속도는 다음과 같이 나타난다.

$$\omega = \frac{4gTt}{GD^2} = \frac{2\pi N}{60}$$

위의 식에서 토크를 구한다.

$$T = \frac{2\pi GD^2 N}{240gt} = \frac{GD^2 N}{37500t} \text{ [kg · cm]}$$

부하를 회전시키는데 필요한 가속 토크 T_a[kgm]는 위의 식을 이용하여 구한다.

$$T_a = \frac{(GD_m^2 + GD_L^2)N}{37500t_1} = \frac{(3.62 + 37.9) \times 2143}{37500 \times 0.4} = 5.9$$

여기서, GD_m^2는 선정한 모터의 로터 관성 모멘트이다.

(5) 소요토크 계산

소요토크 T[kg · cm]는 가속토크 T_a[kg · cm]와 부하토크 T_L[kg · cm]를 사용하여 구하면 $T = T_a + T_L = 1.54 + 5.9 = 7.44$[kg · cm]이다. 소요토크 $T = 7.44$[kg · cm]는 최대 순시 토크 $T_{max} = 9.8$[kg · cm]보다 작으므로 가선정한 모델 AIP4150-AA2는 사용 가능한 것이다.

(6) 토크선도의 작성

속도선도를 이용하여 위에서 구한 가속토크와 부하토크를 이용하여 토크선도를 나타내면 그림 6.34와 같다.

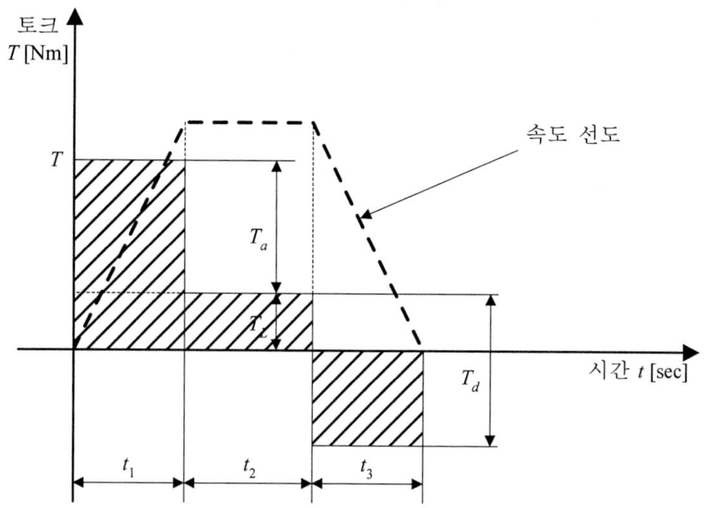

그림 6.34 토크 선도

여기서, T[kg · cm]는 소요토크, T_a[kg · cm]는 가속토크, T_L [kg · cm]는 부하토크이고 T_d[kg · cm]는 감속토크를 나타낸다.

(6) 실효토크의 계산

토크선도를 이용하여 실효 토크를 구한다. 실효 부하토크를 계산하는 사이클 타임(circle time) t_f[sec]은 위치결정시간 t_0[sec]와 정지시간 t_4[sec]을 이용하여 구한다.

$$t_f = t_0 + t_4 = 2.0 + 1.5 = 3.5 \ \text{[sec]}$$

정속 운전시간 t_2[sec]는 다음과 같이 구한다.

$$t_2 = t_0 - t_1 - t_3 - t_s = 2.0 - 0.4 - 0.4 - 0.2 = 1.0 \ \text{[sec]}$$

따라서 실효토크 T_r[kg · cm]는 다음의 식으로 구한다.

$$T_r = \sqrt{\frac{(T_a + T_L)^2 t_1 + T_L^2 t_2 + (T_a - T_L)^2 t_3}{t_f}}$$

$$= \sqrt{\frac{(5.9+1.54)^2 \times 0.4 + 1.54^2 \times 1.0 + (5.9-1.54)^2 \times 0.4}{3.5}}$$

$$= 3.03 \ \text{[kg · cm]}$$

실효토크와 서보모터의 정격토크 T_m[kg · cm]를 사용하여 안전율 S를 구하면 다음과 같다.

$$S = \frac{T_m}{T_r} = \frac{4.9}{3.03} = 1.62$$

안전율은 일반적으로 1.5~2.0이면 사용이 가능하므로 AIP4150-AA2의 모델은 사용 가능한 것으로 판정하여 서보모터를 결정한다.

찾아보기

INDEX

(3)

3상 동기 모터 86
3상 유도모터 86

(A)

analogous 43
AND회로 45

(C)

CCD 195
CCW 97
CP 201
CTR 140
CW 97

(D)

digit 43
DSP 16

(I)

IM 91

(M)

MECHATRONICS 8
M변태 개시온도 113
M역변태 종료온도 113

(N)

NC 195
NTC 140

(O)

Op앰프 34
OR회로 44

(P)

PLC 192, 195
PTC 140
PTP 201
PWM 193

(S)

SM 91

(V)

V홈 벨트 169

(가)

가산기 37
가산기 회로 37

가속도 센서 133
가속시간 226
가속토크 228
가스용접 161
각속도 130
감산기 38
감속기 167
감속비 233
감속시간 226
감속제어방식 203
강도 182
강성 182
개별 센서 149
검출기 195
게이지 계수 131
게이트(gate) 51
계수회로 69
계자 제어법 82
계측기기 195
고정자 81
고주파 발진식 138
공기 베어링 180
공기압 실린더 98
공기압식 액추에이트 98
관성 모멘트 209, 210
관성부하 206
관성의 법칙 207
관절 12
관절운동 202
광 센서 148
광기전력 효과 149
광도전 효과 149
광반사형 137
광전식 129, 138
광전자 150
광전자 방출 150
교류 모터 80
구름 베어링 174
구멍가공 187
굽힘 모멘트 176
권선저항기 21
극좌표 202
근접 스위치 138
금속체인 169
금속피막저항기 21
기계기술 9
기계설계 186
기계의 구성요소 154
기계의 정의 154
기구 12
기능설계 185
기본사양 224
기어 162
기어박스 167
기어비 167
끝저널 174

(나)

나사 155
나사의 리드 156
내계센서 14, 119
논리곱셈 45
논리덧셈 44
논리식 45
논폴라(nonpolar) 25

(다)

단동 실린더 99
달링턴 33
동기 모터 84
동기속도 85

동력 전달용 154
드라이브(driver) 54
드릴작업 187
등가 관성 모멘트 210
디스크형 140
디자인 189
디지털(digital)신호 121
디지털량 122
디지털회로 43
디코더(decoder) 67

(라)

래이디얼 베어링 178
래이디얼 저널 174
래치(latch) 60
램형 실린더 102
로드 셀 134
로봇 192
로터리 인코더 80, 128
리니어 동기 모터 114
리니어 모터 113
리니어 유도모터 114
리벳 161
리졸버(resolver) 14
링크 13

(마)

마르텐 사이터 112
마스터 슬레이브 63
마이크로 컴퓨터 195
마이크로컴퓨터 15
마이크로프로세서 192
마일러캐패시터 25
마찰부하 206
메모리(memory) 15
메카니즘 156
메카닉스 8
메카트로닉스 8, 192
메카트로닉스시스템 8
모듈 164
목적기능 9
미끄럼 베어링 174
미분기 39
미분기 회로 39
미소질량 209
미소토크 209

(바)

바구니형 회전자 86
반도체 스트레인 게이지 132
반전 증폭기 35
반전 증폭형 가산기 37
발광다이오드 29
발광소자 41
방진설계 189
배타적 논리합 64
백래쉬 172, 199, 203
베벨기어 163
베어링 173, 193
베이스 30
벨트 162, 169, 198
보수점검 189
복권 모터 83
복동 실린더 99
복합 센서 149
볼나사 197
볼너트 197
부논리 49
부하 206
부하계산 226

부하조건 226
부하토크 228, 233
분광감도 특성 150
분권 모터 83
분극현상 139
분주기 60
브러쉬 129
블록선도 77
비반전 증폭기 36
비반전 증폭형 가산기 37
비율식 142
비이드형 140
비접촉식 센서 120
비접촉형 온도 센서 140
비트 44

(사)

사용조건 225
삼각나사 155
생산설계 186
서미스터 140
서보 메커니즘 203
서보 모터 76, 80, 89
서보 밸브 78
서보(servo)기구 89
서보모터 199, 224
서지 전압 147
세라믹 서미스터 140
세라믹캐패시터 25
센서 14, 154
센서(sensor) 118
센싱 14
소요 정격토크 224
소요토크 228
속도 130
속도 피드백 77
속도계용 발전기 80
속도비 166
속도선도 226
손목운동 202
수광소자 41
순서회로 56
스러스트 베어링 178
스러스트 저널 174
스위칭작용 28
스텝각 93
스토퍼 203
스트레인 130
스트레인 게이지 14, 130
스프링와셔 159
슬레이브 데이터 로크아웃 63
슬립 85
시각 센서 139
시동토크 227
시퀀스 컨트롤러 195
신호변환부 78
실린더 196, 200
실효토크 224, 229

(아)

아날로그량 122
아날로그회로 43
아이들(idle) 풀리 170
아이들러 171
안내요소 179
압력센서 195
압전 액추에이터 110
압전 효과 110
압전센서(piezoelectric) 14
애노드 151

액추에이터 76
액츄에이터 193
앱설루트 인코더 129
양로드 실린더 99
연결방식 225
연쇄 13
열기전력 144
열전대 144
열전대 온도센서 144
열전류 144
오픈 컬렉터 54
오픈형 리드스위치 146
온도 센서 140
온도센서 195
옴의 법칙 21
외계센서 14, 119
요동형 200
요동형 199
요동형 액추에이터 106
용접 161
운동 에너지 212
운동기능 9
운동의 법칙 207
워엄기어 163
유도 모터 84
유압 실린더 106
유압 액추에이터 105
유압모터 106
이미터 30
이송방법 226
이송요소 193
인버터 45
인버터(inverter) 53
인코더(encoder) 14, 66
인크리멘털 인코더 129
인터페이스(interface)회로 41
일렉트로닉스 8

(자)

자기 인덕턴스 27
자기식 129, 138
작업부하 206
저널 173
저항 제어법 82
저항박 스트레인 게이지 131
저항선 스트레인 게이지 131
적분기 38
적분기 회로 38
적응제어 9
전기용접 161
전기자 81
전동요소 193
전류 증폭률 31
전압 제어법 82
전자기술 9
절 13
접촉식 센서 119
접촉형 온도 센서 140
정 에지 트리거 59
정논리 49
정렬(alignment) 메커니즘 197
정류자 81
정류작용 28
정보 처리 기능 9
정보기술 9
정속시간 226
정전 용량식 138
정전압 구동법 147
정지시간 226
제백 효과 144
조합회로 56

종탄성계수 133
중간 저널 174
중량 207
지능센서 14
직교좌표 201
직권 모터 83
직류 모터 80
직류 서보 모터 90
직선운동 12, 154
진동 182
질량 208
집적회로 47
집전형 온도 센서 143

(차)

차동 변압기 125
채터링현상 57
체결용 154
체인 198
축간거리 164
축이음 184
출력토크 224
측온 저항 온도 센서 143
칩형 140

(카)

카운터 69
카탈로그 187
캐소드 151
캐패시터 모터 88
캐패시터 시동형 모터 88
커플링 178, 184, 197
컬렉터 30
코일(coil) 27
콘덴서 모터 88
크로스형 리드 스위치 146
클러치 184

(타)

타이밍 벨트 169
타이밍벨트 170
타임차트 56
타코미터(tachometer) 14
탄소피막저항기 22
토글(toggle) 60
토크 208
토크선도 227, 229
토템플 54
트랜스듀서 119
트랜지스터(transistor) 30

(파)

파워변환부 78
팬 아웃 71
팬 인 71
팬아웃 71
팬인 71
펌프 제어 78
편로드 실린더 99, 100
평벨트 169
평와셔 159, 160
평행축의 정리 211
포텐쇼미터 127
포텐쇼미터(potentimeter) 14
포토 센서 148
포토다이오드 151
포토인터렙터 42
포토커플 41
포토트랜지스터 41, 152
포트 99

폴리스티롤필름캐패시터 25
프로그램마블 8
플라이휠(flywheel)다이오드 32
플랜지 184
피드백 16

(하)

형상기억합금 112
홀 효과 147
확산 변태 112
회전속도 193
회전운동 12, 154
회전자 81
후크법칙 133
힘 센서 134
힘센서 195

저 자 약 력

공학박사 **진상호(陳相浩)**

- 일본 Fukuoka공업대학교 공학부 전자기계공학과 졸업
- 일본 Saga대학교 대학원 생산기계공학전공 졸업
- 일본 Saga대학교 대학원 시스템생산과학전공 졸업
- 주식회사 대철(자동화기계설계, 1976.2 ~ 1985.2)
- 한국코아(주)(기술고문, 1995.5 ~ 1998.1)
- 일본 Saga대학교(생산기계공학과, 전임강사, 1994.4 ~ 1995.3)
- 두원공과대학교(기계공학과, 교수, 1995.3 ~ 현재)
- 연구분야 : 자동화시스템, 로봇제어, 메카트로닉스, 제어이론

공학박사 **박정규(朴晸圭)**

- 영남대학교 공과대학 기계공학과
- 일본 Okayama대학교 대학원 생산기계공학전공
- 일본 Okayama대학교 대학원 시스템과학전공
- LG전자 생산기술센터(1995.7 ~ 1999.2)
- 두원공과대학교 (메카트로닉스과 교수, 1999.3 ~ 현재)
- 연구분야 : 유공압제어, 자동화시스템설계, 기계제어, 진동제어

메카트로닉스 개론

7판 3쇄 2026년 3월 10일

저 자 진상호 / 박정규
발행인 송광헌
발행처 **복두(더)**
주 소 서울특별시 영등포구 경인로 82길 3-4
센터플러스 807호 (우) 07371
전 화 02-2164-2580
FAX 02-2164-2584
등 록 1993. 11. 22. 제 10-902 호

정가 : 20,000원
ISBN : 979-11-6675-225-4 93560

한국과학기술출판협회 회원사